Carrefours

Les dossiers

collection dirigée par Gabriel Wackermann

Les parcs nationaux dans le monde

Protection, gestion et développement durable

Sous la direction de
Stéphane Héritier
Maître de conférences à l'université Jean-Monnet, Saint-Étienne
Laboratoire CRENAM, membre associé au Laboratoire EDYTEM
Lionel Laslaz
Maître de conférences à l'université de Savoie, Chambéry, Laboratoire EDYTEM

Rodney Cole
Samuel Depraz
Christophe Gauchon
Laurence Gillot
Guillaume Giroir
Christophe Grenier
Sylvain Guyot
Lucile Médina-Nicolas
Johan Milian
Lizile Mniki
Estienne Rodary

ellipses

Dans la collection *Carrefours*

- *Le monde polaire. Mutations et transitions*, (coord.) par M.-F. André
- *Le commerce international*, par M. Battiau
- *L'énergie. Un enjeu pour les sociétés et les territoires*, par M. Battiau
- *Géographie renouvelée des villes et des politiques urbaines*, par Cl. Chaline
- *Le Royaume-Uni ou l'exception britannique*, par Cl. Chaline et D. Papin
- *Grandes et très grandes villes en Amérique du Nord*, par J. Chevalier
- *Géopolitique et relations internationales en Méditerranée*, par G. Claude
- *Migrations en Méditerranée*, par G. Claude
- *Espaces et sociétés slaves*, par M. Deshaies
- *Les territoires miniers – Exploitation et reconquête*, par M. Deshaies
- *Internet, géographie d'un réseau*, par G. Dupuy
- *Les pays secs. Environnement et développement*, par M. Mainguet
- *Les enjeux atlantiques*, par J. Marcadon
- *Le tourisme en France. Enjeux et aménagement*, par P. Merlin
- *L'eau dans le Monde arabe*, par G. Mutin
- *Géopolitique du Monde arabe*, 2e édition par G. Mutin
- *L'aménagement du territoire en Europe occidentale*, par H. Nonn
- *Les villes et la mer*, par J.-P. Paulet
- *Aires culturelles et civilisations traditionnelles*, par J.-R. Trochet
- *Les métropoles des « Sud »*, par J.-F. Troin
- *Les frontières dans un monde en mouvement*, 2e édition par G. Wackermann

Les Dossiers

- *Géographie militaire*, par Ph. Boulanger
- *La Méditerranée – Géopolitique et relations internationales*, par G. Claude
- *Mondes insulaires tropicaux – Géopolitique, économie et développement durable*, sous la direction d'O. Dehoorne et P. Saffache
- *La forêt. Ressource et patrimoine*, sous la direction de M. Galochet
- *Les Caraïbes dans la géographie de l'espace mondial*, sous la direction de E. Lambourdière
- *Le Moyen-Orient. Peuples et territoires*, G. Mutin
- *Le nettoyage ethnique. Terreur et peuplement*, par S. Rosière
- *Population et développement en Inde*, sous la direction de M.-C. Saglio-Yatzimirsky
- *Le développement durable*, ouvrage collectif dirigé par G. Wackermann
- *Géographie des risques dans le monde*, 2e édition sous la direction de G. Wackermann
- *La logistique mondiale. Transport et communication*, sous la direction de G. Wackermann
- *Montagnes et civilisations montagnardes*, sous la direction de G. Wackermann
- *Ville et environnement*, sous la direction de G. Wackermann

ISBN 978-2-7298-3950-5

32, rue Bargue 75740 Paris cedex 15

www.editions-ellipses.fr

Les auteurs

Rodney Cole (Rodney Langdon Cole) a conduit des travaux sur les politiques de protection en Russie à l'université de Birmingham (Grande-Bretagne). Il est l'auteur d'une thèse sur les parcs nationaux russes intitulée *Adaptation to changing Circumstances: Crises, Threats and Opportunities in the Russian Zapovednik System since 1990* (2007), récompensée par l'université de Birmingham. Il poursuit ses recherches sur les mutations territoriales de l'environnement dans la Russie post-soviétique. rod@jencole.gotadsl.co.uk

Samuel Depraz, ancien élève de l'École normale supérieure, agrégé et docteur en Géographie, est Maître de conférences à l'université de Lyon (Jean-Moulin, Lyon III) au sein du Laboratoire EVS (UMR CNRS 5600). Auteur d'une thèse sur le rôle des parcs nationaux dans la transformation des espaces ruraux en Hongrie et en Allemagne, il a travaillé plus largement sur les paysages, sur les représentations, sur les politiques de protection et sur l'aménagement local en Europe centrale. Il a publié *Géographie des espaces naturels protégés* (Armand Colin, 2008). samuel.depraz@univ-lyon3.fr

Christophe Gauchon, agrégé et docteur en Géographie, est Maître de conférences à l'université de Savoie (Chambéry). Il est responsable de l'équipe III (*Ressources patrimoniales, vulnérabilités et recompositions des territoires de montagne*) du Laboratoire EDYTEM (UMR CNRS 5204). Il a étudié la mise en valeur touristique des grottes puis a étendu son champ d'analyse vers les développements du tourisme, les processus de patrimonialisation et les logiques de protection en montagne (Alpes françaises, Pyrénées, Ardèche, Slovénie). Il est représentant du CNRS au *Conseil National de Protection de la Nature* et membre du *Comité National du Patrimoine Souterrain*. christophe.gauchon@univ-savoie.fr

Laurence Gillot est doctorante à l'université Libre de Bruxelles (Belgique). Elle travaille à l'*Institut de Gestion de l'Environnement et d'Aménagement du Territoire* (IGEAT) et au sein du *Laboratoire Interdisciplinaire Tourisme, Territoires, Sociétés* (LIToTeS). Sa thèse porte sur la mise en valeur du patrimoine archéologique dans le cadre des politiques de développement en Syrie. Elle conduit également des recherches sur les parcs nationaux du Moyen-Orient. laurence.Gillot@ulb.ac.be

Guillaume Giroir, ancien élève de l'École normale supérieure, agrégé de Géographie, est Professeur à l'université d'Orléans et directeur du laboratoire CEDETE (EA 1210). Après une HDR consacrée à une approche spatiale du processus de transition en Chine appuyée sur le cas des périphéries de Pékin, il s'intéresse au phénomène d'étalement urbain et surtout des *gated communities* autour des métropoles chinoises, ainsi qu'aux parcs nationaux chinois et à l'empreinte écologique mondiale de la Chine. Depuis 2007, il aborde dans une perspective appliquée la question de l'habitat durable en France en relation avec le ministère de l'Equipement. guillaume.giroir@univ-orleans.fr

Christophe Grenier est Maître de conférences à l'université de Nantes et membre de l'UMR CNRS 6554 LETG. Lauréat de la médaille de bronze du CNRS en 2001, sa thèse, *Conservation contre nature. Les îles Galapagos (IRD, 2000)*, a été publiée en espagnol en 2007. Il s'intéresse aux rapports entre mondialisation et diversité géographique, notamment à travers l'étude des politiques de conservation, du tourisme dans les aires protégées et des relations entre populations locales et acteurs extérieurs (Galapagos, Île de Pâques, Costa Rica, Madagascar). christophe.grenier@univ-nantes.fr

Sylvain Guyot, agrégé et docteur en Géographie, est Maître de conférences à l'université de Limoges, membre de l'UMR CNRS 6042 GEOLAB. Après avoir effectué sa thèse en Afrique du Sud (*Rivages zoulous. L'environnement au service du politique en Afrique du Sud,* Karthala, 2006) comme Coopérant Service National IRD à l'université du Zululand, il a été post-doctorant dans ce même pays à l'université de Fort Hare (2005), puis au Chili à l'université Arturo Prat d'Iquique (2006) et professeur invité à l'université de la République à Montevideo (2007). Après avoir investi le champ géopolitique et racial de la protection de l'environnement en Afrique australe, il conduit des recherches sur les dynamiques transfrontalières en Amérique latine. Sylvain.guyot@unilim.fr

Stéphane Héritier, agrégé et docteur en Géographie, est Maître de conférences à l'université Jean Monnet (Saint-Étienne). Membre du Laboratoire CRENAM (équipe de l'UMR EVS), il est membre associé du Laboratoire EDYTEM (UMR CNRS 5204). Après une thèse sur les parcs nationaux des Montagnes Rocheuses canadiennes, il élargit ses recherches aux États-Unis, à l'Australie et aux préoccupations liées au développement durable. Il a coordonné le numéro spécial de *Géocarrefour* (2007) consacré aux parcs nationaux et l'ouvrage collectif *Nature et patrimoine au service de la gestion durable des territoires* (PU Saint-Étienne, 2008). step_heritier@hotmail.com

Lionel Laslaz, agrégé et docteur en Géographie, est Maître de conférences à l'université de Savoie (Chambéry) au Laboratoire EDYTEM (UMR CNRS 5204). Il travaille sur les conflits environnementaux et les politiques de protection dans les Alpes françaises, ainsi que sur les mutations rurales et les processus de mise en tourisme en montagne. Il est l'auteur de *Vanoise, 40 ans de parc national* (L'Harmattan, 2004) ; *La Meije, un haut lieu alpin* (Éditions Gap, 2007) et a dirigé *Pralognan, capitale de la Vanoise* (L'Edelweiss, 2007). lionel.laslaz@univ-savoie.fr

Lucile Médina-Nicolas, agrégée et docteur en Géographie, est Maître de conférences à l'université Paul Valéry, Montpellier III, au sein du Laboratoire MTE (UMR CNRS 5045). Après une thèse sur les frontières en Amérique centrale (Prix de thèse 2005 du CNFG), elle s'intéresse aux dynamiques de développement des espaces frontaliers et aux processus de collaboration transfrontalière (Costa Rica, Panama, Salvador, Guatemala, Honduras, Nicaragua). Elle a co-coordonné (avec S. Hardy) *L'Amérique latine* (Éditions du Temps, 2005). lucile.medina@univ-montp3.fr

Johan Milian, docteur en Géographie et Aménagement, est Chargé d'études à l'université de Toulouse Le Mirail, chercheur associé aux laboratoires Dynamiques Rurales (MA 104) et MAP-ASM du CNRS (UMR 694) et collaborateur au sein de différents cabinets d'expertise. Il travaille sur les dynamiques de développement territorial en relation avec la gestion des enjeux environnementaux (conservation, risques, agriculture), notamment en montagne (Pyrénées, Maroc) et est l'auteur d'une thèse intitulée « *Protection de la nature et développement territorial dans les Pyrénées franco-espagnoles* ». milian@univ-tlse2.fr

Lizile Mniki, géographe sud-africain, est Lecturer à l'University of Fort Hare (Afrique du Sud). Professeur du secondaire pendant l'apartheid, il a ensuite réalisé deux masters « recherche » à l'université du Cap et à Los Angeles (États-Unis). Il poursuit actuellement une thèse sur les conflits environnementaux autour de la pêche de subsistance sur le littoral de la *Wild Coast*. lmniki@ufh.ac.za

Estienne Rodary est Chargé de Recherche à l'IRD – Institut de recherche pour le développement – UR 199. Rédacteur en chef de la revue *Écologie et Politique*, il travaille sur les espaces protégés africains, associant la construction des espaces locaux aux dynamiques régionales et transnationales. Il s'intéresse plus largement à l'inscription des politiques de conservation dans les processus de mondialisation. Il est co-auteur de *Conservation de la nature et développement. L'intégration impossible ?* (Karthala, 2003) et de *Les aires protégées et le développement durable* (Éditions de l'IRD, à paraître). Estienne.Rodary@ird.fr

Coordination scientifique

Stéphane Héritier et **Lionel Laslaz**

Comité de lecture

Remerciements aux personnes qui ont assuré la relecture d'un ou plusieurs textes

Benoît Antheaume – Directeur de recherche, Institut de recherche pour le développement, Paris.

Paul Arnould – Professeur des universités, université de Lyon, École Normale Supérieure Lettres et Sciences Humaines, directeur de l'UMR 5600 EVS.

Emmanuelle Bonerandi – Maître de conférences, université de Lyon, École Normale Supérieure Lettres et Sciences Humaines.

Jean-Louis Chaléard – Professeur des universités, université de Paris I-Sorbonne, directeur de l'UMR 8586 PRODIG.

Jean-Paul Charvet – Professeur des universités, université de Paris X-Nanterre.

Vincent Clément – Maître de conférences, université de Lyon, École Normale Supérieure Lettres et Sciences Humaines.

Denis Eckert – Directeur de recherche, UMR 5193 LISST (*Laboratoire Interdisciplinaire Solidarités, Sociétés, Territoires*), Toulouse.

Pierre Gentelle – Directeur de recherche émérite, UMR Archéologie, École des Hautes Etudes en Sciences Sociales, École Normale Supérieure Ulm.

Frédéric Giraut – Professeur des universités, université de Genève (Suisse).

Myriam Houssay-Holzschuch – Maître de conférences, université de Lyon, École Normale Supérieure Lettres et Sciences Humaines.

Lucette Laurens – Professeur des universités, université Paul Valéry-Montpellier III, INRA-UMR Innovation Montpellier.

Jérôme Monnet – Professeur des universités, université de Paris-VIII, Directeur adjoint de l'Institut Français d'Urbanisme.

Georges Mutin – Professeur des universités honoraire, Institut d'Études Politiques, Lyon.

Luc Vacher – Maître de conférences, université de La Rochelle.

Les coordinateurs remercient le Laboratoire EDYTEM,
qui a permis le financement du cahier couleur de cet ouvrage.

Préface

Paul Arnould

Quel beau nom que parc national. Il suscite dès l'abord l'adhésion.

Parc évoque des paysages proches du naturel : les savanes parcs des pays tropicaux, les parcs arborés ou boisés des pays mixtes de l'herbe et de l'arbre, aux marges des milieux forestiers, du monde tropical aux régions froides.

Parc est aussi un beau terme à ancrage rural : c'est l'enclos de pierres, de bois, de fil de fer barbelé ou l'espace limité par une clôture électrique où le bétail est protégé, géré mais aussi confiné.

Parc évoque également les parcs et jardins des milieux urbains tout comme les parcs de stationnement symboles de la toute-puissance de la civilisation de l'automobile dans la ville.

Ce triple apparentement du côté du « sauvage », du rural et de l'urbain lui permet de cumuler les connotations positives. Il est également utilisé dans bien d'autres registres : les parcs d'éoliennes et les parcs technologiques par exemple.

Cette large gamme d'enracinements confère à ce simple mot de parc un statut d'objet hybride à la forte richesse symbolique.

Le qualificatif de national est, lui, plus ambigu. Il évoque certes une volonté collective, des choix au niveau de l'État, une référence à une échelle de décision et à un des maillages du globe les plus incontournables. Il a aussi hélas des relents de nationalisme étroit et ombrageux voire agressif, de xénophobie, d'enfermement, de refus de l'altérité, d'adhésion à des idéologies aux implications souvent néfastes et belliqueuses.

Parc national est donc riche de toute une série de références aux connotations parfois contradictoires. Il est désormais un terme incontournable du registre des discours, des actions, des situations concernant l'environnement, la mondialisation et le développement durable.

Pourtant il manquait, en langue française, une synthèse faisant le point sur les formes multiples que cache ce vocable englobant et que les données chiffrées de superficie et de localisation n'épuisent pas, bien au contraire.

L'ouvrage coordonné par deux jeunes enseignants chercheurs formés à l'université de Savoie, à Chambéry, vient à son heure pour dresser des bilans, dépasser le stade des statistiques lénifiantes et triomphantes, évoquer des évolutions, tracer des perspectives.

Ils ont su réunir un collectif d'auteurs compétents travaillant sur tous les continents avec des regards et des approches non formatées. Chacun a participé avec ses interrogations, ses références, ses interprétations. Il ne s'agit donc pas d'un ouvrage monolithique, même s'il est d'une grande cohérence, mais d'un panorama diversifié, où chaque lecteur est libre de se faire son opinion à travers la large panoplie de cas traités et d'éclairages personnalisés.

Dans l'extrême richesse des abords, notons quelques avancées stimulantes. Une première série d'apports porte sur la mise en perspective historique du cheminement de cette belle idée. Qui a inventé les parcs nationaux ? De quand datent les parcs ? Que nous apprend la chronologie de la création des parcs ?

Tous les auteurs y répondent dans cet ouvrage. Il semble que l'idée se cristallise et s'impose à la fin du XIXe siècle. Le premier acquis est que, dans le monde, la protection de la nature a moins de 150 ans d'âge. Le top départ correspond à une date et un lieu de référence : Yellowstone en 1872.

Le creuset et le berceau américain ont été maintes fois analysés. Stéphane Héritier reprend les mécanismes, les théories et les penseurs à l'œuvre dans cette gestation. La subtile alchimie des réflexions philosophiques, des enjeux économiques et des choix politiques commence à être bien décryptée dans le cas nord-américain. Elle reste encore à écrire pour les autres ensembles continentaux et géopolitiques. Quels théoriciens côtés russe et chinois, par exemple ? Rodney Cole et Guillaume Giroir esquissent à peine cette question qui pourtant mériterait d'être mieux élucidée. Y a-t-il alignement sur le modèle américain devenu une sorte de « modèle monde » ou bien les conceptions de départ sont-elles reformulées pour être en adéquation avec les particularités territoriales de ces États géants ? Les mêmes interrogations valent pour l'Europe centrale, le Proche et le Moyen-Orient ou encore l'Amérique centrale et du Sud.

Pourquoi une adhésion tardive de la part de certains pays dont la France ? Que signifie ce retard de près d'un siècle, ce décalage considérable ? Comment comprendre en France la mise en place concomitante des parcs nationaux et des parcs naturels régionaux ? Lionel Laslaz nous propose une limpide étude des évolutions géopolitiques et juridiques des parcs nationaux alpins français suite à l'adoption de la nouvelle loi du 14 avril 2006. Celle-ci signe une crise de croissance et une remise en cause du modèle dominant, témoignant d'enjeux de pouvoir non négligeables, où se confrontent et s'affrontent, de façon plus ou moins feutrée, les acteurs privilégiant de façon complexe les échelles nationale, régionale ou locale.

Une seconde série d'apports concerne la géographie des parcs. Les chiffres des surfaces concernées par ce type de protection « haut de gamme » sont impressionnants. Qui désormais n'a pas son parc national? La belle synthèse des données statistiques et cartographiques menée par Johan Milian et Estienne Rodary permet de disposer d'un état des lieux d'une redoutable efficacité pour amorcer des comparaisons et des raisonnements sur les enjeux spatiaux mais aussi sociaux liés à ces structures relativement hors normes.

Derrière le caractère apparemment consensuel et idyllique que certains prêtent à ce type de gestion de la nature se cachent en fait les intérêts de groupes sociaux dont le décryptage n'est pas une mince affaire. Chacun des auteurs a réussi à exposer de façon passionnante, avec les sources dont il disposait, les enjeux, forts disparates, à l'œuvre derrière une entreprise qui n'a de commun que le nom. Chacun des auteurs a eu plus le souci de décortiquer les spécificités liées à de grandes aires géopolitiques que de s'aligner sur un modèle d'approche unique qui aurait été mutilant et frustrant.

Quelle idéologie se cache derrière la froideur des chiffres, des courbes, des lieux et des dates?

La question n'est pas entièrement résolue mais les matériaux fournis permettent de se forger des débuts d'opinions.

Pourquoi ce modèle conservationniste a-t-il été adopté par les pionniers américains de la protection de la nature? Qu'est-ce qui se cache derrière ce concept apparemment consensuel?

Une idéologie de protection de la nature sans l'homme pour réagir contre les méfaits d'une économie prédatrice? La découverte d'un alibi commode pour les politiques qui justifie des pratiques bien moins soucieuses d'environnement dans d'autres lieux ne bénéficiant pas de ce statut de soi-disant immunité environnementale? Un formidable instrument d'appel touristique comme dans les grands parcs africains analysés par Estienne Rodary, Sylvain Guyot et Lizile Mniki? Sans doute un peu de tout cela à la fois suivant les temps, les lieux et les stratégies des pouvoirs en place.

Il en ressort l'impression que l'on a affaire à un modèle passablement ambigu car la volonté, affichée par certains, d'en exclure les hommes, traduit une conception anti-humaniste relativement inquiétante.

Comment faire en sorte que ces instruments du XIXe siècle soient tout à la fois des outils de reconnaissance des différences mais aussi d'affirmation des solidarités, des rapprochements et de la concertation. Belle utopie et beau défi à résoudre pour le siècle à venir.

Et si l'on en venait à conclure de façon provocatrice que les parcs nationaux ne sont désormais qu'un concept ringard et qu'il importe de rompre progressivement avec la logique des raisonnements nationaux ? Que dans un contexte de mondialisation l'avenir est aux parcs transfrontaliers ou aux parcs internationaux sur le modèle de l'Antarctique ? La mise en place de ces nouvelles structures, cassant la référence nationale, est entamée, mais les réalisations existantes ne sont pour l'instant guère convaincantes. Le cas de l'Antarctique en particulier est véritablement hors norme, dans la mesure où il s'agit d'un internationalisme relatif, tempéré par le maintien des droits des anciennes puissances coloniales et des pays limitrophes.

L'avenir est-il dans un internationalisme absolu ou dans de nouvelles formes de participation, de coopération, de gouvernance, de prise en compte des seuils écogéographiques plutôt que des frontières administratives souvent factices et paralysantes ?

Cet ouvrage ne prétend pas répondre à toutes ces interrogations, mais il vient à son heure pour inciter à une réflexion sur la place de la nature et son insertion dans la nouvelle frontière des connaissances, des réflexions, des comportements et des engagements citoyens que l'on peut rassembler sous la bannière du développement durable.

Introduction

Les parcs nationaux dans le monde. Protection, gestion et exigences d'acceptation sociale

Stéphane Héritier
Lionel Laslaz

Depuis les années 1970, la nature (Berque, 1986 ; Bertrand, 1991 ; Arnould et Glon, 2005) et plus largement l'environnement (Arnould et Simon, 2007 ; Pigeon, 2007) sont devenus des thèmes majeurs de la réflexion géographique, en partie parce qu'ils se sont imposés dans les enjeux comme dans les choix politiques des sociétés. Les principaux débats ont souvent été alimentés par des craintes, réelles ou fantasmées, concernant la croissance démographique (Ehrlich, 1968), la raréfaction des ressources accompagnées du renouvellement des craintes malthusiennes, reprises dans les discours écologistes. L'environnement, considéré comme agressé, altéré par les activités humaines menaçant la « maison commune » que constituerait la planète, a conduit à la diffusion d'un « *concept glouton* » (Brunel, 2004), le « développement durable » ou « soutenable » (*sustainable development*) formalisé et diffusé à partir de la publication du rapport Brundtland (1987) (Mancebo, 2006). Son association aux espaces protégés est assez ancienne, puisque la soutenabilité y apparaît dès 1980 (UICN, World Conservation Strategy). Les parcs nationaux recourent progressivement à cette terminologie (Stratégie nationale du Développement Durable – en 2003 – à laquelle ont adhéré les parcs français ; « Charte européenne du tourisme durable » à laquelle ont adhéré les parcs européens, comme par exemple le Mercantour), alors que pendant bien longtemps la notion de développement était apparentée à une « provocation » aux yeux de leurs gestionnaires... Pour autant, est-ce que la protection peut s'intégrer dans une politique globale de développement dit « durable » ?

Les espaces forestiers se trouvèrent au cœur des enjeux de protection dès l'époque moderne. La dégradation des régions de production (défrichements, érosion, destruction des terres arables, croissance urbaine et industrielle au XIXe siècle…) contribua à construire une vision quasiment apocalyptique de l'activité humaine accompagnant la modernité, qui conduisit les pouvoirs publics à se doter de moyens d'action, dont les parcs ne sont que le prolongement. Ce thème est une constante que l'on observe dans les mesures de protection au XIXe siècle en Europe et dans les pays nés des colonisations européennes, annonçant peut-être un mouvement plus vaste : une forme de « hantise de la disparition » (des espaces de grande « valeur » paysagère, de certaines espèces animales et végétales) qui recompose un langage décliné à partir d'un préfixe superlatif qui tonne comme une menace polymorphe : *sur*exploitation des ressources, *sur*population des villes ou des campagnes, *sur*utilisation des terres… La littérature du moment la retranscrit à travers le *Man and Nature* de J.-P. Marsh publié aux États-Unis en 1864, dont les idées furent relayées en France par E. Reclus dès 1866.

Le XIXe siècle est ainsi caractérisé par l'établissement de réserves destinées à protéger des sites remarquables (les *Arkansas Hot Springs*, identifiées dès 1832 – et finalement désignées au titre de parc national en 1911 – par le pouvoir fédéral mais qui manquèrent l'opportunité de devenir le premier parc national états-unien) ou des paysages pittoresques (séries artistiques de Fontainebleau établies en 1853, destinées à protéger les paysages ayant servi de modèles aux peintres de Barbizon). Le premier parc national, Yellowstone, a été créé par le Congrès des États-Unis en 1872 : cet acte officiel lança le mouvement de création des parcs nationaux dans le monde, résultat d'une lente maturation. Cent trente-six années d'existence dans le monde, bientôt cinquante en France, ont conduit à créer plusieurs milliers de parcs nationaux (voir le texte de J. Milian et E. Rodary). En 1962 en effet, 10 000 espaces protégés étaient recensés : quarante ans plus tard, leur nombre a été multiplié par dix. En 2005, il existait ainsi 108 786 aires protégées dans le monde, soit 18,7 millions de km^2 et 3,4 % de la planète (17,1 millions et 11,6 % rapportés aux superficies terrestres).

I. Le dynamisme des recherches françaises sur les aires protégées[1]

Cet ouvrage présente une approche des enjeux contemporains relatifs aux parcs nationaux dans le monde autour de trois approches que sont la protection, la gestion et le « développement durable » des territoires concernés par des mesures de conservation. Cette chorologie (Berque, 1986, p. 71) de la protection (soit le discours, science ou organisation qui se rapporte aux

1. Les paragraphes qui suivent n'ont pas la prétention de l'exhaustivité.

aires protégées) propose de dégager les spécificités territoriales associées à ces mesures. La plupart des auteurs de cet ouvrage sont des géographes ayant soutenu leur thèse autour des politiques de protection et des espaces protégés dans les dix dernières années, renouvelant ainsi les travaux dans ce domaine.

Les recherches des géographes, longtemps cantonnées à la géographie physique des parcs, sont demeurées assez modestes jusque dans les années 1960. Les études se sont concentrées autour de l'aménagement dans les régions de montagne (Préau, 1964; Avocat, 1981; Thénoz, 1982; Daudé, 1992 pour ne citer que quelques titres[1]) ou du tourisme, thème alors novateur de la discipline géographique. G. Richez défendit ainsi en 1985 une thèse d'État consacrée aux activités touristiques dans les parcs nationaux en Europe (1992, L'Harmattan). L'émergence des thématiques liées à la biodiversité et au développement durable, à partir des années 1990, contribua au renouvellement des recherches, par exemple à travers la gestion de pratiques touristiques dans les aires protégées: sentiers de montagne (Mignotte, 2004), politiques de gestion et contrôle de la fréquentation (Marchand, 2003), et conflits fonciers entre acteurs locaux (Cormier-Salem, 2006) dans les parcs marins et littoraux.

Depuis quelques années, les parcs nationaux français font l'objet d'une attention soutenue par les disciplines des sciences humaines et sociales (Mauz, 2003; Merveilleux du Vignaux, 2003; Milian, 2004; Selmi, 2006; Van Tilbeurgh, 2007). Ces études montrent leurs processus de mise en place, d'élaboration historique, sociale et politique. Les travaux menés dans les autres États ou continents sont référencés dans les textes qui suivent. Cette diversité d'approche et de sites étudiés montre à quel point l'objet « parc national » demeure complexe au sein du groupe générique des aires protégées. Il est dès lors nécessaire de dépasser la catégorisation proposée par les organisations internationales pour envisager une définition opératoire pour le géographe.

II. Autour de la définition de « parc national » : un objet complexe et hétérogène à l'échelle mondiale

L'UICN (1994, p. 95) définit une aire protégée de la manière suivante: « *portion de terre et/ou de mer vouée spécialement à la protection et au maintien de la diversité biologique, ainsi que des ressources naturelles et culturelles associées, et gérée par des moyens efficaces, juridiques ou autres* ».

1. Laslaz (2004) présente une bibliographie très abondante à laquelle il est possible de se référer.

Cette définition, qui présente une utilité incontestable pour un gestionnaire ou pour un agent d'une organisation internationale en charge de la désignation d'une aire protégée, apparaît peu satisfaisante pour le géographe : les dimensions culturelles et surtout politiques de la protection ne sont pas suffisamment présentes ; l'existence des espaces protégés n'est pas clairement replacée dans une logique générale de gestion (au sens plein du terme) d'un territoire. La fréquentation touristique est totalement absente de cette définition, alors même qu'elle a constitué une des motivations principales des premières créations de parcs nationaux américains (Yellowstone est érigé comme « *parc public* » pour le « *bénéfice et l'agrément de la population* »), australiens ou canadiens, et qu'elle demeure essentielle pour la plupart des espaces protégés. L'angle d'approche retenu par l'UICN s'avère donc clairement écocentré. Quant aux moyens « *efficaces* », la plupart des textes qui suivent apportent plus que des nuances à ce postulat, par ailleurs fort subjectif, d'« efficacité », qui devrait caractériser tous les espaces protégés. Si tout le monde s'accorde à considérer que les mesures de protection sont prioritaires, l'absence d'évocation de la présence et des activités humaines s'apparente à une forme de déni d'écoumène.

En outre, la seule prise en compte des catégories UICN pose néanmoins des questions. Par exemple, Locke et Dearden (2005) considèrent que dans certains cas l'application des catégories V et VI « *torture la notion d'aires protégées si fortement qu'elle les rend méconnaissables* » et que la nature des usages et des activités qui s'y développent légitimerait de distinguer clairement les aires protégées (catégories I à IV de l'UICN) de ce qu'ils proposent de nommer des « *sustainable development areas* » en remplacement des catégories V et VI. Par ailleurs, les nuances d'une catégorie à l'autre ne relèvent pas toujours de l'évidence…

D'un point de vue géographique, nous considérerons comme un *espace protégé* – ou *aire protégée* – *une étendue délimitée, bornée (les limites sont matérialisées sur le terrain), pouvant comporter plusieurs « zones » indiquant un gradient de mise en valeur du territoire et au sein desquelles les pouvoirs publics décrètent des mesures de protection (paysages, patrimoine sous diverses formes, faune, flore – dans leur globalité ou autour d'une espèce en particulier), en s'appuyant sur des législations et des réglementations, parfois spécifiques à chaque « zone ». Ce sont l'acte politique et les représentations du territoire concerné qui créent l'espace protégé et non sa « biodiversité », cette dernière ne constituant qu'un inventaire partiel et subjectif des « richesses » et « ressources » biologiques et un argument parmi d'autres retenus pour le classement de l'espace protégé. Cet espace administratif, en général géré par des États, des administrations publiques (Établissements Publics, Agences fédérales, etc.) ou des collectivités territoriales en émanant, par des associations ou des organismes de gestion, se superpose parfois à des territoires appropriés, souvent caractérisés par de forts enjeux. Le décalage entre impératifs nationaux et développement local apparaît clairement. C'est l'enjeu (« contenu » de l'espace concerné, menace sur ce dernier) qui crée la « nécessité » de protection de l'espace. Celle-ci constitue bien un choix politique. Les espaces protégés sont des éléments de maillage d'une politique publique d'aménagement du territoire.*

Les 6 catégories d'espaces protégés selon l'UICN (1994)

Officiellement, ces catégories sont établies en fonction des objectifs de management, mais c'est plutôt le degré de « naturalité » qui est pris en compte. [*Pour chaque catégorie, un exemple de parcs nationaux cités dans le livre*].

CATÉGORIE I : Réserve naturelle intégrale/Zone de nature sauvage : aire protégée gérée principalement à des fins scientifiques ou de protection des ressources sauvages.

Catégorie Ia : réserve naturelle intégrale ; aire protégée gérée principalement à des fins scientifiques. Espace terrestre et/ou marin comportant des écosystèmes, des caractéristiques géologiques ou physiologiques et/ou des espèces remarquables ou représentatives, géré principalement à des fins de recherche scientifique et/ou de surveillance continue de l'environnement.

Zapovednik Kavkaz (1924, 280 335 ha), Russie

Dans l'ancienne répartition de 1978, la catégorie Ia correspondait aux réserves scientifiques. La catégorie Ib a été créée en 1984.

Catégorie Ib : zone de nature sauvage ; aire protégée gérée principalement à des fins de protection des ressources sauvages. Vaste espace terrestre et/ou marin, intact ou peu modifié, ayant conservé son caractère et son influence naturels, dépourvu d'établissements permanents ou importants, protégé et géré afin de préserver son état naturel.

Wrangell-St-Elias National Park (1980, 3 674 024 ha), États-Unis

CATÉGORIE II : parc national ; aire protégée gérée principalement dans le but de protéger les écosystèmes et à des fins récréatives. Zone naturelle, terrestre et/ou marine, désignée (a) pour protéger l'intégrité écologique dans un ou plusieurs écosystèmes dans l'intérêt des générations actuelles et futures, (b) pour exclure toute exploitation ou occupation incompatible avec les objectifs de la désignation et (c) pour offrir des possibilités de visite, à des fins spirituelles, scientifiques, éducatives, récréatives et touristiques, dans le respect du milieu naturel et de la culture des communautés locales.

Rapa Nui Parque Nacional (1935, 7 130 ha), Chili

CATÉGORIE III : Monument naturel ; aire protégée gérée principalement dans le but de préserver des éléments naturels spécifiques. Aire contenant un ou plusieurs éléments naturels ou culturels particuliers, exceptionnels ou uniques, méritant d'être protégée du fait de sa rareté, de sa représentativité, de ses qualités esthétiques ou de son importance culturelle intrinsèque.

Parc national de Miguasha, (1985, 62 ha), Québec, Canada.

CATÉGORIE IV: Aire de gestion des habitats ou des espèces; aire protégée gérée principalement à des fins de conservation, avec intervention au niveau de la gestion. Aire terrestre et/ou marine faisant l'objet d'une intervention active au niveau de la gestion, de façon à garantir le maintien des habitats et/ou à satisfaire aux exigences d'espèces particulières.

Dans le système de 1978, elle était appelée Réserve de conservation de la nature/Réserve naturelle dirigée/Sanctuaire de faune.

Pondoland National Park (2004, 123 817 ha), Afrique du Sud

CATÉGORIE V: Paysage terrestre ou marin protégé: aire protégée gérée principalement dans le but d'assurer la conservation de paysages terrestres ou marins et à des fins récréatives. Zone terrestre, comprenant parfois le littoral et les eaux adjacentes, où l'interaction entre l'homme et la nature a, au fil du temps, modelé le paysage aux qualités esthétiques, écologiques et/ou culturelles particulières et exceptionnelles, et présentant souvent une grande diversité biologique. Préserver l'intégrité de cette interaction traditionnelle est essentiel à la protection, au maintien et à l'évolution d'une telle aire. *Dans le système de 1978, elle est nommée « Paysage protégé ».*

Petra National Park (1968, 12 200 ha), Jordanie

CATÉGORIE VI: Aire protégée de ressources naturelles gérées: aire protégée gérée principalement à des fins d'utilisation durable des écosystèmes naturels. Aire contenant des systèmes naturels, en grande partie non modifiés, gérée afin d'assurer la protection et le maintien à long terme de la diversité biologique, tout en garantissant la durabilité des fonctions et produits naturels nécessaires au bien-être de la communauté.

Cette catégorie ne correspond pas directement à celles du système de 1978, mais peut inclure certains sites alors classés dans les catégories « Réserves de ressources naturelles », « Régions biologiques naturelles/Réserves anthropologiques » et « Régions naturelles aménagées à des fins d'utilisation multiple/Zones de gestion des ressources naturelles ».

Huang Shan Scenic Area (1982, 15 400 ha), Chine

Sources: UICN, 1994 : *Lignes directrices pour les catégories de gestion des aires protégées*, Deuxième partie: « Les catégories de gestion » et WDPA, 2008.

Quant à la *définition de parc national*, elle ne répond pas, là encore, à un libellé unanime, ni transposable sous toutes les latitudes. La diversité des situations rencontrées, illustrées dans cet ouvrage, rend délicate une tentative de synthèse. Si l'on s'en tient aux considérations retenues à l'échelon international, les parcs nationaux comportent les caractéristiques suivantes:

- des dimensions souvent vastes (à la différence des réserves naturelles) ;
- un rayonnement national et une fonction collective (qui concerne une grande partie, voire la totalité de l'État) ;

- une faible anthropisation (réelle, construite ou imaginée) et une « nature » mise à l'écart de l'influence humaine (« *nature is left to be nature* » selon l'adage). L'étymologie latine de parc est *parricus*, désignant à l'origine une parcelle, entourée d'une clôture. L'idée sous-jacente de fermeture est donc indissociable de cette appellation ;
- des fonctions récréatives et des objectifs d'éducation à l'environnement.

Nous retiendrons l'idée qu'il s'agit d'un *espace, généralement classé en catégorie II par l'UICN (cf. encadré), mais pas nécessairement, caractérisé par la tutelle directe d'un État (ou de plusieurs dans le cas des parcs transnationaux ou internationaux) qui a décidé de la création, des limites et de la réglementation en vigueur à l'intérieur de l'espace protégé, dont la finalité est principalement la protection de l'environnement (mais qui tolère la présence et les activités humaines, ce qui le différencie des réserves intégrales), et ce souvent sans concertation avec les populations « locales »*.

Ces définitions des espaces protégés et des parcs nationaux nécessitent néanmoins de s'accorder sur les termes de protection et de gestion et de présenter les modalités d'acceptation sociale en vigueur.

A. Protection, conservation, préservation, sanctuarisation : les gradients pour exprimer le « gel » des territoires

La *protection* correspond à toute *action ou fait de soustraire quelqu'un ou quelque chose à un danger, à un risque quelconque qui pourrait lui nuire*. La définition attribue ainsi à la « protection » de la « nature » un sel tout particulier qui soulève bien des interrogations : que faut-il soustraire ? Comment l'espace protégé est-il soustrait ? À quelle forme de menace (réelle ou imaginaire) ou de risque ? Depuis le XIXe siècle, il est apparu nécessaire à certaines associations ou à des acteurs publics de retirer à l'usage commun des portions de la surface terrestre par des actions légales. Les premiers parcs nationaux furent créés dans des régions qui étaient pourtant pas immédiatement dégradées par les activités humaines… mais pour les protéger des menaces à venir. Selon quelles modalités ? Le XIXe siècle a été, là encore, particulièrement fécond en développant des conceptions distinctes que sont la conservation et la préservation.

L'abondante littérature publiée en Amérique du Nord dans ce domaine s'accorde aujourd'hui sur les définitions (à défaut de s'accorder sur les moyens d'action). Le sens anglais de *conservation* (de l'ancien français *conserver*, étymologiquement *porter attention, maintenir*) correspond *aux actions visant à prévenir quelque chose de la perte, l'altération ou la destruction*. Le terme, souvent affublé de fixisme, a pris une connotation dynamique, supposant la mise en œuvre des *actions de protection par l'utilisation durable et la gestion des ressources « naturelles » prenant en considération les éléments de la biosphère. La préservation* (de l'ancien français *préserver*, étymologiquement *garder sauf*) est *l'acte de conserver quelque chose (une espèce, un écosystème) dans son état originel de préférence sans altération*. Par extension, dans le domaine de la protection de l'environnement, il s'agit des *actions qui visent à maintenir des régions de la planète, peu affectées par les activités humaines, dans leur condition présente*, voire dans leur version extrême *à limiter ou interdire toute présence ou toute activité humaine*. Dans le sens anglo-saxon, elle « *n'autorise aucun prélèvement* » (Rodary *et al*, coord., 2003, p. 8). Le processus extrême est celui de la *sanctuarisation* (*wildlife sanctuary* en Alaska par exemple) qui évoque un processus de mise en sécurité d'une ou de plusieurs espèces *menacées* de disparition. Quoi qu'il en soit, les gestionnaires des parcs nationaux, longtemps porteurs d'un discours très conservateur, se rangent désormais derrière l'image dynamique d'un « développement durable ».

Conserver ne signifie pas nécessairement bloquer toute forme d'évolution, de toute façon inéluctable : la prolifération d'espèces non régulées détruisant certains milieux, le rôle des incendies dans la régénération des espèces végétales (Keiter et Boyce, 1991) en sont autant d'illustrations. La définition du « caractère de parc national », actuellement en cours dans les parcs français, se heurte à ce type d'appréhension de l'immobile et du changeant, ce dernier étant une composante de leur identité. Une partie de la réflexion est liée aux échelles d'application, puisque les parcs constituent avant l'heure une confrontation du local (espèces endémiques, espaces circonscrits) au global (écosystème planétaire). Par ailleurs, un parc existe nécessairement au regard du contexte qui l'environne et qui a poussé à sa création.

Les parcs opèrent-ils un gel des territoires mis en réserve ? Pendant des décennies, les mesures de protection ont accompagné peu ou prou la mise à l'écart de populations sur tous les continents, selon des modalités distinctes dans le temps et dans l'espace. À l'échelle locale, la délimitation d'un parc correspond presque toujours à la *soustraction* (d'importance variable) de composantes de territoires dont le fonctionnement pourrait être altéré durablement. Ces espaces protégés sont souvent créés – derrière les arguments de protection de la « nature » ou de la biodiversité – dans un processus de confiscation territoriale de type colonial ou impérial. Les parcs nationaux ne réintègrent l'échelle globale que dans les dernières décennies du XXe siècle, avec la construction *a posteriori* d'une cohérence mondiale de la protection, par leur mise en « réseau » au sein des États et à l'international (cf. encadré).

PRINCIPALES RÉUNIONS INTERNATIONALES LIÉES AUX PARCS NATIONAUX

a) Les grandes conventions internationales de protection de la « nature »

1911 : Première *National Parks Conference* (États-Unis).

1948 : **Création de l'UICN** (Union Internationale pour la Conservation de la Nature) sous l'égide du gouvernement français et de l'UNESCO (Fontainebleau).

1968 : **Conférence sur la biosphère** (UNESCO).

1971 : **Programme MAB** (*Man And Biosphere*) pour constituer un réseau mondial de « réserves de biosphère » (2007 : 531 dans 105 pays).

1972 : **Conférence de Stockholm** *One earth only* (*une Terre seulement*), débouchant sur un texte en 7 points et 26 principes d'action (ONU).

1980 : **Stratégie mondiale de la Conservation**, stratégie adoptée par l'UICN au service du « développement durable ».

1987 : **Rapport Brundtland**, rapport des Nations unies intitulé *Our common future*, utilisant le concept de « développement durable ».

1992 : **Sommet de la Terre à Rio de Janeiro**, adoption de l'*Agenda 21*.

1997 : conférence UICN/*Peace Parks Foundation* sur les « parcs de la Paix », Le Cap.

b) Les Congrès mondiaux sur les parcs

1962 : Seattle (États-Unis). Thème : « *Des îles de nature pour le monde* ».

1972 : Yellowstone (États-Unis). Thème : « *Les parcs nationaux, un héritage pour un monde meilleur* ».

1982 : Bali (Indonésie). Thème : « *Des parcs pour le développement* » (les catégories UICN proposées en 1978 sont adoptées).

1992 : Caracas (Venezuela). Thème : « *Des parcs pour la vie* » (adoption de nouvelles catégories UICN en 1994).

1997 : Albany (Australie). Thème : « *Les aires protégées au XXIe siècle : des îles aux réseaux* ».

2003 : Durban (Afrique du Sud). Thème : « *Bénéfices par-delà les frontières* ».

B. La gestion des parcs nationaux : de la confiscation économique à la composante géopolitique

La gestion (du latin *gestio, action de gérer*) peut être considérée comme le *fait d'administrer, de s'occuper de quelque chose de manière suivie et attentive*. Au-delà du nombre et de la superficie des parcs nationaux (longtemps seuls paramètres de mesure de la réussite d'une politique de protection), ce sont les modalités de fonctionnement opérationnelles qu'il faut considérer : *réguler le dedans* et *craindre le dehors* semblent être les maîtres mots.

Historiquement, la délimitation des parcs correspond à des situations différentes : la création des parcs en Amérique du Nord, en Australie ou en Afrique correspond à une stratégie territoriale (contrôle et maîtrise du territoire par un État-nation en construction), autant qu'à une légitimation de la supériorité d'une civilisation sur une autre dont la souveraineté territoriale avait été niée par des traités injustes.

Il semble que cette pratique soit un avatar de l'État-nation et parfois de l'État colonisateur... ce qui expliquerait la conjonction des politiques passées entre des monarchies comme l'Angleterre ou l'Allemagne, des républiques comme la France ou les États-Unis. Les parcs nationaux se sont d'ailleurs diffusés comme des outils et des vecteurs d'une civilisation (modernisation des colonies servant parfois de « bancs d'essai » de la métropole), alors que paradoxalement ils étaient présentés comme les garants de la « sauvagerie » (« naturelle », mais pas culturelle...). Dans les régions de fortes densités historiques, comme dans certains massifs des Alpes, les parcs correspondent aussi à des dialogiques de repli-défense : contraction de l'activité, déprise démographique auxquelles les États répondent par des politiques d'aménagement, tentant d'inverser la tendance au repli par de nouvelles formes d'ouverture. Le cas des parcs nationaux alpins français et italiens (Laslaz, 2004 ; Janin, *coord.*, 1985), pensés en partie comme des outils d'aménagement et de revitalisation des territoires de montagne, est assez éclairant.

À la différence d'autres formes d'aires protégées, les parcs nationaux méritent leur épithète dans la mesure où ils disposent, en quelque sorte, d'un *supplément d'âme*. En raison de la place qu'ils occupent dans la construction des États ou du rôle que ces derniers leur assignent, certains parcs sont considérés comme de véritables icônes d'un territoire national, soit parce que les parcs servent la préservation d'espèces désormais rares, telles que les tigres du parc national de Virachey (332 500 ha, Cambodge), les chimpanzés du parc national de Gombe (52 000 ha, Tanzanie), l'antilope du Tibet ou le panda en Chine (G. Giroir dans cet ouvrage), ou les ongulés sauvages alpins (chamois, bouquetins), soit parce qu'ils permettent de protéger des milieux spécifiques comme les paysages de plaine dans les Pays d'Europe centrale et orientale ou en Russie, des paysages culturels tels que ceux représentés par les *moai* de l'Île de Pâques.

Dans tous les cas, l'État prétend prendre à sa charge la gestion du territoire par l'intermédiaire de réglementations souvent vécues comme contraignantes, mais légitimées partout par un intérêt supérieur : le « bien commun ». Il s'appuie couramment sur un argumentaire déployé à l'échelle nationale mais fondé sur les engagements en matière internationale. S. Déry (2007) analyse cette situation à propos du parc vietnamien Cat Tien. La création du parc a exclu les populations montagnardes de leur territoire, rompant les équilibres politiques traditionnels entre les autochtones et l'État. Le parc devient un outil permettant au pouvoir central, qui y puise sa légitimité internationale, de s'affranchir des « contraintes »... donc des populations locales. Cet exemple illustre une situation évoquée en Afrique (S. Guyot, E. Rodary, notamment dans cet ouvrage) et en Amérique latine (L. Médina-Nicolas dans cet ouvrage), où les parcs révèlent une gestion géopolitique liée à la variété et à l'intensité des enjeux de pouvoirs sur les territoires. Les dossiers de ce livre insistent sur ce point à partir des minorités ethniques de Chine, des autochtones des îles d'Amérique latine, d'Amérique du Nord et d'Australie, dans les communes marginales des hautes vallées alpines. En Europe centrale, les parcs deviennent des outils politiques marqueurs du changement et de l'affirmation d'un système de pouvoir (S. Depraz dans cet ouvrage), tandis qu'en Afrique du Sud, ils illustrent une dimension sociale, voire raciale : S. Guyot et L. Mniki montrent qu'il s'agit d'une question de maîtrise et de domination où « *les gouvernements d'apartheid ont adapté l'usage des parcs à leurs propres intérêts* ». Dans quelques pays des « Suds » (Togo, Indonésie, Tanzanie...) (Rossi, 2000), le déplacement des personnes et la destruction de leurs villages pour agrandir des aires protégées soulignent combien les parcs nationaux sont parfois loin de l'image idyllique qu'ils affichent couramment : moyens de contrôle sur le territoire, moyens de domination, moyens de faire le « vide »...

La gestion de l'espace parc est également accompagnée de réglementations d'usages fixant les interdictions (prélèvements divers sur la faune, la flore, les ressources) et les autorisations d'activités (un certain degré de pastoralisme, tourisme le plus souvent « patrimonial » ou « écotourisme ») à l'intérieur de l'aire protégée. Bien que la tendance à la « marchandisation » de l'espace naturel (abordée dans le présent ouvrage par R. Cole) se soit heurtée à des dénonciations, les parcs sont ainsi souvent présentés comme assurant des retombées économiques importantes (dans combien de cas des diagnostics des situations économiques antérieures à la création des parcs ont-ils été réalisés ?), des emplois dans les différents services touristiques. Le Congrès mondial sur les parcs de 1992 à Caracas incite d'ailleurs à cette évolution vers la rentabilisation. Toutefois, ces tendances ne doivent pas occulter des réussites variées en matière de gestion, mais souvent articulées ou pensées en termes éthiques ou qualitatifs opposant la « bonne gestion » aux « mauvais usages », une gestion « raisonnée » ou « raisonnable » à une hypothétique déraison collective. Ces jugements, s'ils n'augurent guère d'une analyse scientifique, ont été fréquemment utilisés par des philosophes de la « nature » et par des écologues. Plus gênant, ils ont parfois servi de fondement aux orientations des politiques de gestion par les pouvoirs publics en charge des espaces protégés.

C. Peuplement, question foncière et zones de protection

Les parcs nationaux sont des productions urbaines (idéologiquement et spatialement) : pensés, conçus et découpés par des urbains, ils conservent des liens avec les espaces urbains, lieux de sensibilité environnementale souvent supérieure et foyer de « clientèle » touristique (cas de l'Italie du Nord). Ils sont parfois à proximité directe de ces derniers (et non le plus loin possible, comme le supposerait une « naturalité » maximale), en tout cas facilement accessibles: dans le cas du parc national de Tijuca (3973 ha), enserré dans l'urbanisation de la mégapole de Rio (10 millions d'habitants), L. Lézy-Bruno (2007) a montré que la forêt ombrophile, largement appropriée et symbolique pour les habitants, fait office de « *diviseur socio-spatial* », séparant les quartiers en fonction de leurs profils socio-professionnels. L'auteur pose aussi la question d'une politique de restriction des usages dans un contexte de pauvreté et de pressions urbaines, identique dans la périphérie nord de Mumbai (Bombay) (Zérah, 2007). Les pauvres (50 % de la population vivant dans des bidonvilles) y sont rejetés sur les marges et accusés de dégradation sur le parc national de Sanjay Gandhi (10300 ha).

À quelques exceptions près, un espace désigné pour devenir un parc national est approprié par un groupe ou une communauté. C'est ce qu'E. Leynaud (1982 et 1985) a appelé le « *territoire des autres* ». Quelles que soient les densités de peuplement, que les populations soient sédentaires, transhumantes ou nomades, il existe presque toujours des usages préalables à la création d'un parc. Cette situation pose deux questions: celle de la souveraineté et celle de la propriété qui apparaissent à travers la question des transferts des terres à l'État, comme en Chine (G. Giroir dans cet ouvrage) et à travers les revendications territoriales observées en Amérique du Nord ou en Australie (S. Héritier dans cet ouvrage). Quelle place l'État gestionnaire peut-il laisser et quels usages peut-il accorder aux populations locales? Oscillant entre une posture « tolérance zéro » en termes de présence humaine et l'affirmation progressive d'un « *paradigme intégrateur* » (Rodary, *coord.*, 2003) en faveur de la prise en compte de l'écologie dans les objectifs de gestion et de développement des territoires ruraux, les situations mondiales sont extrêmement variables selon la position des États vis-à-vis de la conservation. En Amazonie, le programme DURAMAZ (*les déterminants géographiques, démographiques et socio-économiques de la durabilité en Amazonie brésilienne*) a montré que la protection de l'environnement est plus efficace dans les aires habitées par des communautés (amérindiennes ou minières), dont les activités ont un faible impact sur l'environnement, par rapport aux aires vides de présence humaine. Il est préférable d'envisager le peuplement non pas comme un obstacle insoluble à la conservation, mais plutôt comme un défi supplémentaire, créateur d'initiatives et de consensus dans la gestion des territoires protégés.

Cette lecture a conduit à une logique de délimitation systématique des espaces protégés. Le modèle idéal, proposé par les organisations internationales de protection dont l'UICN, prenait la forme d'un emboîtement de zones de protections : zone tampon, parc au sens strict, réserve intégrale, correspondant chacune à un gradient supplémentaire de protection et de « naturalité ». Dans le cas des parcs nationaux canadiens, le zonage sert à délimiter des espaces dont l'agence *Parcs Canada*, en charge de la gestion, établit les niveaux de protection, la nature et l'intensité des activités acceptables dans chaque zone. Ces formes de zonage de l'espace, les emboîtements d'échelles, les coupures et segmentations spatiales dont ils sont fréquemment le corollaire, configurent la protection.

Au-delà d'une dimension strictement comptable et quantitative des parcs nationaux, c'est l'efficience de la protection ainsi territorialisée qui interpelle, comme l'ont montré, par exemple, Dourojeani et Padua (2001) pour le bassin amazonien. Ce sont bien les modalités de gestion qui traduisent les différentes appréhensions, considérations et représentations de la « nature ». Ainsi certains auteurs considèrent qu'il n'est de protection que dissociée de la présence humaine (gageure s'il en est), quand d'autres argumentent que la segmentation en vigueur conduisant à faire des parcs nationaux des « îles » de protection au milieu d'espaces aménagés, les coupant par ailleurs des populations susceptibles de participer à leur mission de sauvegarde, est seule viable. Néanmoins, les évolutions du discours environnementaliste mondial ont fait passer « *ces vignettes de wilderness* » (Fall, 2002, p. 249) menacées à une logique réticulaire (plus en phase d'ailleurs avec la logique globalisante du discours écologique), un peu plus en conformité avec la notion d'écosystème. Ainsi se développent les notions de « *corridor biologique* » (*Europarc* parle même de « *pont naturel* » européen) ou de « *continuum écologique* », soulignant ainsi que les espaces protégés ne sont pas des « isolats » déconnectés des territoires alentour et des autres problématiques environnementales (pollution, déforestation), mais les éléments d'une seule unité. Le but est alors de supprimer les barrières ou passages artificiels, ou de les rendre franchissables, pour permettre la diffusion des espèces, leurs migrations, leur extension afin d'assurer une colonisation suffisante (complétée par une réintroduction d'espèces disparues). Mc Neely (1992, p. 9) propose la notion de « *bioregion* » pour qualifier une unité naturelle s'articulant sur un espace protégé et adoptant des principes de gestion en collaboration avec les espaces alentour.

D. De créations parfois douloureuses à la difficile construction de la confiance

Derrière ces découpages se pose la question des finalités politiques et territoriales des parcs nationaux. Une grande majorité des premiers parcs nationaux sont des parcs montagnards (États-Unis, Canada) ou littoraux (Galapagos). Les éléments retenus pour les créations sont plus souvent liés à des appréciations esthétiques (« grandeur » et caractère spectaculaire des paysages), qu'à l'existence de la « diversité biologique » au moins jusqu'à la seconde guerre mondiale. La dimension sacrée, la présence de hauts lieux (« *saint des saints* » de la protection se superposant à celui des croyances) a aussi pu guider le classement en espace protégé, comme en Nouvelle-Zélande (Tongariro) ou au Népal. La présence de grande faune (Asie et Afrique) joue également un rôle fondamental dans la mesure où les réserves servaient également à restaurer les stocks de gibier pour la chasse sportive. Avant la délimitation d'un espace désigné au titre de *parc national* aux États-Unis, les États modernes ont multiplié les réserves royales (France, Italie...) destinées souvent à des activités cynégétiques (De Planhol, 2004) ou pour protéger les ressources forestières. En sus, les motivations les plus diverses apparaissent chez les pionniers des parcs, dont des objectifs paysagers, politiques, culturels (souhait de G. André, un des initiateurs du parc national de la Vanoise) et patrimoniaux.

Autre caractéristique des premiers parcs nationaux, ils ont été créés dans les (ex-)colonies britanniques, dans des régions peu densément peuplées, que le nouvel État voulait intégrer au territoire national en cours de construction. Les contextes politiques et culturels sont distincts mais présentent des similitudes à travers la pensée religieuse (notamment le protestantisme) et certaines de ces adaptations, qui conduisent à construire une conception du *wilderness*, « grande nature sauvage » fortement teintée de sacralité. Cette lecture de la « nature » intervient à point nommé pour conceptualiser l'espace comme vierge de toute occupation préalable, ainsi que le démontre C. Harris (2002) à propos de la Colombie Britannique. La notion de *wilderness* n'est pas opératoire à l'échelle de la planète (Chartier et Rodary, 2007), mais joue un rôle déterminant dans l'histoire de la conservation de la « nature », dans la création puis la gestion des parcs nationaux. Certaines associations mondiales fondèrent une grande partie de leur discours avec en arrière-plan idéologique l'expérience nord-américaine et en agissant comme les hérauts de la protection de la biodiversité. Comment désigner alors cette portion de l'espace terrestre, « refuge » de la « grande nature sauvage »? A. Berque (1986) propose, pour ne pas utiliser *désert* et comme équivalent du *wilderness* anglo-saxon, le terme d'*érème* (ou *anécoumène*) qu'il présente comme l'espace inhabité, l'espace sauvage (du grec *erêmos*: *désert, solitaire*) par opposition à l'*écoumène*[1] (du grec *oikoumené gê: terre habitée*). A. Berque (2000) définit ce dernier comme « *l'ensemble et la condition des milieux humains en ce qu'ils ont proprement d'humain, mais non moins d'écologique et de physique* », démontrant que les choses n'existent jamais en soi mais en tant que ressources, contraintes, risques ou agréments, et sont donc différemment appréhendées culturellement. Cela revient néanmoins à valider une coupure spatiale entre espace « naturel » et espace anthropisé. Certains gestionnaires refusent même l'intervention dans ce qu'ils estiment être la « nature » (cas de la *wildnis* promue dans le parc national de la forêt bavaroise, instituant la « libre évolution » de la nature ou la non-intervention humaine – qui d'une certaine manière en est une...). D'autres agissent pour des opérations de « renaturation » ou de « naturalisation » (démontage d'infrastructures obsolètes), visant à faire table rase du passé, pour gagner en naturalité... artificielle.

Dans ce contexte, que gère-t-on dans un parc national: la nature, la fréquentation, les usages, le patrimoine? Et au-delà, avec qui? La mise en perspective des modalités historiques de création des parcs permet de comprendre l'acuité des problématiques d'acceptation sociale. Celle-ci est transversale à toute politique d'aménagement d'un territoire et les espaces protégés ne dérogent pas à la règle. La confiance est ainsi d'autant plus difficile à construire que les pratiques parfois autoritaires des gestionnaires rendent la participation locale effective très aléatoire. Pis encore, les parcs constituent des terrains privilégiés d'opposition entre groupes, révélateurs de diverses tensions entre communautés locales (autochtones ou non), environnementalistes holistes et État central, entre urbains et ruraux... Ces discussions ou ces disputes incitent à s'orienter vers de nouveaux modes de gouvernance « participatifs » (logiques dite *bottum-up*), rappelant que l'efficacité d'une politique repose avant tout sur la capacité de celles et ceux qu'elle concerne de la faire leur. La « gestion conjointe » ou « cogestion » demeure souvent une belle intention inscrite sur le papier. La plupart des systèmes ne réussissent pas à penser une forme d'organisation permettant de transférer une partie de leurs compétences. Approchées au plus près, ces formes de gestion conjointe demeurent fortement encadrées par des dispositifs réglementaires, qui assurent le contrôle décisionnel ultime aux organismes publics en charge des parcs. Les situations ne sont toutefois pas uniformes. Elles balancent entre un trop fort contrôle des services des États ou une insuffisance chronique, comme le

1. Même si la distinction est approximative entre les deux, « *parce que l'anthropisation n'a pas de limites nettes* » (Berque, 1986, p. 67).

suggère E. Rodary dans cet ouvrage évoquant la « *faillite des États d'Afrique australe* ». Une acceptation qui, au final, se gagne sans cesse ; elle n'est jamais aboutie, et ce d'autant plus qu'elle a été fortement fragilisée par des années de pratiques régaliennes (*top-down*) dans la plupart des pays.

III. Diversités et logiques de gestion des parcs nationaux dans le monde

La dimension multiscalaire des dossiers qui suivent, au-delà des comparaisons entre continents, États-continents, pays ou parcs entre eux, permet de dégager du commun à partir d'études spécifiques.

Après un chapitre post-introductif dans lequel J. Milian et E. Rodary dressent un état des lieux cartographique et statistique des parcs nationaux dans le monde, la première partie (**« Espaces de « nature », lieux de découverte : gérer les activités touristiques dans les parcs nationaux »**) présente trois dossiers sous l'angle de la fréquentation touristique et de la compatibilité de cet usage avec les politiques de protection (dilemme que les espaces protégés n'ont jamais véritablement résolu).

En dressant un état des lieux actualisé des problématiques russes, R. Cole nuance les clichés au sujet des politiques de protection de l'environnement dans l'ancien empire soviétique. Si l'écotourisme et l'éducation à l'environnement tendent à se développer, le chercheur britannique souligne les limites économiques, de surveillance et de suivi scientifique auxquelles sont confrontées les aires protégées russes. Il montre comment le développement du tourisme se pose en palliatif des carences de financement de l'État.

L. Gillot expose les enjeux actuels du développement touristique des parcs nationaux du Proche et du Moyen-Orient, terrain peu investi jusque-là par les géographes francophones dans le domaine de la protection de l'environnement. Au-delà de leur grande hétérogénéité et des finalités disparates de leur création, c'est la conception culturelle de la « nature » dans les pays arabo-musulmans qui est interrogée. Là encore, la place des populations locales dans ce processus de développement touristique fait débat.

Parc alpin précoce, de configuration concentrique comme les parcs français, le Parc du Triglav est, à ce jour, le seul parc national slovène. C. Gauchon démontre qu'il a joué un grand rôle dans l'identité nationale de ce jeune État issu de l'éclatement de la Yougoslavie, lui permettant d'affirmer son appartenance alpine. Les problématiques de mobilité touristique et d'usages locaux déterminent une trajectoire de développement singulière.

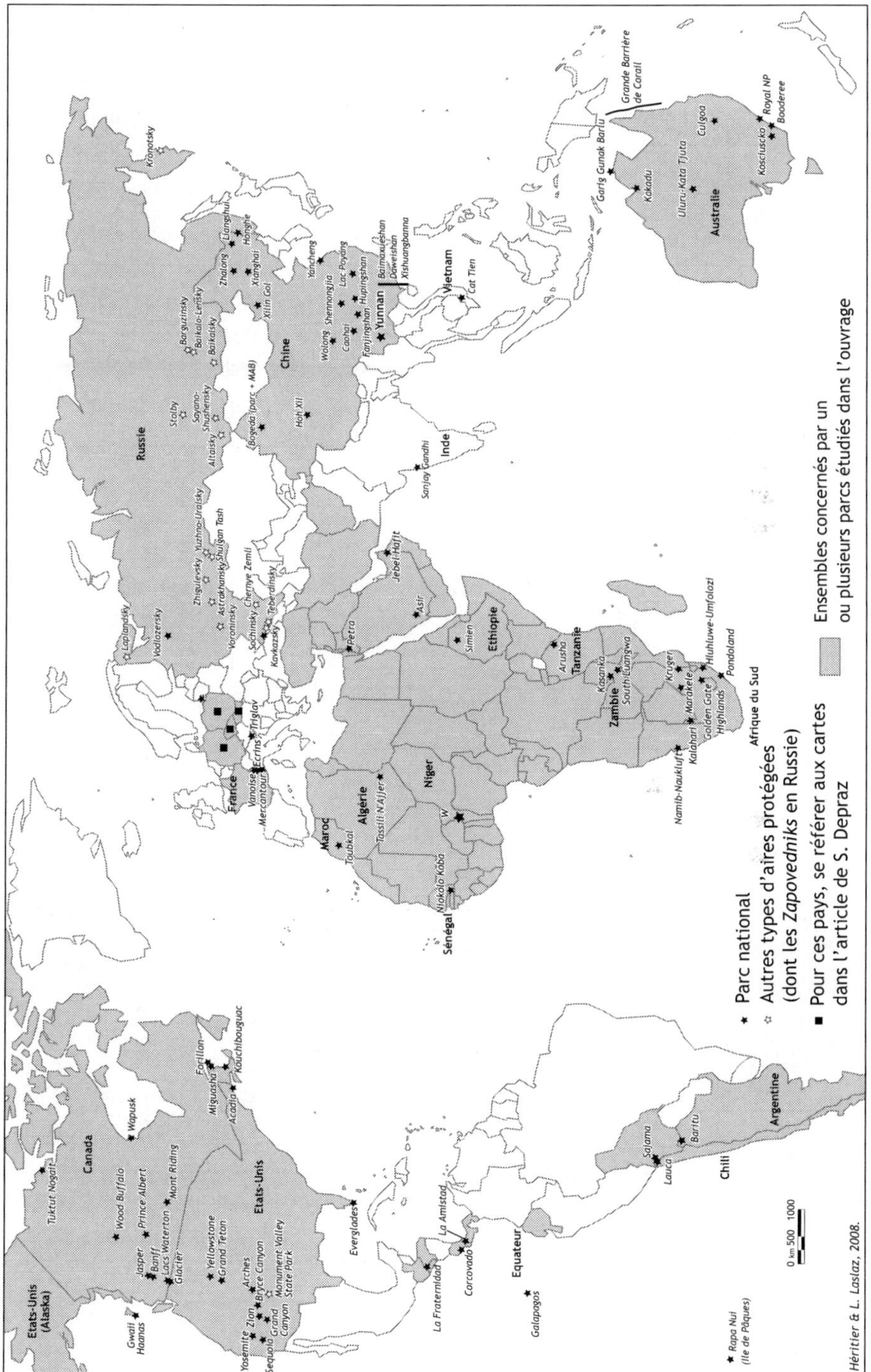

Carte 1. Carte de localisation des parcs nationaux traités dans cet ouvrage.

Nature et développement durable : une gestion de la « *géodiversité* », la deuxième partie, présente les modalités politiques de gestion des ressources, dont le tourisme est une des formes de valorisation. Par une comparaison entre trois parcs nationaux d'Amérique latine à forts particularismes et richesses tant « naturels » que culturels (ce qu'il nomme « *géodiversité* »), C. Grenier dénonce les dangers d'une forte pression touristique sur les milieux (insulaires pour l'Île de Pâques et les Galapagos) et dans le cadre d'une gestion qu'il juge avant tout à finalité marchande.

En restant en Amérique centrale, mais à l'échelle transfrontalière et internationale comme le propose L. Médina-Nicolas, la problématique de la collaboration pour la protection se pose dans le cadre des *Parcs Transfrontaliers de la Paix*, appliquée au projet avorté de parc trinational *La Fraternidad* (Guatemala/Salvador/Honduras) et au parc binational *La Amistad* (1979 ; Costa Rica/Panama). La réalité des implications des populations locales et les disparités de gestion nationales nuancent les affichages politiques.

En Europe, c'est à l'échelle d'anciens pays du bloc socialiste en changement de système politique depuis une quinzaine d'années que S. Dépraz présente les tentatives de production de politiques publiques de développement durable. À nouveau, les héritages de la période communiste sont prégnants mais n'ont pas conduit à une uniformisation des États ; les phénomènes d'alignement sur les pratiques ouest-européennes (tentatives de « gestion participative » par exemple) sont un des indicateurs de ces mutations.

Dans le cas de parcs nationaux fortement peuplés, G. Giroir souligne la finalité de tutelle politique (sur les marges de l'État et sur leurs minorités) exercée par le gouvernement chinois. De surcroît, la gestion se heurte à des lacunes de financement, d'encadrement et à une implication très limitée des échelons locaux dans la gouvernance des espaces protégés.

Cette rémanence des conflits, entrevue dans les cas précédents, structure la dernière partie (**« Des territoires appropriés : les modalités de "gestion" politique des populations locales »**).

C'est un des facteurs de la « *crise durable* » dans laquelle sont plongés les parcs du continent africain, sous le regard d'E. Rodary. Leur dynamique de création et de croissance correspond à des phases et à des objectifs politiques, comme l'impulsion extra-territoriale en provenance des métropoles, puis l'accès aux indépendances, testant l'implication timide des communautés locales.

Une thématique que l'on retrouve à l'échelle de l'Afrique du Sud, sous la plume de S. Guyot et L. Mniki, où les parcs nationaux ont servi de support au « *développement séparé* », à une gestion raciale des territoires, et servent aujourd'hui d'outils à la collaboration transfrontalière. À cet égard, le cas développé par les auteurs sur la *Wild Coast* (littoral de l'océan Indien) est particulièrement éclairant des enjeux de conservation entre les différents acteurs.

À travers le cas des trois parcs nationaux alpins français, en pleine mutation liée à la réforme de la loi sur les parcs nationaux en France (2006), L. Laslaz montre l'orientation nécessaire de ces derniers vers des objectifs d'acceptation locale longtemps négligés. Leur ancrage territorial progressif dans les vallées alpines, notamment en contrepoids d'un développement exclusif vers les sports d'hiver, plaide en faveur d'une articulation plus ténue avec les enjeux locaux.

S. Héritier présente une comparaison entre États-Unis, Canada et Australie. Dans ces États, les peuples aborigènes multiplient les revendications pour participer à la gestion et bénéficier des retombées économiques des parcs.

Au regard de ces diverses approches multiscalaires et dans des contextes différents, les perspectives, en conclusion, tentent une synthèse des enjeux actuels autour des politiques de protection et des parcs nationaux en particulier.

Bibliographie sélective

- Arnould P. et Glon E., (coord.), 2005 : *La nature a-t-elle encore une place dans les milieux géographiques ?*, Publications de la Sorbonne, 270 p.
- Arnould P. et Simon L., 2007 : *Géographie de l'environnement*, Belin, coll. « Atouts Géographie », 303 p.
- Avocat C., 1981 : « Espaces protégés… espaces conservés ? », *Revue de Géographie de Lyon*, 1981, volume 56, n° 3, p. 227-230.
- Berque A., 1986 : *Le sauvage et l'artifice. Les Japonais devant la nature*, Gallimard, 314 p.
- Berque A., 2000 : *Écoumène, Introduction à l'étude des milieux humains*, Belin, coll. « Mappemonde », 271 p.
- Bertrand G., 1991 : « La nature en géographie, un paradigme d'interface », université Toulouse le Mirail, *Géodoc*, n° 34.
- Brunel S., 2004 : *Le développement durable*, PUF, coll. « Que sais-je ? », 127 p.
- Chartier D. et Rodary E., 2007 : « Géographie de l'environnement, écologie politique et cosmopolitiques », *Espace Politique*, n° 1, p. 37-46.
- Cormier-Salem M.-C., 2006 : « Vers de nouveaux territoires de la conservation. Les littoraux ouest-africains », *Annales de Géographie*, n° 651, p. 597-617.
- Daude G., 1992 : « Culture, nature et tourisme à travers l'exemple du parc national des Écrins », *Revue de Géographie de Lyon*, vol. 67, n° 1, p. 31-48.
- De Planhol X., 2004 : *Le paysage animal. L'homme et la grande faune, une zoogéographie historique*, Fayard, 1127 p.

- Dery S., 2007 : « Les parcs nationaux en Asie du Sud-Est, une manifestation de la transformation de l'État moderne. Le cas du parc national Cat Tien au Vietnam » *Géocarrefour,* vol. 82, n° 4, p. 219-230.
- Dourojeanni M. J. et Jorge Padua M. T., 2001 : *Biodiversidade, a hora decisiva,* Curitiba, Universidade Federal do Paraná, Fundação Boticário de Proteção á Naturaleza, 308 p.
- Ehrlich P., 1968 : *The Population Bomb,* Ballantine Book, 201 p.
- Fall J., 2002 : « Divide and rule: constructing human boundaries in "boundless nature" », *GeoJournal,* n° 58, p. 243-251.
- Grenier C., 2000 : *Conservation contre nature. Les îles Galápagos,* Paris, IRD Éditions, 376 p.
- Grenier C., 2003 : « Garder l'espace : la notion de géodiversité et la conservation du patrimoine littoral », *Océanis,* fascicule 28, n° 1/2, p. 233-251.
- Hamilton L. S., Bauer D. P. et Takeuchi H., 1993 : *Parks, peaks and people,* East West Center, Hawaï.
- Harris C., 2002 : *Making Native Space. Colonialism, Resistance, and Reserves in British Columbia,* Vancouver, UBC Press, 415 p.
- Janin B. *(coord.),* 1985 : « Le parc national du Grand Paradis. Protection et aménagement de la montagne », *RGA,* Tome LXXIII, n° 1-2, 212 p.
- Keiter R. B. et Boyce M. S., (coord.), 1991 : *The Greater Yellowstone Ecosystem: Redefining America's Wilderness Heritage,* New Heaven et London, Yale University Press, 430 p.
- Laslaz L., 2004 : *Vanoise: 40 ans de parc national; bilan et perspectives,* L'Harmattan, coll. « Géographies en liberté », 434 p.
- Lewis C., 1996 : *Managing conflicts in protected areas,* IUCN, Gland, 100 p.
- Leynaud E., 1982 : « Les parcs nationaux, territoires des autres », *Espace géographique,* n° 2, p. 127- 138.
- Leynaud E., 1985 : *L'État et la Nature: l'exemple des parcs nationaux français: contribution à une histoire de la protection de la Nature,* parc national des Cévennes, 70 p.
- Lézy-Bruno L., 2007 : « La forêt au cœur de la ville. Le parc national de Tijuca, Rio de Janeiro », *Géographie et Cultures,* n° 62, p. 27-42.
- Locke H. et Dearden P., 2005 : "Rethinking protected areas categories and the new paradigm", *Environmental Conservation,* vol. 32, n° 1, p. 1-10.
- Lockwood M., Worboys G. et Kothari A., 2006 : *Managing protected areas. A global guide,* Earthscan publications, London, UICN, 800 p.
- Mac Neely J. A., 1992 : "Onward from Caracas", Parks for Life, *Report of the Fourth Congress on National Parks and Protected Areas,* Caracas, Venezuela, IUCN/WWF.
- Mancebo F., 2006 : *Le développement durable,* Armand Colin, coll. « U. Géographie », 269 p.
- Marchand H., 2003 : *Les parcs nationaux marins, insulaires et littoraux : Essai autour d'un modèle spatial de gestion des grands espaces naturels mondiaux,* université Paris IV – Sorbonne, Thèse de doctorat en Géographie, 555 p.
- Marsh G. P., 1965 [1re édition 1864], *Man and Nature. Or, Physical Geography as Modified by Human Action,* Cambridge, Massachusetts, The Belknap Press of Harvard University Press, 472 p.
- Mauz I., 2003 : *Histoire et mémoires du Parc National de la Vanoise; 1921-1971 : la construction, RGA,* coll. « Ascendances », 199 p.
- Merveilleux du Vignaux P., 2003 : *L'aventure des parcs nationaux; la création des parcs nationaux français, fragments d'histoire,* ATEN, 224 p.
- Mignotte A., 2004 : *Entre fragmentation et interconnexion territoriale; la gestion des réseaux de sentiers en espaces naturels protégés rhône-alpins (Réserves Naturelles de Haute-Savoie, parc national des Écrins, Réserve Naturelle des Gorges de l'Ardèche),* Thèse de doctorat en Géographie, université Joseph Fourier-Grenoble I, 549 p.

- Milian J., 2004 : *Protection de la nature et développement territorial dans les Pyrénées*, Thèse de doctorat en Géographie, université Toulouse-Le Mirail, 863 p. (plus XXXVII annexes)
- Pigeon P., 2007 : *L'environnement au défi de l'urbanisation*, Presses Universitaires de Rennes, coll. « Espaces et sociétés », 189 p.
- Préau P., 1964 : « Le parc national de la Vanoise : banc d'essai d'une politique d'aménagement de la montagne », *RGA*, Tome 52, p. 1-44
- Ratcliffe D. A., 1977 : *A nature conservation review*, Cambridge University Press, 2 vol., 388 et 320 p.
- Reclus E., 1866 : « Du sentiment de la nature dans les sociétés modernes », *Revue des Deux Mondes*, 10 p.
- Richez G., 1992 : *Parcs nationaux et tourisme en Europe*, L'Harmattan, coll. « Tourismes et sociétés », 421 p.
- Rodary E., Castellanet C. et Rossi G., 2003 : *Conservation de la nature et développement. L'intégration impossible ?*, Paris, Karthala – GRET, 308 p.
- Rossi G., 2000 : *L'ingérence écologiste. Environnement et développement rural du Nord au Sud*, Paris, CNRS Éditions, 248 p.
- Selmi A., 2006 : *Administrer la nature. Le parc national de la Vanoise*, Paris, Éditions de la Maison des sciences de l'homme/Éditions Quae, Coll. « Natures sociales », 487 p.
- Thénoz M., 1982 : « Les paysages humanisés du parc national des Écrins », *Revue de Géographie de Lyon*, 1982, volume 57, n° 4, p. 391-400.
- UICN, 1994 : *Lignes directrices pour les catégories de gestion des aires protégées*, CPNAP/WCMC. UICN, Gland et Cambridge, x + 261 p.
- UICN, 2005 : *Bénéfices par-delà les frontières. Procès-verbaux du Ve Congrès mondial des parcs de l'UICN*, UICN, Gland et Cambridge, x + 326 p.
- Van Tilbeurgh V., 2007 : *La mer d'Iroise. Négociations sur le principe de protection*, Rennes, Presses Universitaires de Rennes, 221 p.
- Zerah M.-H., 2007 : "Conflict between green space preservation and housing needs : the case of the Sanjay Gandhi National Park in Mumbai", *Cities*, volume 24, Issue 2, p. 122-132.

Les parcs nationaux dans le monde, un aperçu cartographique

Johan Milian
Estienne Rodary

Introduction

Les parcs nationaux ont toujours occupé une place spécifique dans les dispositifs de gestion des aires protégées. Ils ont constitué au milieu du XXe siècle l'archétype des mesures de protection que tous les pays du globe ont progressivement adoptées, avant d'être remplacés ou associés à des formes plus variées de territoires de conservation. Mais ils continuent à tenir une position particulière dans les représentations associées à la conservation. Qu'en est-il effectivement? Quelle est la place des parcs nationaux dans les dispositifs des politiques de conservation de la biodiversité et quelle est leur inscription dans les territoires nationaux? Dans une démarche principalement descriptive, ce chapitre propose une analyse cartographique et statistique de la diffusion et de la localisation des parcs nationaux dans le monde, depuis les premières réalisations il y a plus de 125 ans, permettant de délimiter les grands enjeux qui se posent à la gestion de ces aires protégées singulières[1].

I. Cadrage méthodologique

Le présent chapitre est issu d'un travail de compilation et de traitement de la base de données sur les aires protégées (*World Database on Protected Areas* – WDPA[2]). Celle-ci, gérée par le *World Conservation Monitoring Center* (WCMC) en partenariat avec la commission des aires protégées de l'Union mondiale pour la nature (UICN) au sein du Programme des Nations unies pour l'environnement (PNUE) et qui bénéficie de l'apport des principales ONG de conservation,

1. Pour une analyse cartographique et statistique des aires protégées en général, consulter Rodary et Milian (à paraître).
2. http://sea.unep-wcmc.org/wdbpa/index.htm.

sert de base à la publication quadriennale de l'ONU sur les aires protégées[1]. Elle constitue la seule compilation internationale à vocation exhaustive sur les aires protégées et s'accompagne d'un classement systématique de ces aires selon une catégorisation des degrés de protection proposée par l'UICN visant à rendre comparable les mesures de protection par-delà les différentes appellations nationales. Organisé sur un traitement de cette base mondiale, le texte présenté ici ne se substitue pas aux articles plus précis sur les parcs nationaux aux échelles continentales, mais offre un cadre d'analyse nécessaire pour mesurer les dynamiques actuelles de la gestion de la biodiversité.

Dans le flou des différentes appellations qui qualifient les aires protégées, le terme de « parc national » jouit d'un statut plus précis, sans que celui-ci permette de lever toutes les ambiguïtés qui accompagnent la « gestion de la nature ». Si l'aire protégée définit tout espace sur lequel sont mises en place des mesures de protection, le parc national est une sous-catégorie de ces aires. Il désigne généralement un *espace jouissant d'une protection forte, dans lequel aucun établissement humain n'est autorisé et aucune activité n'est permise, à l'exception du tourisme et de la recherche scientifique*. Mais cette définition générique, proposée par l'UICN dans sa catégorisation des aires protégées (UICN, 1994) ne recoupe pas nécessairement toutes les appellations utilisées par les différents États du globe. Selon les pays, on trouve des espaces protégés dénommés officiellement « parcs nationaux », mais où les formes de gestion ne correspondent pas à la catégorie II (parc national) de l'UICN, ainsi que des espaces protégés que l'UICN classe en catégorie II au vu des formes de gestion pratiquées sur le terrain, sans que l'État en charge de ces espaces ne les ait désignés « parcs nationaux »... La compilation de la base de données mondiale sur les aires protégées oblige donc à certains choix, quand bien même on ne traite que des parcs nationaux. Pour des raisons analytiques, nous avons ici fait celui d'ouvrir notre compilation aux dénominations officielles prononcées par les États, même si elles ne suivent pas les modalités de gestion définies par l'UICN. En revanche, certains espaces recensés dans la catégorie II de l'UICN n'ont pas été inclus car ils sont désignés sous d'autres types de protection et ne sont donc pas considérés statutairement comme des parcs nationaux[2]. Néanmoins, cet ajustement ne

1. Voir (UICN, 1998 ; Chape, *coord.*, 2003) pour les deux dernières publications de la liste officielle des aires protégées de l'ONU.
2. On trouve notamment dans ce cas les *nature reserves* australiennes, les parcs provinciaux argentins, brésiliens ou canadiens, certains parcs fédéraux états-uniens, certaines réserves forestières en Afrique australe, etc.

porte pas à conséquence en termes statistiques : comme nous allons le voir, il permet au contraire de montrer que les dénominations nationales suivent finalement d'assez près les formes de gestion effectives.

II. Situation actuelle

Tableau 1. Les parcs nationaux de plus de deux millions d'hectares

Nom	Pays	Date de création	Superficie (km^2)	Catégorie UICN
Nord-Est du Groenland	Danemark	1988	972 000	II
Tassili N'Ajjer	Algérie	1986	72 000	II
Namib-Naukluft	Namibie	1979	50 706	II
Wood Buffalo	Canada	1922	44 807	II
Ahaggar	Algérie	1987	45 000	II
Quttinirpaaq (Ellesmere Island)	Canada	1982	37 775	II
Salonga	R.D. Congo	1970	36 560	II
Elba	Égypte	1995	35 600	II
Bernardo O'Higgins	Chili	1969	35 259	II
Parima-Tapirapec	Venezuela	1991	34 200	II
Wrangell-St Elias	États-Unis	1978	33 820	II
Canaima	Venezuela	1962	30 000	II
Gates of the Arctic	États-Unis	1980	29 397	II
Kgalagadi (Gemsbok)	Botswana	1971	28 400	II
Gobi Gurvansaikhan	Mongolie	1993	26 947	II
Alto Purus	Pérou	2004	25 107	HC
Gunung Lorentz	Indonésie	1997	25 056	Ia
Southern	Soudan	1939	23 000	II
Boma	Soudan	1986	22 800	II
Jaû	Brésil	1980	22 720	II
Kafue	Zambie	1971	22 400	II
Etosha	Namibie	1975	22 151	II
Sirmilik	Canada	1999	22 107	II
Pico da Neblina	Brésil	1979	22 000	II
Momsky	Russie	1996	21 750	HC

* HC : aires protégées hors catégories UICN

Source : WDPA, 2006.

En 2006, il existait 2 381 parcs nationaux sur la planète, couvrant une superficie totale de 4 196 236 km², soit 3,1 % des terres émergées (hors Antarctique)[1]. Ce nombre et cette superficie donnent une moyenne de 1 761 km² par parc national, soit l'équivalent du département français de l'Essonne. Ce chiffre est élevé et correspond bien aux objectifs qui conduisent à la création d'un parc parmi lesquels la taille est souvent un critère déterminant. Il faut néanmoins noter que le parc national du Nord-Est du Groenland, de 972 000 km², constitue à lui seul 23 % du total ! Le second parc, le Tassili N'Ajjer en Algérie, est 13 fois moins étendu avec une surface de 72 000 km² (tableau 1).

Tableau 2. Parcs nationaux
et catégories des aires protégées de l'UICN.

Catégorie UICN	Surface occupée par les parcs nationaux selon les catégories UICN (en %)	Part des parcs nationaux dans les catégories UICN (en %)
Ia	1,3	5,3
Ib	0,4	2,8
II	90,1	84,4
III	0,1	1
IV	0,3	0,3
V	1,5	2,7
VI	0,5	0,5
HC*	5,9	8,1

* HC : aires protégées hors catégories UICN.

Source : WDPA, 2006.

Comme le montre le tableau 2, sur les quatre millions de km² couverts par les parcs, 90,1 % sont classés en catégorie II de l'UICN. Les autres catégories ne représentent chacune pas plus de 1,5 % du total de la surface des parcs, tandis que 5,9 % de la superficie totale des parcs n'est pas classée dans le système UICN (hors-catégorie[2]). Les aires protégées désignées statutairement par les pays comme des parcs nationaux représentent 84,4 % des surfaces protégées incluses dans la catégorie II de l'UICN. Ces différents chiffres permettent donc de confirmer qu'au sein de la multitude d'appella-

1. Ce dernier chiffre donne un ordre de grandeur mais est cependant partiellement faux. Les parcs nationaux recouvrent en effet en partie des zones maritimes. En 2006, 428 parcs étaient dans ce cas, soit 30 % de la surface totale des parcs. Mais la base WDPA ne précise pas quelles sont les proportions des zones maritimes et des zones terrestres de ces espaces.
2. Ce chiffre correspond en grande partie à des parcs récemment intégrés dans la base de données WDPA et dont la catégorie n'a pas encore été déterminée par les spécialistes du WCMC.

tions qui caractérisent les aires protégées, la dénomination « parc national » est relativement homogène et désigne un mode de gestion bien défini, ou tout du moins un degré de protection assez précis, correspondant à la définition UICN présentée plus haut.

Mais si la gestion des parcs est assez uniforme, la diffusion de ces espaces à l'échelle du globe est plus variée. Comme le montre le tableau 3, la répartition continentale des parcs nationaux n'est pas homogène. Elle indique une nette prééminence des continents nord-américain et africain, qui comptent les espaces classés en parc national les plus étendus et les superficies moyennes les plus élevées. En proportion du territoire concerné néanmoins, l'Amérique du Sud et l'Océanie consacrent également des espaces importants à leurs parcs. L'Europe et l'Amérique centrale vouent une part limitée de leurs territoires aux parcs nationaux, mais elles comptent néanmoins de nombreux parcs (respectivement 329 et 248), ce qui prouve que cet outil peut être utilisé sur des territoires de petite taille et dans des zones fortement anthropisées.

Tableau 3. Répartition et extension des parcs nationaux par aire géographique en 2006.

Aire géographique	Nombre	Superficie totale occupée (km²)	Pourcentage de l'aire géographique (%)	Superficie moyenne des parcs (km²)
Amérique du Nord	128	1389608	6,45	10856
Afrique	297	1035719	3,42	3487
Amérique du Sud	198	580852	3,26	2934
Asie	501	529962	1,44	1058
Océanie	581	363092	4,06	625
Europe	329	189191	1,82	575
Amérique centrale*	248	72756	2,69	293
Moyen-Orient	95	31674	0,44	333
Autres**	4	382		
Total	**2381**	**4193236**	**3,09**	**1761**

* Mexique compris.

** Parcs situés sur la dorsale medio-atlantique ou dans les terres australes de la zone antarctique.

Source : UICN, WDPA, 2006.

Les cartes 2 et 3 permettent de détailler la répartition des parcs nationaux. À l'heure actuelle, les plus fortes concentrations de parcs nationaux de grande taille sont situées dans les zones polaires et subpolaires (Groenland, Alaska, Canada, Spitzberg, mais aussi le Sud du Chili), l'Afrique orientale (sur un axe qui court du Kenya à la Namibie) et la zone de contact entre l'Amazonie et les Andes. En terme de nombre de parcs, les régions côtières d'Australie et l'Europe centrale sont les régions du monde qui présentent les plus fortes densités. Dans une moindre mesure, l'Asie du Sud (Inde, Népal), l'Asie du Sud-Est (Indonésie, Thaïlande, Malaisie) et l'Extrême-Orient (Japon, Corée du Sud) connaissent également de fortes concentrations en parcs nationaux.

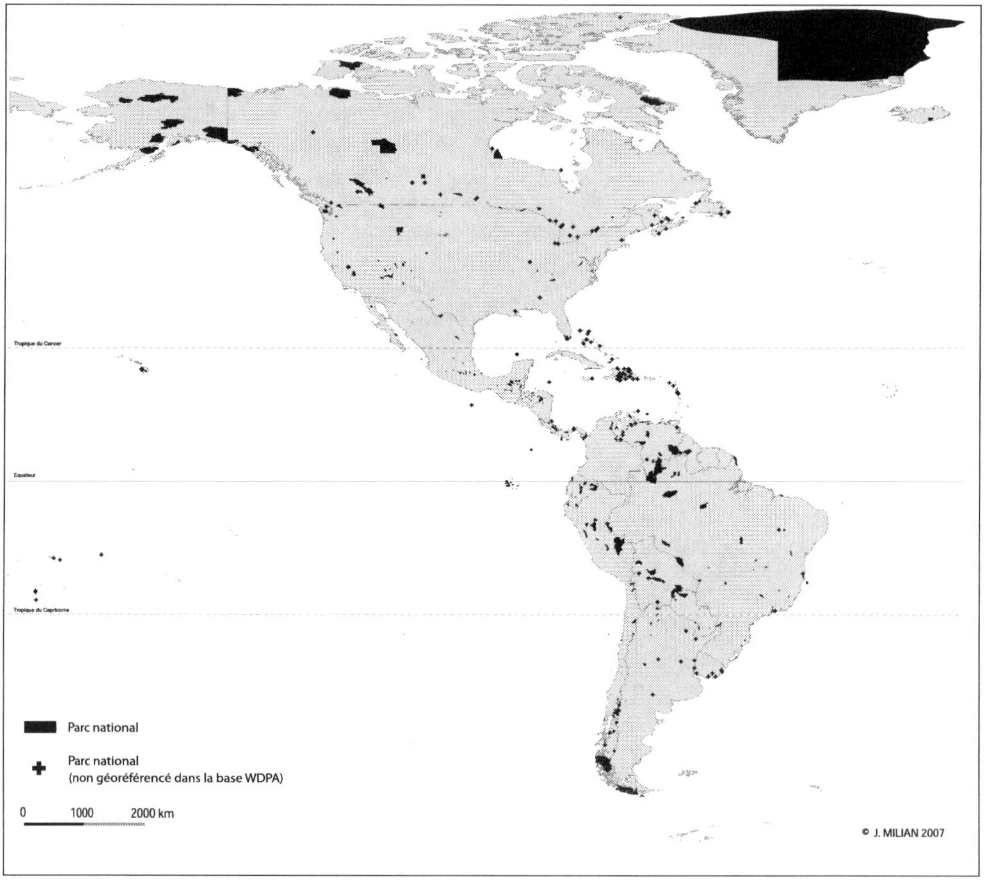

Carte 2. Les parcs nationaux – Amérique et Pacifique oriental (en 2006).

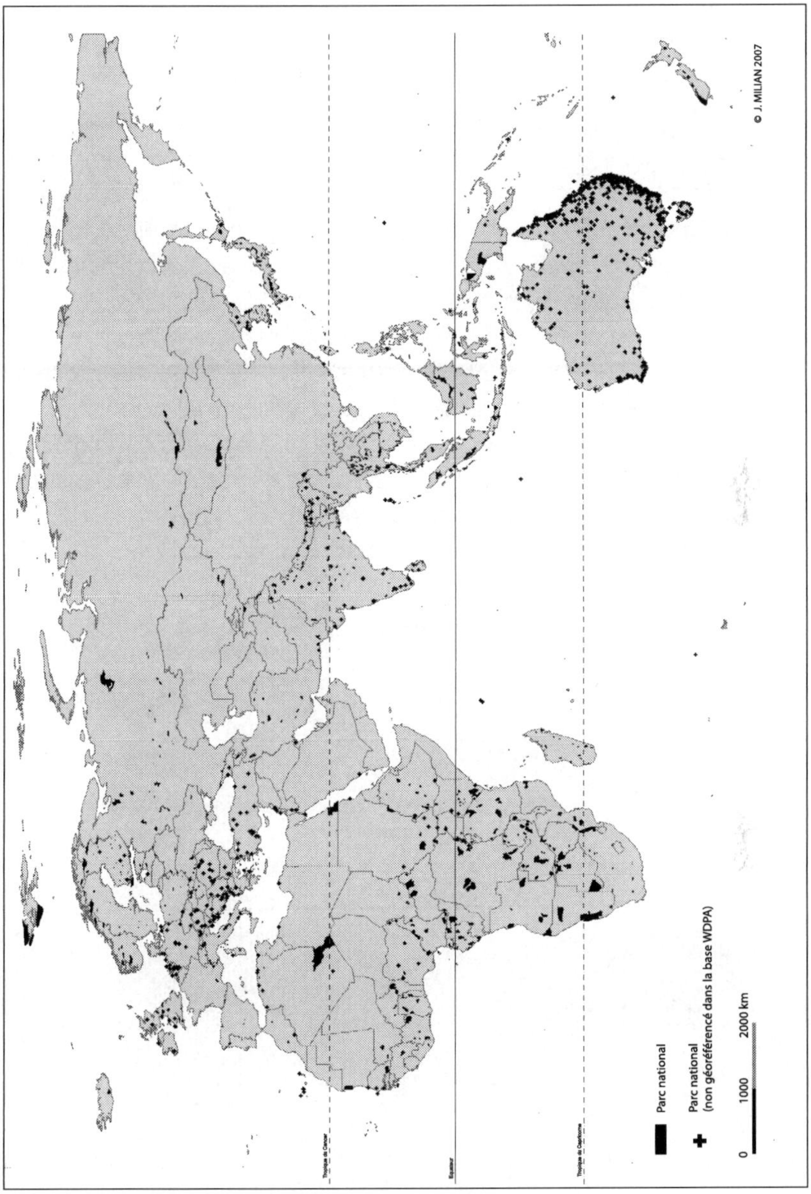

Carte 3. Les parcs nationaux – Eurasie, Afrique et Australasie (en 2006).

III. Une brève histoire de la diffusion des parcs

Ces différences continentales reflètent les évolutions historiques de création des parcs nationaux. Depuis 1872 (Yellowstone, premier « parc national » officiellement déclaré), les parcs nationaux se sont diffusés dans l'ensemble des pays du globe, à quelques exceptions près. La figure 1 permet de retracer les processus de diffusion de cet outil de gestion de la nature. La WDPA présente quelques lacunes quant au renseignement de certaines données, notamment concernant la date de création des aires protégées. Les calculs ayant servi à la construction de ces graphes ont ainsi été effectués à partir de 92,6 % des sites (ceux pour lesquels la date de création est connue) représentant 95,3 % des surfaces protégées considérées comme parc national. Cela explique la différence observable quant au total cumulé des parcs et des surfaces figurant sur les graphes (2 205 parcs pour 4 millions de km² début 2006) et ceux énoncés plus haut portant sur l'ensemble de la WDPA (2 381 parcs pour 4,2 millions de km² pour la même date). Associés à des travaux plus spécifiquement historiques sur la conservation et les aires protégées[1], ces documents indiquent les grandes périodes de diffusion des parcs nationaux.

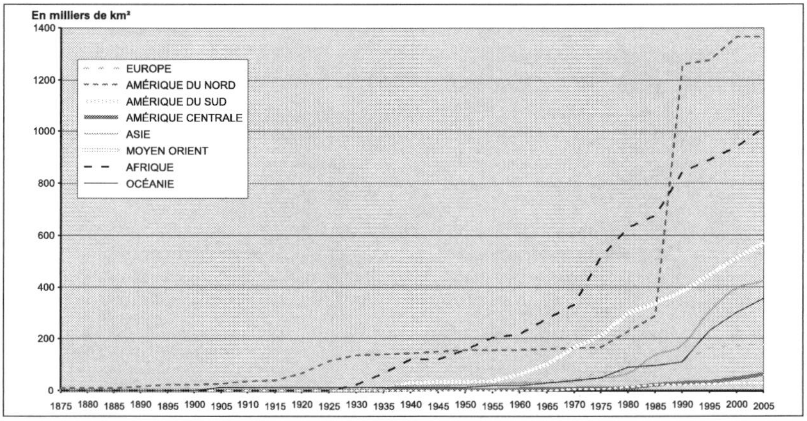

Figure 1. Évolution des surfaces classées en parc national par continent. Source : WDPA, 2006.

Entre 1870 et 1930, le parc national reste très largement un outil spécifiquement nord-américain. Il est certes mis en place ponctuellement dans d'autres pays (dans les pays européens ou dans leurs colonies de peuplement : Nouvelle-Zélande, Uruguay, Afrique du Sud), mais les États-Unis et le Canada sont les

1. Pour les analyses à l'échelle mondiale, voir notamment les travaux de Adams 2004, Dumoulin et Rodary, 2005.

deux seuls pays où la diffusion des parcs est significative : le parc national de Wood Buffalo au Canada, par exemple, faisait déjà 26 000 km² à sa création en 1922 (il atteint aujourd'hui 44 807 km²). À partir des années 1930, les administrations coloniales commencent à établir des parcs en Afrique subsaharienne, surtout dans les colonies britanniques, qui viennent généralement renforcer les réserves de chasse créées dès le début du siècle ou s'y substituer. Le recours au parc se répand progressivement en Europe et en Amérique latine. Plusieurs parcs sont également créés au Japon.

Au milieu du XXe siècle, le parc national se diffuse encore. Cette évolution correspond à deux facteurs principaux : d'une part la généralisation du tourisme, favorisée par la réduction du prix des transports internationaux, qui va être un incitateur de la création de parcs auprès des dirigeants de nombreux pays ; d'autre part, de manière interne au monde de la conservation, la création de parcs nationaux répondait à une volonté de consolider institutionnellement les outils de protection de la nature. Aux yeux des conservationnistes, cette pérennisation se justifiait dans un contexte d'instabilité économique et politique, notamment lié aux indépendances des anciennes colonies. À l'exception de l'Afrique et de l'Amérique du Sud, les superficies concernées restaient néanmoins encore faibles.

C'est à partir des années 1970 que la véritable internationalisation des parcs s'effectue. L'Océanie connaît une période de forte création entre 1975 et 1980. De nombreux pays asiatiques s'engagent dans la création des parcs à partir de 1980. Cette phase correspond à l'institutionnalisation des politiques internationales d'environnement et à la globalisation des approches de l'écologie scientifique. Dans ce contexte, le parc représente, aux yeux des dirigeants, une forme efficace pour répondre aux impératifs de protection de l'environnement. Mais il exprime plus largement une marque territoriale de présence de l'État. Qu'il s'agisse de zones périphériques ou d'espaces internes, la création de parcs permet un contrôle direct de l'appareil étatique sur des espaces fortement encadrés. Dans certains pays européens, elle répond aussi à des objectifs d'aménagement du territoire, par exemple dans les zones de montagne où elle est utilisée comme outil de réorganisation et de planification de l'espace mais aussi assez tôt comme support du développement local. Les circuits économiques associés aux ressources « naturelles » sont à la fois centralisés à l'échelle nationale et marchandisés, ce qui permet à l'État d'en contrôler les flux et d'en tirer des revenus que chacun espère substantiels. En ce sens, l'âge d'or des parcs ne peut pas être vu comme une simple consolidation de la conservation face aux politiques de développement, mais davantage comme une des manifestations sectorielles de l'encadrement étatique des sociétés.

Mais, alors même que cette diffusion des parcs était à son apogée, les limites de ce système se faisaient déjà sentir. En particulier, la philosophie même des parcs, consistant à interdire l'accès d'espaces de grande taille au profit de catégories très restreintes d'acteurs, s'avérait impossible à tenir. À l'exception de cas où la mise en place d'un système de contrôle quasi militaire assurait la stabilité des parcs (Afrique du Sud), ou encore de situations où des ressources suffisamment importantes et des conditions de répartition légitimes permettaient le maintien des parcs (Nouvelle-Zélande), le fonctionnement de la conservation s'est trouvé confronté à la question des modalités d'accès aux parcs et d'usage de leurs ressources. La décennie 1980 correspond ainsi à l'explosion des politiques « participatives », dans lesquelles les parcs ont généralement été marginalisés au profit de formes plus « douces » et plus intégratives de gestion de la biodiversité. Pourtant, en terme de superficie, le mouvement de création des parcs continue et touche toutes les régions du globe. Seuls l'Europe et le Moyen-Orient ont des superficies encore peu importantes. Mais dans le cas de l'Europe, si la superficie totale est limitée, le nombre de sites est élevé ; en outre, cette aire géographique connaît à partir des années 1980 un nouveau mouvement de création de parcs.

Les trente dernières années ont donc été une période faste pour les parcs nationaux. D'une part, les taux de création n'ont jamais été aussi élevés, avec en moyenne 66 000 km² créés par an (toujours sans le Groenland) ! D'autre part, la taille des nouveaux parcs n'a pas tendance à diminuer : sur les 82 parcs de plus d'un million d'hectares (toutes catégories confondues, HC compris), 54 ont été créés depuis 1970, dont 22 depuis 1990. Et sur les 26 parcs de plus de 2 millions d'hectares, seuls trois ont été créés avant 1969 (voir tableau 1). La constance de ces créations, qui continuent après 1990 même si le taux baisse légèrement, apparaît ainsi contradictoire avec le développement des politiques participatives centrées sur des aires protégées moins contraignantes.

IV. Les parcs nationaux, dépassés ou connectés?

Cette apparente contradiction se confirme à la lecture de la figure 2, qui présente la progression des superficies protégées en comparant les parcs nationaux aux autres catégories de protection[1]. Les parcs ont, dans la première moitié du XXe siècle, constitué la principale forme de protection, avant d'être, dans les années 1960, associés à des modes de conservation différents. Depuis cette date, les parcs nationaux ont été de plus en plus articulés aux autres types d'aires protégées, avec une tendance nette à la diversification, notamment avec la diffusion des formes les plus intégrées de gestion territoriale (catégories V et VI). Les parcs conservent néanmoins une place significative dans l'appareillage de la protection de la biodiversité : d'une part, ils continuent de représenter la forme la plus étendue d'aire protégée et, d'autre part, ils connaissent ces dernières années des taux de progression qui se rapprochent des autres espaces protégés. Les parcs nationaux représentent actuellement 21,7 % de la surface occupée par les aires protégées dans le monde[2].

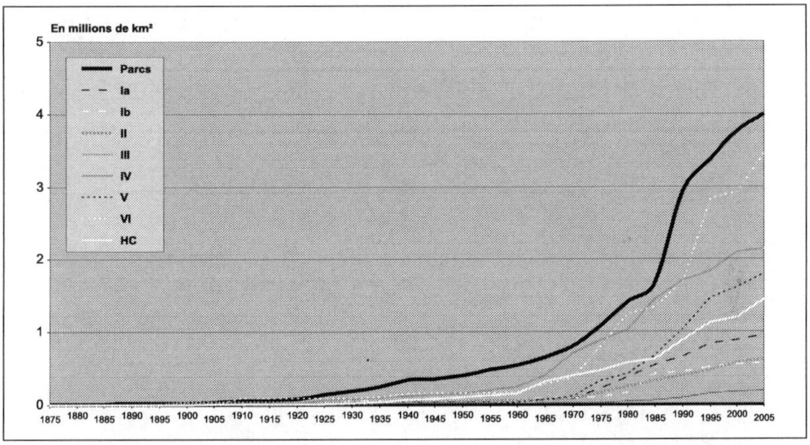

Figure 2. Évolution comparée des surfaces classées en parc national et des autres aires protégées. Source : WDPA, 2006.

Il apparaît ainsi une donnée trop souvent occultée dans les discours de la conservation : si les trente dernières années ont effectivement consacré

1. Pour la construction de ce graphe, les surfaces occupées par les parcs nationaux ont été soustraites des différentes catégories UICN dans lesquelles elles apparaissent et regroupées en une seule classe. Le graphe permet donc de comparer l'évolution des surfaces protégées par les parcs nationaux et celles protégées par d'autres outils, selon leur distribution dans la typologie UICN.
2. Avec de grosses différences selon les aires géographiques : ils constituent un tiers des surfaces protégées en Amérique du Nord et en Afrique, mais moins de 20 % dans les autres continents et à peine plus de 3 % au Moyen-Orient.

les formes « intégrées » de conservation de la nature, donc des aires à la protection douce permettant des usages durables de la biodiversité, les politiques de conservation n'ont jamais abandonné les parcs nationaux et leur protection forte. Les débats font rage entre les tenants d'une conservation diluée dans des politiques de développement durable et les défenseurs d'une gestion stricte de la biodiversité par les biologistes (Brechin, *coord.*, 2003). La lecture cartographique proposée ici permet cependant de montrer que l'ouverture de la conservation vers le développement durable n'est pas exclusive. L'« intégration » entre conservation et développement est organisée comme une extension de la préoccupation environnementale venant s'ajouter à des zones de forte protection, davantage que comme une substitution des modes de gestion. Dans les politiques de conservation qui sont désormais de plus en plus régionales ou globales, le parc national n'est pas remplacé par d'autres types de gestion territoriale, il est plutôt connecté à des aménagements de type extensif, qui peuvent associer parcs, autres aires protégées et territoires agricoles et/ou urbains. En ce sens, les parcs nationaux paraissent avoir de beaux jours devant eux, comme noyaux de réseaux régionaux ou mondiaux de conservation. La question de savoir si ces nouvelles connexions sont efficaces et durables dépasse le cadre de cette analyse mais constitue un des dossiers des articles suivants.

Bibliographie

- Adams W. M., 2004 : *Against extinction. The story of conservation.* Londres, Earthscan.
- Brechin S. R., (coord.), 2003 : *Contested nature. Promoting international biodiversity with social justice in the twenty-first century,* New York ; State Univ. of New York Press.
- Chape S., (coord.), 2003 : *2003 United Nations List of Protected Areas,* Gland – Cambridge ; IUCN – UNEP-WCMC.
- Dumoulin D. et Rodary E., 2005 : « Les ONG, au centre du secteur mondial de la conservation de la biodiversité » in Aubertin C., (coord.) *Représenter la nature? ONG et biodiversité,* Paris, Éditions de l'IRD, p. 59-98.
- Rodary E. et Milian J., à paraître : « Extension et diversification des aires protégées : rupture ou continuité? » in Aubertin C. et Rodary E., *Aires protégées et développement durable,* Paris, Éditions de l'IRD.
- UICN, 1994 : *Lignes directrices pour les catégories de gestion des aires protégées,* Gland – Cambridge, UICN (CNAPPA) – WCMC.
- UICN, 1998 : *Liste des Nations unies des Aires protégées 1997,* Gland – Cambridge, UICN.

Première partie

Espaces de nature, lieux de découverte : gérer les activités touristiques dans les parcs nationaux

Dossier n° 1

Les territoires naturels protégés en Russie depuis 1990 : une politique visionnaire malgré des difficultés structurelles

Rodney Cole
Traduction de l'anglais (Grande-Bretagne) et adaptation par Denis Eckert (CNRS)

Introduction : l'héritage soviétique

Les premières mesures de protection de composantes des paysages naturels russes remontent à la fin de la période tsariste, au moment où les scientifiques s'inquiètent de plus en plus de la rapidité avec laquelle des parties jusque-là reculées de l'empire russe sont mises en exploitation. Les réponses apportées furent négligeables jusqu'en 1917, à l'exception d'initiatives visionnaires de la part de certains propriétaires terriens, telles que la création d'un parc de dimensions significatives à Askania-Nova (Ukraine méridionale), pour préserver des portions de steppe vierge, à une époque où l'essentiel de la steppe fait l'objet de labours et de mise en culture. Les associations scientifiques, et au premier chef la Société Impériale Russe de Géographie, exercent une pression croissante pour que soient adoptées des mesures de protection ; mais le gouvernement ne s'implique que progressivement. La création en décembre 1916, dans la région du Baïkal, d'une vaste zone de protection pour des populations de zibeline menacées (réserve de chasse de Bargouzine – *okhotnitchi zapovednik*) est une étape importante ; la méthode aurait pu être imitée ailleurs, mais la révolution bolchevique de 1917 annihila toute initiative qu'aurait pu prendre le gouvernement tsariste.

Au cours des premières années de pouvoir soviétique, quelques mesures importantes furent adoptées pour protéger les milieux naturels. Bien qu'il fût avant tout préoccupé par des questions de développement social et économique, le gouvernement de Lénine répondit positivement à des demandes de sauvegarde de sites naturels importants ; il avait, de par sa nature révolutionnaire, un contrôle total sur l'ensemble des ressources nationales, ce qui lui permit de mettre en place la législation nécessaire. Puis Lénine signa de sa main les décrets qui créaient plus de dix *zapovedniks* (réserves naturelles strictes), dont la réserve d'Astrakhan dans le delta de la Volga (Grodzinsky, 1988, p. 9).

Ces mesures ont mené, pour l'essentiel, à la création de réserves naturelles strictes – les *zapovedniks*, alors que l'acte législatif de 1921 qui établissait le système des zapovedniks permettait aussi la mise en place de parcs nationaux (Pryde, 1991, p. 157). Mais en fait, aucun parc national ne fut créé jusqu'à une date très tardive, malgré un important débat public et en dépit de recommandations successives. Le premier parc national soviétique (Lahemaa) fut officiellement établi en 1971 en Estonie (Pryde, *op. cité*, p. 157-160). Le premier du genre à être créé en République de Russie fut celui de Sotchi, près de la mer Noire, en 1983.

Avant la création des parcs nationaux, les *zapovedniks* constituaient le principal moyen de protection stricte des paysages naturels ; mais d'autres catégories de territoires protégés avaient été mises en place, dont notamment le *zakaznik* – à savoir une réserve constituée dans un but précis, pour donner asile de manière permanente ou temporaire à des espèces données (en général une espèce soumise à la pression cynégétique). Bien d'autres animaux ou végétaux profitèrent dans les faits de la protection associée à la mise en réserve. Les *zakazniks* offraient une protection très variable, et ont dans les faits été un outil de gestion important des activités de chasse. Le bûcheronnage et d'autres activités forestières pouvaient y être permis, en fonction des contraintes de reconstitution du gibier. On comptait en 1927 déjà 611 *zakazniks*, couvrant une superficie totale de 7,9 millions d'hectares, dans la seule Sibérie (Chtilmark, 1984, p. 19).

D'autres formes de territoires protégés émergèrent aussi au cours de la période soviétique, le plus intéressant étant la catégorie des « monuments de la nature » (*pamiatniki prirody*), un classement permettant, en général, de garantir la protection de sites relativement petits, connus pour leur beauté, soumis à une forte pression anthropique.

I. Les *zapovedniks* durant la période soviétique

Le *zapovednik* était une institution impressionnante par ses objectifs et ses idéaux. Il s'agissait de préserver, dans chaque cas, une portion d'espace naturel « authentique » et de le soustraire aux processus normaux d'exploitation économique, au point d'en limiter l'accès public, souvent très rigoureusement. C'était particulièrement vrai de la zone centrale de la réserve, à laquelle seuls les gardes du parc, les scientifiques et leurs aides pouvaient accéder. En empêchant toute forme d'intervention anthropique dans ce milieu, on cherchait à faire du *zapovednik* un élément de référence – « *étalon de la nature* » (*etalon prirody*) – à l'aune duquel on pourrait mesurer l'importance des transformations des milieux naturels dans les zones environnantes, mises en valeur et peuplées.

Le personnel scientifique, issu de disciplines variées des sciences naturelles, avait pour mission d'étudier en profondeur le *zapovednik*, entreprenant des recherches autonomes mais contribuant aussi à un monitoring régulier des processus naturels. À la fin des années 1930, un programme formaté d'observation fut approuvé, connu ultérieurement sous le nom de *Chronique de la Nature* (*Letopis prirody*). Au terme de la période soviétique, certains des *zapovedniks* les plus anciennement établis disposaient de séries de données pratiquement continues de la Chronique depuis les années 1930 (et remontant parfois plus loin), malgré les à-coups que le système avait pu connaître des années 1940 à 1960.

Certains *zapovedniks* fonctionnent de manière continue depuis les années 1930; huit sont plus anciens, celui de Bargouzine étant le plus vieux. La question de l'âge de ces réserves n'est pas simple, car le système de protection a été soumis à deux grandes « purges », en 1951 et 1961[1] : le nombre de réserves a été fortement réduit, et certaines de celles qui avaient été maintenues ont vu leur superficie réduite. Dans chaque cas, leur existence était considérée comme un obstacle à l'exploitation de ressources utiles : les terres ôtées aux territoires protégés furent donc mises en valeur (pour le bois, l'agriculture, l'exploitation minière) et cessèrent donc, de fait, de correspondre à des fragments de « nature inviolée ». Parfois, des *zapovedniks* furent recréés ultérieurement dans certaines de ces zones – mais cela signifie que les terres appartenant à la fin des années 1980 au système des *zapovedniks* ne pouvaient plus être considérées dans leur totalité comme des éléments de paysage naturel primaire.

1. En 1951, l'URSS a réduit le nombre de zapovedniks de 128 à 40.

L'idéal des *zapovedniks* fut remis en cause à une autre occasion. Pendant les années 1930, les réserves, comme pratiquement toutes les autres composantes du système soviétique, furent obligées de contribuer à la construction du socialisme d'une manière beaucoup plus directe qu'en assurant simplement le suivi environnemental de long terme. Bien des *zapovedniks* devinrent à cette époque des centres d'expérimentation, chargés d'évaluer le bénéfice pour l'économie soviétique de l'introduction d'espèces variées. Certaines de ces espèces venaient d'autres parties de l'URSS, voire de l'étranger. Une fois introduites, elles se sont parfois maintenues spontanément, devenant un élément des milieux en question, ce qui a perturbé irréversiblement ces milieux supposés « primaires ».

Certains *zapovedniks* ont été engagés dans une autre catégorie d'activités incompatibles avec les idéaux purs de la préservation. Du fait de l'inexistence de parcs naturels nationaux, certaines réserves situées dans des régions aux paysages spectaculaires, comme dans le Caucase, ou la réserve de Stolby près de Krasnoïarsk, durent accepter des formes d'activité touristique, incluant hébergement, restauration et transport.

Mais au total, malgré les différentes vicissitudes enregistrées de 1930 à 1960, l'idéal qui avait présidé à la création des *zapovedniks* n'a jamais été perdu, et les quelque vingt-cinq dernières années d'existence de l'URSS peuvent être considérées, avec le recul, comme une sorte d'âge d'or, marqué par la création de nouvelles réserves avec leur personnel, l'amélioration notable des équipements des réserves existantes, et une diminution du contrôle exercé d'en haut sur la communauté scientifique.

Fin 1990, il y avait environ 160 *zapovedniks* en URSS (significativement plus qu'au seuil de la « purge » de 1951), dont 72 dans la République Socialiste Fédérative Soviétique de Russie (RSFSR) – qui allait en 1991 devenir la Fédération de Russie. Le nombre de parcs nationaux avait, dans l'intervalle, augmenté : il y en avait dix-neuf en URSS en 1987 (neuf dans la RSFSR) (Pryde, 2003, p. 158) ; trois autres furent créés, en 1990, dans la RSFSR « finissante ».

II. Le renouveau de la protection depuis 1990

L'éclatement de l'URSS a eu pour conséquence la dislocation du système soviétique des *zapovedniks*, chacune des 15 ex-républiques soviétiques, désormais souveraines, assumant désormais la pleine responsabilité de ses territoires protégés[1].

---

1. Une tentative fut faite pour créer une administration centrale unifiée des zapovedniks de l'URSS mais elle échoua aussitôt. On trouve des indications sur ce point dans Chtilmark (2003, p. 188-189).

A. La réorganisation des territoires protégés en Russie après 1991

Dans la nouvelle Fédération de Russie, ce fut l'occasion de faire émerger un système de gestion bien plus cohérent qu'à l'époque soviétique. Avant 1990, les *zapovedniks* n'avaient jamais dépendu d'une autorité unique. Bien au contraire, la plupart des *zapovedniks* (mais pas tous) avaient été soumis à la tutelle soit du Comité d'État à l'Agriculture, soit de l'Administration de la Chasse de la RSFSR, avec des conflits aigus entre ces organismes. Enfin, l'un des vœux les plus chers du personnel des *zapovedniks* se réalisa : un seul organisme, l'Administration Générale des *Zapovedniks*, un département du ministère de l'Environnement, fut chargé de leur gestion[1].

Les parcs nationaux ne furent malheureusement pas confiés à la même tutelle que les *zapovedniks*, jusqu'à une réorganisation menée en l'an 2000[2].

Les territoires protégés furent, du fait de ces réformes, encadrés de manière beaucoup plus cohérente – les années 1990 furent un moment enthousiasmant en la matière. Ces changements s'expliquent en partie par le triomphe de la sensibilité écologiste pendant les premières années d'existence de la nouvelle république : la réaction contre le bilan environnemental désastreux de l'URSS rendit possible la mise en place d'une législation de protection ambitieuse, dont le décret présidentiel (*oukaze*) de 1992 sur les Territoires Spécialement Protégés et la loi de 1995 (*zakon*) relative à la même question.

De manière très significative, le concept de Territoires Naturels Spécialement Protégés (*Osobo okhraniaemykh prirodnykh territorii,* connu sous le sigle *OOPT*) apparut lors de la mise au point de cette législation. Les *zapovedniks* n'étaient plus une catégorie totalement isolée par rapport aux autres territoires protégés. Au contraire, une hiérarchie intégrée d'espaces protégés apparut, avec au sommet les *zapovedniks*, catégorie de protection la plus rigoureuse mais devant fonctionner en relation avec les autres catégories de sites protégés (Cole, 2007).

Cette vision était clairement portée depuis le cœur de l'Administration Générale des *Zapovedniks*, alors dirigée par un groupe dévoué et lucide de militants de la cause environnementale, avec à leur tête Vsevolod Stepanitsky. Curieusement (si l'on se souvient des blocages de la vieille bureaucratie soviétique), le département ministériel responsable du développement des territoires

1. Un tout petit nombre de zapovedniks continue à être géré par L'Académie des Sciences de Russie, au moment où nous écrivons.
2. Pendant les années 1990, les parcs nationaux étaient administrés par le Service Fédéral des Forêts (*Rosleskhoz*).

protégés travaillait avec beaucoup d'énergie et d'initiative, contribuant ainsi à la création du vaste cadre institutionnel qui caractérise aujourd'hui le système russe de protection.

L'équipe de Stepanitsky avait adopté un point de vue de plus en plus largement partagé, selon lequel les réserves naturelles ne pouvaient être efficaces si elles fonctionnaient en vase clos. Quelle pouvait être l'utilité d'un *zapovednik* très strictement protégé s'il était entouré d'une vaste zone où trop d'espèces sauvages étaient soumises à une pression destructrice, compte tenu des risques d'isolement et d'appauvrissement génétiques sur le long terme ? Et quel pouvait être l'intérêt de la préservation d'importants sites de nourrissage et de reproduction pour des espèces migratoires, si leurs routes de migration principales n'étaient pas protégées convenablement ?

En fait, très vite après l'adoption de la législation de 1995, une liste de l'ensemble des sites protégés de Russie fut établie dans le cadre d'une démarche inédite devant permettre d'identifier des zones supplémentaires méritant une forme de protection. Pour la première fois aussi, une distinction claire fut faite entre les territoires protégés d'importance fédérale (*OOPT federalnogo znatchenia*) et d'importance régionale (*reguionalnogo znatchenia*). Les territoires d'importance fédérale (c'est-à-dire « nationale ») englobaient tous les *zapovedniks*, tous les parcs nationaux et certains *zakazniks* – et étaient tous placés sous la responsabilité du gouvernement fédéral. Les territoires d'importance régionale correspondaient à la plupart des *zakazniks* – correspondant à des monuments de la nature, des parcs naturels, des arboretums et des jardins botaniques, placés sous la responsabilité des autorités locales ou régionales.

Fondamentalement, le système fut placé sous la responsabilité effective de toute la hiérarchie des pouvoirs – l'initiative de l'identification et du classement de nouveaux territoires protégés était désormais confiée tant aux organes régionaux de gouvernement qu'aux instances du pouvoir fédéral. De manière très significative, on espérait aussi voir émerger des centres d'étude scientifique au sein des parcs nationaux (et non seulement dans les *zapovedniks*). De plus, au cours de la dernière décennie, on a observé une tendance très marquée des scientifiques issus des parcs naturels ou des *zapovedniks* à s'intéresser à des catégories de territoires protégés qui ne relevaient pas, formellement, de leurs institutions d'appartenance.

On peut se faire une idée du développement du réseau des territoires protégés en Russie d'après l'enquête détaillée réalisée par l'équipe de Stepanitsky en 1996 (Stepanitsky, *coord.*, 2003, p. 11). Elle montre qu'il y avait au total plus de 13 500 territoires protégés, depuis les *zapovedniks* jusqu'au plus simple « monument de la nature » local. Ils couvraient une superficie de presque

137 millions d'hectares, soit 8 % du territoire du pays. Sur ce total, les territoires d'importance fédérale couvraient 53,4 millions d'hectares (3,1 % du territoire national, ou 39 % de la superficie des zones protégées, mais seulement 2,2 % du nombre total de territoires protégés). À l'évidence, les zones d'ampleur modeste ont néanmoins une place importante dans le système général des territoires protégés ; c'est encore plus vrai depuis 1996, car beaucoup d'autorités régionales ont classé de nouveaux sites.

B. La croissance du nombre de zapovedniks et de parcs nationaux

La croissance du nombre de *zapovedniks* et de parcs nationaux observée au cours des années 1980 s'est poursuivie pendant les années 1990, dans une période qui semble bénie pour le système des territoires protégés. La croissance s'avère particulièrement forte au milieu de la décennie 1990 : pas moins de quinze nouveaux *zapovedniks* ont été classés entre 1993 et 1995. Puis le rythme a baissé : deux en 1996, trois en 1997, et deux encore à la fin de 2000. Au tournant du siècle il y avait exactement cent *zapovedniks*, un chiffre stable depuis maintenant six ou sept ans. Malgré plusieurs déclarations d'intention, l'élan de la croissance a été brisé, et les démarches concrètes de classement de nouveaux sites vont très lentement.

La situation est à peu près la même pour les parcs nationaux. Au début de la décennie 1990, 5 parcs ont été créés en 1991 puis le même nombre en 1992 ; par la suite le rythme s'est ralenti. En 1999, à la fin de cette période de grande activité, il y avait 35 parcs nationaux, qui complétaient le réseau des 100 *zapovedniks*. Là encore, aucune création pendant la période 2000-2006 (Oldfield, 2006 ; Cole, 2007).

En sus de la création de nouveaux *zapovedniks* et de parcs nationaux au cours des années 1990, on a observé un processus d'extension de certaines zones protégées déjà existantes. De 1992 à 2002, la croissance annuelle moyenne des surfaces protégées a été d'environ 130 000 hectares (Stepanitsky, *coord.*, 2003, p. 10).

À première vue, les années 1990 semblent donc une période d'expansion remarquable, en phase avec les préoccupations montantes de la protection de l'environnement (dans le pays comme dans le reste du monde), mais aussi avec le désir du public d'avoir accès plus facilement à des portions de nature sauvage en Russie.

C. Le poids de la contrainte budgétaire sur le système des territoires protégés

En même temps que se produisait cette remarquable expansion, l'ensemble du système était confronté à des incertitudes financières aiguës, au point que l'on a craint pour sa survie même. Malgré les problèmes structurels de la défunte économie dirigée soviétique, celle-ci assurait néanmoins le financement récurrent de la gestion des territoires protégés. Or, à la fin de 1991, il devint évident que l'État paternaliste ne pourrait plus garantir un financement suffisant et, pendant que le nouvel État russe affrontait la tâche titanesque de réorganiser la collecte des impôts dans une économie décentralisée, le fonctionnement des réserves naturelles et des parcs nationaux fut gravement altéré.

Les années 1990 furent difficiles pour les territoires protégés, tout spécialement les premières années puis lors de la crise financière de 1998-1999. Pendant les périodes les plus critiques, les employés des *zapovedniks* et des parcs nationaux ne recevaient plus leur salaire plusieurs mois d'affilée, alors que presque toutes les autres dépenses, y compris l'essence et les déplacements, étaient drastiquement réduites. La situation fut à d'autres moments moins tendue, mais sur l'ensemble de la période l'investissement de l'État dans les territoires protégés fut très inférieur à ce qui était attendu. Clairement, il n'y avait plus les moyens financiers d'assurer les conditions de fonctionnement « normales » des années 1980.

Si l'on tient compte du taux d'inflation des années 1990 et des difficultés budgétaires de l'État, les *zapovedniks* et les parcs nationaux accusèrent année après année une diminution, en termes réels, du financement par l'État. Et ce malgré le fait que leurs dotations nominales étaient en augmentation ; mais l'écart entre les sommes qu'ils auraient dû recevoir (sur la base d'un budget stable depuis 1990) et celles effectivement perçues s'accrut de manière alarmante. En 1995, le soutien budgétaire aux *zapovedniks* correspondait à un vingtième du montant de 1990 (Syroechkovsky et Stepanitsky, 2000, p. 624). Il y eut une modeste amélioration en 1996-1997, mais la crise financière de 1998 provoqua une nouvelle dégradation : au cours du change, la dotation des *zapovedniks*, qui était en 1997 de l'ordre de 10,6 millions de dollars US, tomba en 1998 à 3 millions de dollars, remontant modestement à 3,2 millions en 1999 (chiffres cités dans *Russian Conservation News*, n° 33, été 2003, p. 10). Ce n'est qu'en 2002 que l'on revint à peu près au niveau de 1997. Depuis, la situation s'améliore régulièrement, sans toutefois retrouver le niveau de financement antérieur à 1991.

Cette situation n'a pas été améliorée par le classement de nouveaux *zapovedniks* et parcs nationaux au cours des années 1990 : en effet, un budget rétréci devait être distribué à davantage d'institutions. De fait, les nouvelles institutions se débattirent dans de grandes difficultés, manquant de personnel, dépourvues des équipements et des infrastructures qui étaient des acquis pour les autres réserves. Le système de financement résiduel mis en place pendant les années difficiles de la décennie 1990 n'améliora rien, bien au contraire : il favorisa les *zapovedniks* les plus anciennement établis, dans la mesure où l'argent était alloué aux infrastructures et au personnel permanent déjà en place. Là où tout était à créer, l'argent n'arrivait pas, ce qui plaça les institutions les plus récentes dans une position peu enviable.

Les directeurs de *zapovedniks* et de parcs nationaux, confrontés à une chute persistante de leurs rentrées financières, eurent à prendre des décisions difficiles. Aux pires moments, certains licencièrent du personnel, pendant que d'autres négociaient un arrangement permettant de conserver des employés indispensables en leur garantissant une certaine proportion de leur salaire de référence. Le problème fut en partie réglé par le départ spontané de salariés, notamment les scientifiques, qui ont cherché de meilleures conditions d'activité ailleurs.

À plus long terme, les directeurs ont été obligés d'adopter une approche plus entrepreneuriale de leur budget et de chercher des sources de revenus complémentaires pour abonder les dotations insuffisantes de l'État. Cette évolution reçut le soutien total du ministère fédéral : dès 1992, les directeurs de *zapovedniks* furent alertés, par une circulaire ministérielle, sur la possibilité nouvelle d'accueillir des activités commerciales telles que le tourisme dans des zones tampons, et de réaliser à l'extérieur des expertises environnementales sur base contractuelle (Chtilmark, 2003, p. 203 et 295).

III. La diversification des activités des *Zapovedniks* et des parcs nationaux

Ce processus continu de tarissement des dotations budgétaires a eu au final des effets profonds. Les situations des différents *zapovedniks* et des parcs nationaux sont extrêmement variables et les solutions adoptées pour résoudre les difficultés rencontrées sont, elles aussi, très différenciées. Certains sont mal placés pour profiter de nouvelles opportunités, mais d'autres sont clairement bénéficiaires et ont été amenés à mettre en place des stratégies de financement variées.

A. L'indispensable développement de l'expertise

Les qualités exigées d'un bon directeur sont aujourd'hui plus grandes qu'à l'époque soviétique, où l'on mettait l'accent sur les capacités d'adaptation de l'individu aux directives du Centre. Certaines institutions ont démontré de remarquables capacités d'initiative, négociant des accords avec les autorités régionales, des entreprises privées et des mécènes, ou cherchant des bourses et financements variés auprès d'ONG russes et étrangères, d'organismes de coopération étrangers, entrant aussi en compétition pour obtenir des financements particuliers du ministère fédéral (notamment ceux émanant du *Fond Global pour l'Environnement*[1] ou *GEF*). Depuis le début des années 1990, les territoires protégés ont également bénéficié des financements extra-budgétaires des Fonds Écologiques, largement provisionnés par les amendes et les taxes prélevées sur les entreprises et les individus ayant enfreint les législations de protection de l'environnement. Cependant, les expériences sont très variables dans chaque territoire protégé. Car, pour la plupart, ces fonds sont gérés par des agences dépendant des régions, elles-mêmes en proie à des difficultés financières. Certaines ont tenté de distribuer ces financements sous condition, en demandant par exemple des prestations d'expertise environnementale en retour, ce qui fait que les directeurs de *zapovedniks* et de parcs nationaux ont dû faire du lobbying et négocier âprement la possibilité de disposer de la part d'argent qui leur revenait de droit. De plus, il y a des indices montrant que le gouvernement fédéral a été tenté d'aspirer certains de ces Fonds Écologiques dans la pompe budgétaire centrale.

Les *zapovedniks* et les parcs nationaux qui avaient des équipes scientifiques suffisamment étoffées ont pu augmenter leurs revenus en réalisant des audits environnementaux pour les autorités régionales, locales et pour des acteurs économiques. D'un certain point de vue, cela a eu des effets négatifs, car ces travaux détournent les scientifiques de ce qui devrait être leur travail de recherche au sein de leur institution. Ces sollicitations d'expertise s'ajoutent à la tendance de fond d'implication des scientifiques dans l'examen et le suivi environnemental de zones moins strictement protégées contiguës à leur réserve et notamment, pour les réserves de biosphère de l'UNESCO, des « zones de transition » qui entourent les réserves elles-mêmes (voir ci-dessous).

B. Le développement du tourisme, et particulièrement de l'écotourisme

Certains *zapovedniks*, comme les parcs nationaux, se sont beaucoup plus investis dans des activités touristiques que jamais à l'époque soviétique. La question était très sensible pour les *zapovedniks*, dans la mesure où le fait d'autoriser la présence de touristes sur le territoire d'un *zapovednik* contrevenait au principe même de la *zapovednost* – l'idée que ces territoires devaient être maintenus dans un état aussi originel que possible. Les touristes amènent avec

1. Le GEF est une fondation pour la protection de l'environnement créée par la Banque mondiale et les Nations unies.

eux toutes sortes de « contaminations », directement et indirectement, ce qui explique qu'ils sont exclus en général des zones centrales des *zapovedniks*. Malheureusement, certains des éléments les plus attirants d'une réserve donnée se trouvent en général dans la zone centrale, et chaque réserve doit composer avec ce problème comme elle peut. Dans le *zapovednik* de Kronotsk, dans la péninsule du Kamtchatka, la fréquentation croissante de voyageurs étrangers qui, dans leurs circuits, sont régulièrement autorisés à accéder à la Vallée des Geysers, malgré la fragilité du site, a provoqué un vif débat.

Des projets controversés ont été proposés en d'autres lieux, particulièrement dans les régions montagneuses très propices aux activités touristiques. Les réserves du Caucase, particulièrement celles de Kavkaz et Teberda, ont de longue date été confrontées à la nécessité de contenir une pression touristique qui s'est intensifiée au fil des décennies, les citadins de la région étant de plus en plus mobiles. L'adoption d'une législation de protection des *zapovedniks* plus stricte entre 1992 et 1995 a exacerbé les contradictions dans ces zones, puisqu'il existait à présent un corpus législatif qui protégeait explicitement les zones centrales des réserves de toute exploitation touristique, alors que ces activités ne cessaient de croître en importance dans une partie des réserves. Des projets de construction de routes nouvelles et d'infrastructures touristiques suscitèrent une forte opposition, particulièrement dans le cas du *zapovednik* Kavkaz, où l'on avait tenté de déclasser certaines parties du territoire protégé. Bien qu'il ait été spécifié que le territoire d'un *zapovednik* ne pouvait être aliéné, la question n'est toujours pas réellement résolue (Stepanitsky et Kreindlin, 2004, p. 8).

Dans ce cas précis, on pouvait opposer à ces tentatives l'argument qu'il existait, tout à côté, des aménagements pour les touristes, puisque le parc national de Sotchi, créé en 1983 à la limite même du *zapovednik*, était accessible – mais pas les superbes sommets et versants du *zapovednik*.

Une situation assez similaire s'est dessinée dans le Sud de l'Oural, où furent esquissés des projets de création d'une station de ski sur les pentes du Petit Iamantaou, l'un des sommets situés dans le *zapovednik* Sud-Oural (Stepanitsky et Kreindlin, 2004, p. 9). Le gouvernement de la république du Bachkortostan avait l'intention de soustraire 20 000 hectares au périmètre du *zapovednik* pour permettre cet aménagement ; en 2003, certains signes montraient que le ministère fédéral des Resssources naturelles à Moscou était près de donner son accord au projet, avant qu'un changement au sein de cette bureaucratie ne relance une défense énergique du *zapovednik*, s'appuyant sur la protection garantie par la législation de 1995.

Ce qui caractérisait ces projets, c'était l'ambition de certains acteurs privés d'exploiter des parties attractives du territoire des *zapovedniks*. C'est un processus assez distinct de celui engagé par quelques *zapovedniks* et parcs nationaux, visant à développer, même modestement, les pratiques touristiques dans les zones périphériques des *zapovedniks* et le territoire plus ouvert des parcs nationaux, afin de dégager un indispensable revenu d'appoint pour les réserves. Dans ces cas, le contrôle reste assuré par le parc en question, et les activités proposées ciblent un public russe ou étranger attiré par des loisirs ou des séjours de vacances liés à l'environnement. Face à l'augmentation de la fréquentation touristique dans les dernières années (cf. tableau 4), l'objectif est d'éviter une pression ingérable sur le milieu naturel, tout en générant un revenu vital pour la réserve et en stimulant l'économie locale par la création d'emplois liés à l'environnement.

Tableau 4. Les activités touristiques et d'éducation à l'environnement dans les *zapovedniks* et les parcs nationaux (2001-2006).

Années	2001	2002	2003	2004	2005	2006
Nombre de *zapovedniks*	100	100	100	100	100	100
Nombre de musées	45	51	56	58	60	62
nombre de visiteurs	*170 919*	*216 452*	*264 494*	*250 748*	*343 776*	*363 838*
Nombre de centres d'accueil	40	53	63	72	74	81
nombre de visiteurs	*58065*	*95132*	*115 674*	*128 394*	*159 004*	*171 982*
Nombre d'itinéraires disponibles	271	434	448	479	487	506
nombre de visiteurs	*184 219*	*168 977*	*200 426*	*377 839*	*397 714*	*247 448*
Nombre de parcs nationaux	35	35	35	35	35	35
Nombre de musées	20	21	27	28	27	33
nombre de visiteurs	*45364*	*48501*	*51795*	*54277*	*44931*	*84564*
Nombre de centres d'accueil	27	35	45	45	48	58
nombre de visiteurs	*23927*	*42989*	*59863*	*98150*	*101 049*	*140 707*
Nombre d'itinéraires disponibles	279	366	391	384	393	406
nombre de visiteurs	*419 731*	*582 855*	*805 203*	*301 970*	*403 147*	*1 198 654*

Source : Rosstat Service Fédéral de la Statistique, Byulleten' «Osnovnye pokazately okhrany okruzhayushchei sredy, 2007g.», disponible sur le site internet http://www.fsgs.ru/, 17 mars 2008.

La création de ces emplois locaux présentait des avantages supplémentaires. L'écroulement de l'économie soviétique avait signifié la mise au chômage de beaucoup de travailleurs confrontés à une perspective de déclassement. Face à ces difficultés, les habitants du voisinage des réserves furent davantage enclins à se livrer à des activités lucratives illégales dans les territoires protégés pour améliorer leurs maigres revenus, ce qui créa des problèmes très sérieux pour les *zapovedniks* et les parcs. La question est loin d'être résolue, mais la création d'emplois « normaux » liés au tourisme aide à réduire les conflits avec des populations locales qui, dans un intérêt bien compris, peuvent soutenir les *zapovedniks* ou les parcs naturels au lieu d'en menacer le fonctionnement.

La volonté de créer des activités touristiques dans les *zapovedniks* peut être datée précisément de 1995, quand ce que l'on désignait comme de l'« écotourisme » fut légitimé par la Loi sur les « *Territoires Naturels Spécialement Protégés* ». Depuis lors, les réserves prennent grand soin de souligner que toutes les activités qu'elles proposent correspondent à une forme d'écotourisme, bien qu'elles soient dans les faits très diversifiées. Le développement d'activités touristiques a connu un coup d'accélérateur important entre 1996 et 2003, quand le GEF accorda une subvention de 20 millions de dollars, un financement vital pour des *zapovedniks* à court de ressources. Cet afflux d'argent était conditionné par une demande de valorisation commerciale de la part des donateurs, qui finançaient en fait un changement « culturel » de l'institution qui ne s'accordait guère avec la responsabilité historique de préservation de l'idéal de la *zapovednost* – l'inviolabilité du territoire des *zapovedniks*. Pourtant, la pression de la nécessité économique a eu des effets considérables. Un nombre croissant de *zapovedniks*, tout comme les parcs nationaux, propose désormais des activités écotouristiques, soit directement soit en collaboration avec quelques agences de voyage spécialisées. L'une des plus connues est *Dersou Ouzala*, dont l'objectif proclamé est d'investir ses bénéfices dans le développement des *zapovedniks*. La plupart de ses activités sont concentrées dans l'Extrême-Orient russe, les régions de l'Altaï-Saïan, avec une récente diversification en direction du *zapovednik* du delta arctique de la Lena et d'autres parties de la Sibérie.

L'un des obstacles au développement d'un écotourisme, même modeste, est le manque d'infrastructures et particulièrement d'hébergements. Dans plusieurs endroits, la construction des chalets ou d'autres types de logements (cf. photos cahier couleur), le recours à des formules de *bed and breakfast* chez des particuliers ont été mises en application pour faire face à cette pénurie. De même, des efforts importants ont été faits pour assurer les transferts indispensables. Cela n'est pas évident : la plupart des *zapovedniks* manquent de véhicules et ceux qui sont disponibles sont prioritairement utilisés pour le service et la surveillance. Certaines réserves sont situées très loin des réseaux normaux de transport public.

En fait, tant les *zapovedniks* que les parcs nationaux ont été obligés de s'approprier des éléments de culture entrepreneuriale. La transition est progressive et cette culture doit être intégrée et rendue compatible avec l'approche traditionnelle du fonctionnement, qui se nourrit des motivations scientifiques à l'origine de la politique de protection des territoires. Inévitablement, il y a tension entre les deux approches et en certains lieux s'exprime une vraie crainte : la valorisation commerciale et les initiatives démagogiques pourraient prendre le dessus sur les activités scientifiques, moins *glamour* et moins rentables. Cette tension s'est manifestée dans deux *zapovedniks* qui ont spectaculairement réussi leurs opérations commerciales : Kronotsk (Kamtchatka) et Laponie (Arctique). Le premier tire grand profit de ses croisières et de l'héliportage de touristes, tandis que le dernier a créé une activité saisonnière lucrative basée sur les personnages du Père Noël et du Grand-Père Givre[1]. Il reste à voir si les activités scientifiques de ces deux *zapovedniks* bénéficient réellement de ces rentrées financières.

C. Le développement des activités de sensibilisation à l'écologie dans les territoires protégés

On constate une autre évolution significative depuis le début des années 1990 : le remarquable développement des activités de sensibilisation à l'écologie (*ekologo-prosvetitelskaïa deïatelnost)* dans les *zapovedniks* et les parcs nationaux. Avant 1990, il s'agissait avant tout d'activités de formation en lien avec l'enseignement supérieur : les réserves soutenaient ponctuellement le travail de terrain des universitaires mais eurent aussi des collaborations étroites avec des institutions supérieures très impliquées dans la recherche. Il existait en revanche très peu de contacts avec les habitants des localités voisines, et les relations entre le *zapovednik* et son voisinage pouvaient relever de l'indifférence ou de la suspicion mutuelle.

L'impulsion décisive au changement fut donnée en 1993, lorsque le ministre de la Protection de l'Environnement, Victor Danilov-Danilian, par une circulaire à tous les directeurs de *zapovedniks* où il soulignait que l'avenir de la préservation de la nature en Russie pourrait être menacé par la mise à l'écart des activités de sensibilisation, leur demanda de créer systématiquement un service de « formation à l'écologie » et de modifier leur organisation et leur calendrier d'activités en conséquence. Ce fut le point de départ, une impulsion que la loi de 1995 ne fit qu'amplifier : elle définissait les *zapovedniks* et parcs nationaux comme des *établissements d'éco-éducation*.

1. L'équivalent du Père Noël dans la mythologie enfantine russe. Note du traducteur.

La mise en place de ces services d'éducation du public était en principe supervisée par un bureau compétent au ministère. Néanmoins, dans le contexte budgétaire très tendu de l'époque, des ONG diverses apportèrent une aide importante[1], ainsi que certaines agences étrangères, dont en particulier le GEF.

Ce furent là des investissements utiles et une manifestation d'adhésion aux nouvelles orientations de la politique fédérale à peu de frais, mais qui donna aussi une impulsion décisive au développement d'activités dont la nécessité devenait évidente.

En 2003, 90 *zapovedniks* et 30 parcs nationaux avaient mis en place un service spécialisé d'éducation du public, avec plus de 450 personnes en poste. Plusieurs raisons permettent d'expliquer le développement de ce travail d'éducation. Le souci d'éclairer de larges catégories de la population sur les questions de l'environnement et de la nature était ancien, d'autant plus que, sous le régime soviétique, l'urbanisation et l'industrialisation avaient été très rapides. Dans la continuité de cette approche, on sentit aussi le besoin, particulièrement pendant des années 1990 caractérisées par une crise de confiance généralisée dans le pays, d'entretenir la fierté nationale à propos de la richesse et l'immensité des paysages « naturels » russes, à un moment où le fonctionnement des territoires protégés était soumis à de profonds changements. Jusque-là, les ressources nécessaires leur avaient toujours été garanties, mais avec l'écroulement du régime soviétique il devint indispensable de créer un courant de sympathie dans l'opinion publique, de soutien à la protection de la « nature », ce qui pourrait influer en retour sur la prise de décision démocratique et favoriser le financement public des réserves.

D'ailleurs, des expériences ont démontré en Occident l'importance du bénévolat pour la préservation de la vie sauvage : de nombreuses organisations drainent des fonds et stimulent les énergies militantes bien au-delà de ce qu'un État soucieux de maîtriser les dépenses publiques est prêt à faire. Or, la Russie n'avait pratiquement aucune tradition dans ce domaine, les groupes de pression liés à l'opinion publique étant inconnus. L'une des premières justifications au développement des activités d'éco-formation fut le besoin d'améliorer les relations entre *zapovedniks* et population environnante, à un moment où le nombre et la superficie des territoires protégés augmentaient rapidement. Ceux qui jusque-là avaient bénéficié d'un accès non contrôlé aux ressources des forêts, des lacs et des cours d'eau étaient plutôt hostiles à la création de nouveaux sites protégés. Il était donc *a minima* nécessaire de faire des efforts

1. Les ONG russes les plus impliquées sont WWF-Russie, Le Centre écologique « Zapovedniks », et le Centre de Protection de la Nature Sauvage (*Tsentr okhrany dikoi prirody*).

pour réduire le niveau croissant d'hostilité et d'incompréhension des populations riveraines. De plus, dans un contexte global de montée des pressions pesant sur les milieux naturels, il était essentiel que tout un chacun puisse réaliser l'importance de la responsabilité collective dans ce domaine.

Les activités de sensibilisation proposées par les *zapovedniks* et les parcs nationaux sont très diverses. Elles sont particulièrement focalisées sur l'éducation de la jeunesse et les relations sont étroites dans beaucoup de réserves avec les écoles du voisinage : des excursions scolaires sont organisées, des employés de la réserve contribuent à préparer du matériel pédagogique. Beaucoup de sites disposent d'infrastructures d'hébergement pour des groupes de jeunes qui peuvent y passer plusieurs jours, sous forme de camp d'été par exemple. De ce point de vue, les territoires protégés remplissent un rôle qui auparavant était assumé par les organisations de jeunesse liées au Parti communiste comme les Pionniers. Dans beaucoup de régions du pays, les activités proposées sont liées à la vie sauvage mais elles participent également du renforcement de l'identité culturelle. Au Bachkortostan par exemple, on évoque les méthodes traditionnelles de foresterie des Bachkirs, qui permettaient de gérer de manière durable des ressources telles que les colonies d'abeilles sauvages (cf. photo cahier couleur).

Les *zapovedniks* les plus anciens avaient, de longue date, créé des petits musées, dont les collections étaient représentatives de la faune, de la flore et de la géologie locales. Ils étaient connus d'un public très limité. Récemment, beaucoup d'entre eux ont élargi leur domaine d'activité, créant par exemple des centres d'interprétation, qui occupent une place essentielle dans les activités d'éducation du public. Les plus récents sont hébergés dans des bâtiments très avenants, avec des infrastructures de repos et de loisir intégrées. Certains *zapovedniks*, dont Kavkaz et Voronine (région de Tambov), ont créé des mini-zoos éducatifs, alors que d'autres ont ouvert largement leurs programmes de reproduction en captivité à la curiosité du public (reproduction et élevage des bisons, des élans, des grues, des oiseaux de proie, des ours, entre autres activités spécialisées).

Dans beaucoup de cas, les *zapovedniks* et les parcs nationaux ont adopté des logos pour valoriser leurs traits les plus caractéristiques, logos déclinés sur toutes sortes de brochures couleur et de documents à finalité publicitaire. Beaucoup d'activités extérieures sont effectuées, dont la finalité est de faire augmenter le capital de sympathie de la réserve, de mieux faire adhérer le public à ses objectifs, d'obtenir un meilleur soutien des entreprises et des autorités locales. Alors que les activités d'éducation du public sont en place depuis peu d'années, beaucoup a été fait, et le recours aux radios, télévisions et journaux locaux a considérablement amélioré la notoriété des réserves. Les territoires protégés sont de plus en plus considérés comme des lieux d'un grand intérêt, qu'il s'agisse de les visiter ou simplement d'en soutenir le développement.

IV. La gestion de la « nature » dans les réserves et les parcs russes

A. Les fortunes changeantes des départements de protection et de recherche scientifique

Dans leur organisation traditionnelle, les *zapovedniks* et les parcs nationaux n'avaient pas de responsable des activités éducatives. Au début des années 1990, et en conformité avec une pratique de longue date, chaque directeur de réserve était assisté de deux adjoints seulement : l'un responsable de la protection de la réserve, l'autre de la recherche scientifique.

1. La protection des réserves

L'adjoint à la protection de la réserve dirigeait le service des gardes (*inspektory*), chargés avant tout de la sécurité du site. En pratique, du fait d'une situation économique devenue très difficile après la disparition de l'URSS, une bonne partie de leur tâche fut d'appréhender les braconniers. Une part du braconnage est le fait, à une échelle modeste, des habitants du voisinage, qui ont tendance à tirer le gibier, à pêcher, opérer des coupes, ramasser des baies ou des champignons pour améliorer leur maigre revenu – mais l'essentiel des délits est perpétré par des bandes organisées de braconniers qui utilisent de gros moyens (véhicules 4x4, motos tout-terrain, hors-bord) pour tromper et distancer les gardes des réserves. L'un des événements les plus tragiques est probablement la décimation de l'antilope saïga dans la région du *zapovednik* Tchernye Zemli en Kalmoukie. Les saïga sont une espèce migratrice et, alors qu'on peut leur assurer une protection raisonnablement efficace sur une bonne partie du territoire du *zapovednik*, les hardes ont été poursuivies en dehors de ce périmètre par des braconniers à moto cherchant à abattre les antilopes mâles. Cette chasse visait moins à récupérer la viande ou la peau que les cornes, très prisées de la médecine orientale et donc vendues cher au marché noir. Très souvent, le reste de la carcasse était laissé à pourrir sur place – la destruction de l'antilope saïga mâle a pris de telles proportions que la reproduction de l'espèce a été très sérieusement menacée.

Un nombre considérable de grandes espèces animales a été la cible des braconniers le dzeren (un bouquetin) : mais aussi les cerfs porte-musc, les ours bruns et noirs, les tigres de Sibérie, les léopards de l'Amour, d'autres espèces de cerfs, de sangliers, les loups et les lynx, la sauvagine[1]...), les oiseaux de proie, différentes espèces de poisson (d'eau douce ou salée), et même certaines plantes de valeur comme le ginseng.

Les efforts faits pour défendre ces espèces vulnérables ont connu un succès variable. Avec l'aide financière d'ONG, du GEF ou de certains gouvernements occidentaux, les administrations en charge des parcs et réserves ont pu acheter de l'équipement de détection radio, des véhicules robustes, des moyens de transmission et toutes sortes d'autres équipements. De plus, quelques moyens ont été dégagés pour la formation des gardes, qui disposent d'ailleurs de pouvoirs très étendus pour poursuivre les contrevenants ; et les collaborations ciblées entre gardes de différents territoires sont devenues de plus en plus fréquentes. De ce fait, le problème a été traité de plus en plus efficacement en certains lieux, et des succès notables ont été enregistrés. Un coup d'arrêt a ainsi été donné au déclin des populations de tigres. C'est néanmoins un problème récurrent, et il est clair qu'il faut dégager davantage de moyens pour cette tâche primordiale. Or l'accès des gardes aux stages spécialisés est très strictement limité, la situation n'étant pas facilitée par le manque de formations qualifiantes agréées pour ces personnels.

Les gardes ont d'autres tâches, la moindre n'étant pas le contact avec le public, tout comme, dans bien des cas, l'assistance aux missions d'observation scientifique. On les recrute généralement dans la population locale ; ils ont donc une familiarité avec le terrain très précieuse. Il est néanmoins difficile de leur procurer le niveau de formation souhaitable : les pouvoirs qui leur ont été conférés par la législation des années 1990 sont considérables, mais il faut assurer un encadrement en proportion. Il est évident qu'il serait nécessaire de mettre en place un système centralisé de formation et d'accréditation, qui fait actuellement défaut. En l'an 2000, la création du titre d'« *Inspecteur de l'Année* » a pour objectif de valoriser les pratiques exemplaires, d'identifier et de récompenser les individus les plus méritants.

Il y avait en 2003 un total de 4 080 gardes (*rabotniki okhrany*) dans les *zapovedniks* et les parcs nationaux, ce qui satisfaisait l'exigence formulée par la loi de 1995 sur les Territoires Naturels Spécialement Protégés qui stipulait

1. ou gibier d'eau : canards, oies... Note du traducteur.

qu'un corps d'inspecteurs d'État spécialisé devait être présent sur ces sites (Stepanitsky et al, *op. cit.*, p. 29 ; situation au 1.01.2003). Cela correspondait grossièrement à trente gardes en moyenne par territoire – mais les situations varient considérablement : certains des sites les plus modestes n'ont que quelques gardes, d'autres ont besoin d'un personnel beaucoup plus nombreux. La croissance des effectifs par rapport à la fin de la période soviétique est significative[1]. Il semble que les réserves n'aient pas de difficulté à recruter suffisamment de gardes ; quant à savoir s'ils sont du niveau requis est un autre sujet, compte tenu de la préférence accordée au recrutement local et des difficultés à organiser des formations adaptées.

2. Les départements de recherche scientifique

La recherche scientifique est une tâche fondamentale dans les *zapovedniks*. Chaque *zapovednik* avait traditionnellement une équipe de spécialistes des sciences naturelles issus de diverses disciplines, chargés d'étudier la réserve à fond et d'identifier les mesures à prendre pour protéger les espèces particulièrement liées au site. À la fin des années 1960, la plupart des *zapovedniks* avaient leurs propres laboratoires, des laborantins, des bibliothèques et des musées. Depuis la fondation de la Fédération de Russie, on cherche aussi à créer des départements scientifiques dans les parcs nationaux, un peu moins dotés en personnel de recherche.

Néanmoins, au cours des années 1990, les orientations du travail scientifique furent soumises à forte pression, et il est aujourd'hui clair que les *zapovedniks* se différencient considérablement dans ce domaine. La fonte des effectifs scientifiques pendant les crises budgétaires de la décennie a été considérable, que les chercheurs aient été remerciés par les directeurs ou attirés ailleurs par la perspective de carrières plus lucratives. En outre, les *zapovedniks* nouvellement créés n'étaient pas en capacité de dégager les moyens financiers nécessaires au recrutement du nombre de chercheurs souhaité, encore moins d'assurer l'équipement de leur laboratoire ou de leur procurer un logement. Il est évident que beaucoup d'entre eux ont mené une rude bataille pour constituer l'embryon d'un département de recherche ; certains n'en ont d'ailleurs toujours pas (Newell, coord., 2004, p. 156).

---

1. Les 167 *zapovedniks* et les 21 parcs nationaux qui existaient en URSS au moment de son éclatement disposaient d'un personnel de protection de 3000 hommes, ce qui correspondait à un nombre moyen de gardes forestiers – l'équivalent des actuels « inspecteurs » – d'à peu près 16 personnes par site. 'Zapovednoe delo v SSSR : sostoïanie, perspektivy razvitia', *in Okhota i okhatnitcheskoïe khoziaïstvo*, 1991, n° 6, p. 4.

À la fin des années 1990, 27 des 82 *zapovedniks* disposant d'un département de recherche employaient au plus trois chercheurs (Stepanitsky, 2000, p. 1), avec pour conséquence malencontreuse une couverture disciplinaire assez aléatoire, et des individus qui œuvrent très isolés de l'ensemble de la communauté scientifique. Il est difficile d'attirer des chercheurs qualifiés dans des zones isolées du pays – d'ailleurs, les salaires prévus pour les chercheurs des *zapovedniks* sont peu élevés et donc peu attractifs.

D'un autre côté, beaucoup de *zapovedniks* anciennement établis ont toujours une activité scientifique importante, avec souvent plus de dix chercheurs employés, et alimentent régulièrement le *Letopis prirody*, poursuivant leur programme spécialisé sur leur site. Ils contribuent en outre, et de plus en plus, au suivi et au contrôle environnemental d'un large espace débordant les limites de leur réserve. Il y a eu ponctuellement des doutes sur la qualité de certains de leurs travaux et publications : une enquête menée sur le département scientifique apparemment bien pourvu en personnel du *zapovednik* de Teberda a trouvé matière à bien des critiques (*Zapovednyi vestnik*, n° 83, mars-mai 2003, p. 1-4).

Si l'on en juge par certains articles et commentaires publiés dans le journal « commercial » *Zapovednyi vestnik*, il semblerait que les objectifs généraux de la connaissance produite dans les *zapovedniks* et les parcs naturels doivent être soumis à sérieuse évaluation, tout en gardant à l'esprit un fait moins évident mais de grande importance pour l'avenir : le renouvellement des effectifs de chercheurs dans les *zapovedniks* a été très faible depuis 1990, ce qui fait que le nombre de scientifiques expérimentés en mesure de remplacer ceux qui s'approchent de la retraite est très insuffisant. Il y a un risque sérieux de ne pas pouvoir opérer la transmission des savoir-faire et des connaissances.

Jusque-là, la coopération entre les *zapovedniks*, les universités et l'Académie des Sciences de l'URSS (de Russie à présent) avait été active. La recherche dans les *zapovedniks* était de haut niveau et certains personnages de renom ont travaillé (et travaillent encore) dans ces institutions. Lorsque la politique de mise en place des départements d'éducation fut adoptée, l'une des trajectoires courantes pour des scientifiques du domaine fut de s'investir dans cette nouvelle activité ; c'était aussi un moyen de maintenir le personnel des réserves à un moment où ces dernières étaient soumises à des coupes budgétaires insupportables. Mais, au final, l'importance relative des départements scientifiques a décliné au profit de ces autres activités.

Le bilan des investigations scientifiques précises menées dans les réserves, des politiques de préservation et de reconstitution des cheptels d'espèces sauvages jusque-là menacées est si impressionnant que les *zapovedniks* méritent leur réputation d'institutions de niveau mondial. Ces activités n'ont guère attiré l'attention occidentale jusqu'à l'écroulement de l'URSS, et ce n'est que lorsqu'une aide d'urgence fut demandée à la communauté internationale que les succès engrangés depuis longtemps furent portés à la connaissance d'un plus large public. Mais, même avec ce bilan, il est difficile d'imaginer que les activités scientifiques vont continuer à avancer, si aucune institution n'injecte davantage d'argent dans le système des *zapovedniks*. Les salaires des chercheurs et les équipements doivent être revus à la hausse. La question est aussi de savoir si l'existence d'un département scientifique dans chaque *zapovednik* ou parc national est un objectif réaliste dans les conditions actuelles.

B. Les Réserves de biosphère : la réponse russe au programme UNESCO-MAB

La Russie d'après 1991 s'est rapidement mobilisée pour répondre aux défis de la protection de l'environnement, alors posés en de nouveaux termes à l'échelle internationale. L'une de ses principales réponses fut le classement de nouvelles réserves de biosphère, qui venaient s'ajouter au petit nombre de celles qui avaient été créées pendant la période soviétique.

La conférence de l'UNESCO pour la Biosphère (1968) avait prévu la création d'un réseau mondial de parcs naturels, de réserves naturelles et autres types d'aires protégées, ce qui fut concrétisé en 1970 par la mise au point du programme *l'Homme et la Biosphère* (acronyme anglais MAB), dont le but était d'arriver à faire coexister harmonieusement les populations rurales et le milieu naturel dont elles tiraient leurs moyens d'existence. La création d'un réseau de réserves de biosphère où l'on pourrait procéder au suivi des changements environnementaux devint une priorité absolue. Les *zapovedniks* soviétiques, avec leurs équipes scientifiques à plein temps et leurs zones centrales très strictement protégées, correspondaient à l'essentiel des critères requis pour devenir des réserves de biosphère et certains d'entre eux étaient donc des candidats toutes désignés.

L'URSS fut pourtant au départ très prudente, voire réticente à s'impliquer dans cette action : la reconnaissance de l'efficacité du travail et du niveau mondial atteint par les *zapovedniks* était contrebalancée par la crainte d'un moindre contrôle exercé par le pouvoir communiste. En effet, des réserves de biosphère soviétiques devaient accéder à un certain niveau d'autonomie décisionnelle, conformément aux critères déterminés par l'UNESCO, et être soumises à des formes de supervision internationale.

L'URSS finit néanmoins par présenter la candidature de cinq *zapovedniks* aux instances de l'UNESCO, dont deux dans la RSFSR : *Kavkaz* et *Terres Noires Centrales*. Le système soviétique des *zapovedniks*, dont l'objectif était de constituer un ensemble représentatif des principaux écosystèmes présents sur le territoire de l'URSS, correspondait aux attentes exprimées, pour l'ensemble du globe, lors de la conférence de Stockholm (1972). Au cours des années 1980 davantage de *zapovedniks* furent classés réserves de biosphère ; en 1990, on en dénombrait seize sur le territoire de la future Fédération de Russie. Ces *zapovedniks de biosphère*, comme on les appela, furent accueillis avec enthousiasme, du fait notamment du travail scientifique très important qui devait y être effectué. Le décor était apparemment posé pour une expansion continue.

Pourtant, des modifications importantes de l'orientation du programme UNESCO-MAB à l'échelle internationale eurent pour conséquence de disqualifier en partie les *zapovedniks* russes, qui ne remplissaient plus tous les critères requis. Le Sommet de Rio en 1992 et la conférence de Séville (1995) en particulier furent des moments de redéfinition importante du programme, où l'on mit moins l'accent sur le travail scientifique que sur les aspects humains de l'utilisation du milieu naturel. La Stratégie de Séville appelait à un usage raisonné des ressources naturelles, et à une implication des réserves de biosphère dans la vie et les activités des communautés voisines : très loin des pratiques consistant à isoler une nature strictement préservée, mise à l'écart de son environnement – un programme caractéristique des *zapovedniks* durant la période soviétique. La proximité et l'éducation sont désormais affichées comme des objectifs prioritaires.

Implicitement, on demande au personnel d'un *zapovednik de biosphère* d'établir des contacts étroits avec différents acteurs du territoire environnant, les scientifiques assurant un suivi attentif du milieu naturel et formulant des recommandations pour parvenir à une utilisation et une exploitation raisonnées du territoire et de ses ressources. On attend toujours de la réserve le maintien d'une protection stricte de la vie sauvage au sein d'une zone centrale inviolable, mais cette zone doit être entourée d'une première zone tampon où diverses activités économiques peuvent être autorisées, puis d'une zone de transition plus vaste qui se fond dans le milieu environnant, et où les activités économiques « normales » doivent pouvoir se faire, mais dans une perspective environnementale de développement durable.

Les attentes relatives à l'engagement prononcé des réserves de biosphère dans des activités d'éducation et de proximité ont été largement satisfaites puisqu'après 1995 des programmes d'éducation du public ont été lancés à la fois dans les *zapovedniks* et les parcs nationaux ; de ce fait, cet aspect de la Stratégie de Séville a posé beaucoup moins problème qu'avant. L'adoption de la Stratégie a néanmoins provoqué beaucoup de confusion sur ce que devaient être les objectifs de travail des réserves de biosphère en Russie. Cet aspect ne fut clarifié que lors du séminaire organisé à Krasnoïarsk en 2001 pour les personnels de ces réserves. À cette occasion, Stepanitsky (alors directeur du Service Fédéral des Territoires Protégés au sein du ministère compétent) indiqua que, à bien des égards, les parcs nationaux étaient mieux placés que les *zapovedniks* pour mettre en œuvre les actions de développement prévues par la Stratégie, bien que ces derniers disposent d'infrastructures scientifiques bien meilleures. De manière significative, l'une des nouvelles réserves de biosphère classées par la suite (en 2001) fut implantée dans un parc national (Lac Vodl) et non dans un *zapovednik*. Depuis, quatre autres parcs nationaux ont été classés en réserve de biosphère.

Au total, la Russie gère aujourd'hui un nombre élevé de réserves de biosphère (37 en 2005), dont seize ont été classées depuis l'an 2000. Cela représente une part considérable du total des 135 *zapovedniks* et parcs nationaux. Certaines d'entre elles sont situées au contact immédiat ou à proximité de frontières internationales, ce qui facilite les entreprises de collaboration transfrontalière, et ce à une échelle qui contraste avec les tentatives timides esquissées dans ce domaine sous l'URSS[1].

1. Le *zapovednik* « Dépression d'Oubsou-Nour », créé en 1993 puis classé réserve de biosphère en 1997, est frontalier de la Mongolie ; le *zapovednik* de Sokhondo, devenu réserve de biosphère en 1984, est tout proche d'un grand parc national situé du côté mongol de la frontière ; le *zapovednik* de Katoun, créé en 1991 et classé réserve de biosphère en 2000, est proche de la frontière avec le Kazakhstan ; le *zapovednik* de Daourie, créé en 1987 et classé réserve de biosphère en 1997, est à l'origine d'une coopération trilatérale entre Russie, Mongolie et Chine ; le *zapovednik* du Commandeur, créé en 1993 et classé réserve de biosphère en 2002, est très bien placé pour la mise en place d'une certaine collaboration avec les États-Unis, qui contrôlent les îles Aléoutiennes.

Conclusion : *Zapovedniks* et parc nationaux en Russie en 2007

Les quelques années qui se sont écoulées depuis 2000 ont vu une sorte de moratoire sur la création de *zapovedniks* ou de parcs nationaux supplémentaires, mais des projets existent néanmoins. Il est clair que depuis 1991 le système a profondément changé : ce qui est devenu un réseau intégré de Territoires Naturels Spécialement Protégés est également un outil, adapté à une protection maximale de la biodiversité en Russie, permettant un accès plus facile d'un public élargi à la « nature » protégée – mais dont le devenir dépendra des moyens que l'on pourra affecter à ces fins.

Il serait dramatique de voir une vision inspirée, qui a fait tant progresser les choses au cours des années 1990, anéantie faute d'une implication suffisante des autorités fédérales. L'avenir dépend effectivement pour l'essentiel du ministère des Ressources Naturelles à Moscou, qui administre les *zapovedniks* et les parcs nationaux depuis l'an 2000. Il est à espérer que ces institutions remarquables pourront assurer sereinement leurs objectifs de conservation dans le futur.

Depuis l'écroulement de l'URSS, les milieux naturels ont été soumis en Russie à une pression marchande totalement nouvelle. La Russie couvre une part si considérable des milieux polaires et tempérés de l'Eurasie, et sa biodiversité est si grande, qu'il est indispensable de prendre des mesures difficiles, mais urgentes, pour la préservation de son environnement. Le système des Territoires Naturels Spécialement Protégés, couronné par les *zapovedniks* et les parcs nationaux, a tous les atouts pour mener à bien cette mission, et ce d'une manière exemplaire qui pourrait conduire à une reconnaissance durable de la communauté internationale – à condition que l'on y accorde en Russie l'attention et les moyens nécessaires. L'équipe de Stepanitsky, aujourd'hui dispersée pour l'essentiel, a réalisé une œuvre remarquable pendant les années 1990 ; il faudra sans doute des actions aussi énergiques pour préserver ce qui a été fait pendant cette période.

Bibliographie

- Chtilmark F. R., 1984 : *Zapovedniki i zakazniki*, Moscow, Izdatelstvo Fizkultura i Sport, 142 p.
- Chtilmark F. R., 2003 : *History of the Russian Zapovedniks 1895-1995*, traduction de G. Harper, 238 p.
- Cole R.L., 2007 : *Adaptation to changing Circumstances : Crises, Threats and Opportunities in the Russian Zapovednik System since 1990*, Doctorate Thesis, Birmingham, University of Birmingham, 378 p.
- Grodzinsky A. M. (coord.), 1988 : *Spravotchnik po zapovednomou delou*, Kiev, 168 p.
- Newell J. (coord.), 2004 : *The Russian Far East : A Reference Guide for Conservation and Development*, 2e édition, Daniel and Daniel : McInleyville, Californie, 414 p.

- Oldfield, J. D., 2006 : *Russian Nature. Exploring the Environmental Consequences of Societal Change*, Hldershot, Hampshire, Ashgate Publishing Limited, 159 p.
- Pryde P. R., 1991 : *Environmental Management in the Soviet Union*, Cambridge University Press, 314 p.
- *Russian Conservation News*, été 2003: 'Financing Zapovedniks', n° 33.
- Stepanitsky V. B., 2000 : 'Finansirovanie gosoudarstvennykh prirodnykh zapovednikov goskomekologii Rossii v 1999 g. : osnovnye itogui, in *Bioulleten zapovedniki i natsionalnye parki*, n° 31, p. 1.
- Stepanitsky V. B., Troïtskaïa N. I., Fedotov M. P., Kreindlin M. L. et Chtichov M. S., 2003 : *Osobo okhraniaemye prirodnye territorii Rossii : itogui poslednego desiatiletiya*, Ministerstvo prirodnykh resoursov Rossiiskoi Federatsii, Moscou, p. 11.
- Stepanitsky V.B. et Kreindlin M.L., 2004 : *Gosoudarstvennye prirodnye zapovedniki i natsionalnye parki Rossii : ugrozy, neudatchi, upchtchhennye vozmojnosti*, Moscow, Grinpis Rossii, p. 8.
- Syroechkovsky E.E. et Stepanitsky V.B., 2000 : "Nature Reserves and other Protected Areas in the Russian Arctic", *in Heritage of the Russian Arctic. Proceedings of the International Scientific Willem Barents Memorial Arctic Conservation Symposium held in Moscow, 10-14 March 1998*, Ecopros Publishers, Moscow, p. 624.
- « Zapovednoe delo v SSSR : sostoïanie, perspektivy razvitia », *in Okhota i okhatnitcheskoïe khoziaïstvo*, 1991, n° 6, p. 4.
- *Zapovednyi vestnik*, n° 83, mars-mai 2003, p. 1-4.

Dossier n° 2

Parcs nationaux, tourisme et dynamiques territoriales au Proche-Orient et au Moyen-Orient.

Regards croisés sur la gestion et la mise en valeur des espaces « naturels »

Laurence Gillot

Introduction

Les parcs nationaux du Moyen-Orient sont des espaces méconnus notamment en raison du caractère tardif de leur mise en place et de leur répartition inégale selon les États de la région. Pourtant, depuis une dizaine d'années, l'extension du réseau d'aires protégées témoigne de stratégies nouvelles en faveur d'une conciliation entre la protection de l'environnement, sa valorisation touristique et le développement des communautés locales. Cet article dresse à cet égard un état des lieux des parcs nationaux du Moyen-Orient et analyse les enjeux politiques et socio-économiques associés à la mise en valeur de ces espaces. Plus précisément, il envisage le rôle du tourisme comme alternative aux activités agro-pastorales qui fragilisent les espaces arides du Moyen-Orient et comme moteur de dynamiques territoriales locales à travers la participation des populations bédouines à la gestion de l'activité.

L'aire géographique et l'objet d'étude

Le Moyen-Orient désigne un espace aux limites incertaines. Les géographes français définissent le Moyen-Orient (ou Proche-Orient) comme un ensemble d'États qui s'étend de l'Égypte à l'Afghanistan, alors que les chercheurs anglo-saxons désignent sous l'appellation *Middle East* une aire géographique élargie, qui s'étend du Maroc au Pakistan (Pourtier, 2006, p. 13). La notion de « monde arabe » correspond quant à elle à un ensemble culturel et linguistique plus restreint du point de vue géographique que le Moyen-Orient, puisqu'il exclut les pays non arabes comme la Turquie et l'Iran (Mutin, 2001, p. 3). Dans le cadre de cette étude, la recherche d'une définition cohérente par rapport à l'objet d'analyse, les parcs nationaux, conduit à considérer la région moyen-orientale comme l'une des trois sous-régions du groupe WESCANA définies par l'IUCN et la WCPA, qui comprend l'Asie centrale, l'Asie occidentale et l'Afrique du Nord (http://www.iucn.org/places/wescana/). Considérant que l'Afrique du Nord se différencie par un réseau plus étendu de parcs nationaux, une gestion et une législation plus élaborées, nous avons limité notre aire d'étude à la région d'Asie occidentale, qui est constituée de 15 États du continent asiatique (Afghanistan, Bahrain, Iran, Irak, Israël, Jordanie, Koweït, Liban, Oman, Qatar, Arabie Saoudite, Syrie, Turquie, Émirats arabes unis, Yémen et les territoires palestiniens).

La région moyen-orientale, qui se trouve à la jonction entre trois continents, est une région aride et semi-aride constituée d'une diversité d'écosystèmes (zones humides, montagnes, zones boisées, récifs de corail, mangroves, steppes et déserts). Elle est caractérisée par des variations en termes d'altitude (de 0 à 3000 m), une faune et une flore hétérogènes et une grande diversité de composantes marines. La région est soumise à de multiples pressions liées à l'extension des pâturages, des terres cultivées et de l'habitat ainsi qu'à l'exploitation des ressources « naturelles » (Llewellyn, 2000, p. 2). L'attractivité de ces différents écosystèmes pour le tourisme et les modalités de leur gestion sont également variables. Aussi, la maîtrise de ces espaces par les gouvernements nationaux est inégale selon les milieux et les caractéristiques des populations qui les exploitent (populations semi-nomades dans les steppes, populations sédentaires dans les zones littorales). Cette étude envisage plus particulièrement la protection et la mise en valeur des espaces steppiques et désertiques qui constituent les terres de parcours des populations bédouines.

Le Moyen-Orient dispose, contrairement à l'Afrique ou à l'Asie orientale, d'un nombre limité d'espaces naturels protégés, parmi lesquels les parcs nationaux représentent une catégorie marginale. L'histoire et les modalités d'implantation des espaces protégés dans la région moyen-orientale sont méconnues, au même titre que la relation des sociétés à leur environnement. Les conditions démographiques, politiques et socio-économiques ont vraisemblablement influencé une conception spécifique de l'environnement « naturel ». Parmi celles-ci, l'ancienneté de la présence humaine, la croissance démographique continue, l'extrême mobilité de la population, la formation récente des États et le poids des économies rentières fondées sur l'exploitation de ressources

« naturelles » (Pourtier, 2006 ; Mutin, 2001) ont probablement favorisé la conception d'une « nature-objet » anthropisée (Larrère, 1997) et retardé les initiatives en faveur de sa protection par rapport aux activités humaines.

Enfin, cette synthèse régionale envisage la relation entre les parcs, les populations locales et l'activité touristique. La première partie dresse un état des lieux des aires protégées et des contextes de développement des parcs nationaux dans la région moyen-orientale. Elle tente d'expliquer le caractère tardif et limité de ces processus, en questionnant l'adaptation locale du modèle « occidental » des parcs nationaux. La deuxième partie analyse les modalités et les enjeux socio-économiques et politiques de la mise en tourisme des espaces protégés en milieu aride. La création des parcs nationaux s'inscrit en effet dans un processus conjoint d'affirmation de la souveraineté des États sur des espaces étendus et d'implication des communautés locales, bédouines notamment, dans la gestion et la mise en valeur des ressources « naturelles ». Mais la valorisation écotouristique des aires protégées pose question. Le tourisme « géré » est-il une alternative aux pressions exercées par la surexploitation et le surpâturage des terres arides ? Ces expériences suffisent-elles à concilier les différents usages et à réconcilier la conservation avec le développement ? Reconnaissent-elles réellement le droit des populations ou favorisent-elles au contraire l'appropriation de vastes étendues par des acteurs publics et privés extra-locaux ?

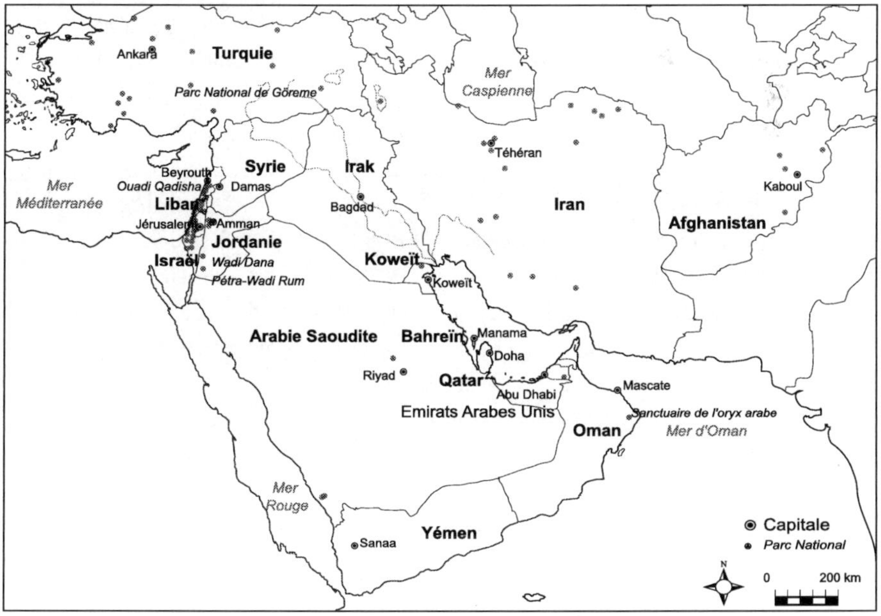

Carte 4. Localisation des parcs nationaux au Moyen-Orient

Les difficultés de réaliser un état des lieux

La réalisation de cette recherche a été contrainte par deux difficultés. Premièrement, un problème d'acquisition et de disponibilité des sources d'informations, qui ne sont pas toujours publiées. En outre, les sources en langue arabe font défaut et les études sur les aires protégées du Moyen-Orient sont peu nombreuses, sinon inexistantes, tant à l'échelle nationale qu'à l'échelle internationale. De plus, les inventaires nationaux sont inégalement réalisés selon les pays. Deuxièmement, l'identification des espaces protégés, et parmi eux des parcs nationaux, est problématique, dans la mesure où nous constatons des décalages fréquents entre les définitions nationale et internationale, ainsi qu'une hétérogénéité du concept de parc national, qui désigne des formes et des contenus spatiaux variés selon les contextes nationaux. Par conséquent, des espaces qualifiés de « parcs nationaux » peuvent ne pas correspondre à la catégorie « parc national » définie par l'IUCN (catégorie II). Inversement, des espaces qui ne portent pas le nom de parc national pourraient correspondre à cette catégorie. Au Liban par exemple, le système national d'aires protégées ne reconnaît pas de catégorie « parc national » alors que la « Vallée sainte et forêt des cèdres de Dieu », inscrite au patrimoine mondial, est reconnue comme telle par l'IUCN et l'UNESCO.

L'inventaire des parcs nationaux a donc été réalisé à partir des bases de données internationales, en particulier la *World Database on Protected Areas* (WDPA), mise à jour jusqu'à la fin de l'année 2006, et recoupée par des publications ponctuelles sur la région moyen-orientale ainsi que la liste des aires protégées des Nations unies datée de 2003. Compte tenu des contradictions entre ces diverses sources, notamment sur les superficies des aires protégées, les statistiques d'une même base de données ont été retenues, le *Global Environmental Outlook* (GEO-4) de la WDPA. Pour la législation et les acteurs de la protection de l'environnement, la synthèse de l'IUCN relative aux systèmes nationaux d'aires protégées dans le monde en 1992 (IUCN, 1992) a été actualisée avec des publications plus récentes. Les données sont synthétisées sous la forme d'un tableau, reproduit en fin d'article, qui reprend les superficies et catégories d'espaces protégés par pays, les mesures législatives, les acteurs associés à la création et à la gestion des aires protégées ainsi que la structure des parcs nationaux. Enfin, compte tenu du choix de réaliser une synthèse à l'échelle régionale sur la base de documents existants, le travail de terrain est demeuré secondaire.

I. Les conditions de la mise en place et la nature des parcs nationaux du Moyen-Orient

A. Un contexte peu favorable à la création des parcs nationaux

Le caractère tardif, limité et inégal de l'expansion des parcs nationaux dans la région moyen-orientale suscite des interrogations auxquelles il est difficile d'apporter une réponse univoque. Par comparaison avec les facteurs avancés par C. Lachaux (1980, p. 13-14) et G. Richez (1992, p. 34-39) pour expliquer le caractère précoce et pionnier de la mise en place des espaces protégés en Amérique du Nord et le retard de l'Europe, l'expansion tardive et relative des parcs nationaux au Moyen-Orient s'expliquerait par des raisons à la fois géo-historiques, socio-économiques et culturelles.

Premièrement, l'espace moyen-oriental se prête peu à la création de vastes aires de protection, notamment en raison de la lente évolution des paysages façonnés par la présence humaine, de la densité de la population dans les espaces littoraux et les vallées des grands fleuves ou de l'exploitation agro-pastorale intensive dans les régions steppiques et dans les zones forestières. En outre, l'étendue des terres arides et désertiques, ainsi que le nombre restreint d'espèces animales, rendent la région peu attractive pour le développement de réserves sauvages à vocation touristique.

Deuxièmement, l'existence de systèmes traditionnels de gestion locale aurait permis de maintenir pendant longtemps la biodiversité. Ces systèmes, connus sous le nom de *hema* (ou *hima*), se sont développés précocement, en particulier dans les régions arides. Ils remontent vraisemblablement à l'ère pré-islamique et sont attestés à l'époque du prophète Muhammad, qui aurait déclaré des zones de protection autour des villes de Médine et La Mecque (As-Sayyed Jamil, 1999, p. 76-77). Les *hema* se sont ensuite répandus dans la péninsule arabique, au point de devenir la forme prédominante d'espace protégé jusqu'au XXe siècle (Seddon, 2000, p. 15). Le terme arabe désigne une aire protégée possédant une bonne couverture végétale et établie par l'autorité gouvernante ou par un groupe de personnes, le clan ou la tribu (Llewellyn, 2000, p. 3). Ces aires sont protégées du pâturage pendant certaines périodes afin de permettre la régénération des terres de pâtures (Abu-Rabia, 2002, p. 209).

Troisièmement, les États moyen-orientaux ont connu des indépendances tardives et les réseaux nationaux d'aires protégées n'ont pas pu être mis en place avant celles-ci. L'enjeu politique lié à la création des parcs nationaux est également demeuré faible et l'élaboration des identités nationales s'est essentiellement faite sur la base de grands sites patrimoniaux, archéologiques et historiques. Israël fait néanmoins exception, puisque le pays dispose d'un système ancien et sophistiqué d'aires protégées, parmi lesquels les parcs nationaux forment une catégorie privilégiée. La création des parcs nationaux a en effet constitué un enjeu national dès la formation de l'État et s'est inscrite dans une stratégie d'appropriation par le gouvernement israélien de vastes espaces au détriment des populations palestiniennes (Bauman, 2005). La question de la maîtrise des sols par les autorités publiques, de même que les problématiques de budgétisation et de formation à la gestion des aires protégées, ont, en revanche, représenté des obstacles importants dans de nombreux pays. La reconnaissance partielle de la société civile par des régimes politiques centralisés et autoritaires explique également la faiblesse des initiatives privées. De surcroît, l'instabilité régionale et nationale a vraisemblablement contribué à reléguer la protection de l'environnement au second plan des priorités politiques.

De plus, le rapport particulier que les sociétés arabo-musulmanes entretiennent avec l'environnement peut être invoqué, même s'il est peu connu. La sensibilité environnementale est demeurée très faible, et commence à peine à se développer sous l'impulsion des milieux scientifiques, des élites nationales, des médias et des ONG. En outre, les pays du Moyen-Orient n'ont pas vu se développer une société de loisirs au même rythme que l'Occident et la fréquentation touristique nationale des espaces « naturels » a longtemps été marginale. Parallèlement, l'intérêt des acteurs touristiques internationaux s'est davantage porté sur les ressources « culturelles » du Moyen-Orient.

B. Aspects sociopolitiques de la mise en place des aires protégées

La mise en place des réseaux d'aires protégées est corrélée à l'apparition des États-nations, dont les plus anciens sont nés dans les années 1920 (Turquie, Arabie Saoudite), suivis par les indépendances des années 1940 (Syrie, Liban, Irak) et celles des années 1970 (Émirats, Qatar, Yémen) (Pourtier, 2006, p. 243). La mise en œuvre de législations et de réglementations nationales, de même que la ratification des conventions et l'adoption des normes internationales ont donc été variables selon les pays. Le Moyen-Orient est actuellement marqué par des différences entre des pays qui ont développé des systèmes d'aires protégées et des pays qui n'en ont pas, entre des pays qui disposent de législations et ceux qui n'en disposent pas, entre des pays pourvus d'équipes expérimentées de gestionnaires et des pays dont les aires protégées ne sont pas gérées par un personnel spécifique.

Trois groupes de pays se différencient selon la chronologie, le nombre et la superficie des aires protégées. Les pays pionniers comme la Turquie, Israël et la Jordanie, ont adopté des mesures de protection dès les années 1960 et ont développé, entre les années 1970 et 1980, un réseau dense d'aires protégées, dont le nombre et la superficie sont demeurés stables depuis le milieu des années 1980. Parmi les pays en transition, nous distinguons le Liban, la Syrie et les pays du Golfe, qui ont mis en place, depuis les années 1990, des réseaux d'aires protégées et un arsenal législatif pour présider à leur création. Enfin, les pays à la traîne sont peu nombreux. L'Irak possède une portion congrue d'aires protégées qui n'ont pas évolué depuis les années 1980. Le Yémen, par contre, déploie des efforts depuis peu pour mettre en place un cadre juridique et un système d'aires protégées.

Dans la plupart des pays, la création des espaces protégés et des parcs nationaux est placée sous la responsabilité des gouvernements, en particulier de comités de protection de l'environnement créés en leur sein. La plupart des gouvernements se sont en effet dotés d'institutions spécifiques, tel un ministère de l'Environnement, mais la gestion de l'environnement et la valorisation des aires protégées concernent également d'autres institutions, en particulier les ministères de l'Agriculture ou du Tourisme. Selon les cas, les départements ou directorats des parcs nationaux sont rattachés à l'un ou l'autre ministère. Par exemple, en Arabie Saoudite, le département des parcs Nationaux dépend du ministère de l'Agriculture et des Ressources en Eau, alors qu'en Iran, la Division des parcs et de la nature relève du ministère de l'Environnement. En Jordanie, le Département des parcs nationaux (NPA) dépend du ministère du Tourisme et des Antiquités alors que le ministère de l'Environnement, créé en 2003, est chargé d'appliquer la loi sur l'environnement et d'assurer une coordination entre le secteur public, le secteur privé et les ONG. Par ailleurs, en Jordanie, en Arabie Saoudite et dans les Émirats, les prérogatives du roi ou des familles princières peuvent être importantes. En Arabie Saoudite et en Jordanie, la décision de créer des aires protégées et des parcs nationaux émane de décrets royaux, alors que leur mise en place et leur gestion est confiée au gouvernement. Enfin, l'appui des institutions internationales est variable selon les pays.

La gestion des parcs nationaux est également assurée par le secteur privé ou les acteurs de la société civile. La Jordanie est un cas intéressant puisque la gestion des aires protégées est assurée par une ONG indépendante, la Société Royale pour la Conservation de la Nature. La RSCN fut créée en 1966, placée sous le patronage de la reine Nour et chargée de la protection des ressources « naturelles » de Jordanie. Il s'agit d'une des rares organisations de protection de la nature avec un mandat public et financée par des fonds privés (Schneider et Burnett, 2000, p. 242-243). Comme en Amérique et en

Europe, l'adoption de mesures de protection de l'environnement par les institutions gouvernementales résulte souvent de l'action des groupes de pression issus de la société civile nationale ou internationale. C'est le cas au Liban, où la conservation de l'environnement est devenue une priorité des politiques de développement sous l'impulsion d'un petit groupe de citoyens, d'ONG et de membres de la communauté scientifique. Grâce à ce groupe, le GEF (*Global Environment Facility*) et l'UNDP (*United Nation Development Program*) ont demandé à l'IUCN de préparer une proposition de projet en 1993 pour assister le Liban dans l'établissement d'un système d'aires protégées (Abu-Izzeddin, 2000, p. 27). De même, le rôle des sociétés savantes intéressées par l'Histoire naturelle est important. En Jordanie, les ONG indépendantes *Friends of Environment Society* (FOE) et *Jordan Environment Society* (JES) représentent des acteurs particulièrement actifs, depuis les années 1990, dans l'éducation et la sensibilisation à la protection de l'environnement. Enfin, les universités et les centres de recherche sont également impliqués dans des études appliquées. En Jordanie par exemple, le *Jordan Badia Research and Development Center*, créé en 1992 sous le patronage du Prince al-Hassan bin Talal et du Duc de Kent, mène des recherches appliquées sur l'usage des ressources « naturelles ».

II. Le parc national, une forme marginale et hétérogène d'espace protégé

Le parc national rencontre un succès limité et est loin de constituer la catégorie d'espace protégé privilégiée, si ce n'est en Israël. En outre, les parcs nationaux jouissent rarement des labels régionaux et internationaux, tel le statut de patrimoine mondial. Seuls trois parcs nationaux de la région figurent sur la liste du patrimoine mondial : Ouadi Qadisha ou Vallée sainte et forêt des cèdres de Dieu (Horsh Arz el-Rab), Liban (1998) ; le sanctuaire de l'oryx arabe, Oman (1994) ; le parc national de Göreme et les sites rupestres de Cappadoce, Turquie (1985) (http://whc.unesco.org/fr/list). Par ailleurs, la plupart des espaces protégés du Moyen-Orient relèvent de la catégorie VI de l'IUCN, les *Managed Resource Protected Areas*, zones protégées et gérées pour un usage durable des écosystèmes naturels. En termes de surface, cette catégorie concentre 62 % des espaces protégés de la région. Sa prépondérance témoigne également de l'importance peu à peu reconnue de l'homme dans le maintien de la biodiversité. Par contre, si l'on considère le nombre d'espaces protégés, presque la moitié d'entre eux n'entre dans aucune catégorie (*2003 United Nations List of Protected Areas*, p. 12, 30 et 40), ce qui indique que le système défini à l'échelle internationale semble en réalité peu adapté aux situations locales dans les pays non occidentaux. Il repose sur une conception inadéquate de la conservation et l'idéal d'une « nature sauvage » d'où l'homme est exclu. Ce système ne prend pas non plus en compte l'importance des savoirs traditionnels et le rôle des communautés locales dans la prise de décision et la gestion des aires protégées (Ghimire et Pimbert, 2000 ; Chatty et Colchester, 2002).

Au-delà des configurations variées qu'ils peuvent présenter en termes de structure et de statut, les parcs nationaux possèdent des caractéristiques communes. Ils constituent de vastes aires de protection d'éléments « naturels » et humains, de biotopes et d'écosystèmes particuliers ainsi que de sites archéologiques et historiques importants. Les parcs nationaux sont implantés dans différents milieux, qu'il s'agisse des terres arides ou des espaces boisés littoraux. De surcroît, la composante naturelle occupe une place parfois moindre que les éléments archéologiques et historiques. Cette particularité témoigne d'une conception spécifique de la nature et de l'environnement en tant que paysages culturels forgés par l'interaction des hommes et des éléments « naturels ». Les parcs nationaux se caractérisent également par des usages multiples limités par un principe de zonage. Trois zones sont généralement distinguées : un noyau réservé à la stricte protection, où aucun usage n'est permis ; une zone intermédiaire où certains usages compatibles avec la protection sont tolérés ; et enfin, une zone d'usages multiples où les activités récréatives, agro-pastorales et résidentielles sont acceptées sous certaines conditions. En outre, les parcs sont des espaces de recherche et de restauration d'espèces faunistiques ou floristiques menacées ou disparues. Ils sont également considérés comme des vecteurs de sensibilisation et d'éducation à la protection de l'environnement. Enfin, leur vocation récréative et touristique est prononcée, le parc étant établi à la fois à des fins de conservation et à des fins de loisirs, en particulier à destination de clientèles occidentales.

En définitive, les parcs nationaux sont des espaces hybrides très éloignés de la conception des réserves de vie sauvage. Ils forment un « tiers-espace » tel que le définit J. Viard, c'est-à-dire un espace intermédiaire, ni totalement produit par l'homme, ni totalement sauvage, et un territoire où se côtoient sur de vastes superficies des utilisations du sol et des pratiques sociales variées (Viard, 1990). Les parcs nationaux sont donc des créations et des espaces sociaux en évolution constante. En d'autres termes, ils ne sont pas des espaces « naturels » vierges mais des *artefacts* culturels forgés par l'homme (Ghimire et Pimbert, 1997, p. 4). Cependant, l'adaptation du modèle de gestion représenté par le parc national pour protéger et valoriser les espaces « naturels » du Moyen-Orient pose question. Le système des *hema* laisse penser qu'il existe d'autres formes de gestion locales, plus appropriées, moins coûteuses et moins conflictuelles qu'un système public d'aires protégées, qui consacre souvent l'exclusion des usagers locaux. Finalement, le Moyen-Orient ne nous montre-t-il pas que le modèle de parc national a évolué, voire s'est essoufflé au profit d'autres formes de gestion, définies à l'échelle locale, et d'une conception qui admet la présence de l'homme et reconnaît son influence positive sur le développement de ces espaces ?

III. Les parcs nationaux au Moyen-Orient, des espaces à vocation touristique qui concilient protection de l'environnement et développement local ?

A. Enjeux et perspectives de la valorisation touristique des parcs nationaux en milieu aride

L'émergence des parcs nationaux au Moyen-Orient se situe à la jonction entre deux philosophies différentes de la conservation. Les parcs apparus avant les années 1990 sont nés de procédures d'expropriation et de déplacement des populations locales qui accompagnaient une politique d'appropriation des territoires tribaux ou communautaires par les nouveaux États. La mise en place des aires protégées et les politiques de sédentarisation des populations bédouines ont eu des effets dévastateurs sur l'organisation des groupes, sur leurs activités économiques ainsi que sur les systèmes traditionnels de protection. Finalement, la création des parcs nationaux s'est traduite par une pression accrue sur l'environnement aux abords de ces zones et par des conflits d'usage entre les acteurs locaux et les acteurs extra-locaux. L'établissement par les autorités nationales d'aires protégées sur le modèle occidental depuis les années 1960 n'a donc pas suffi à résoudre les problèmes de surexploitation des ressources « naturelles » à proximité des aires protégées, mais il a consacré la dépossession des communautés locales de leurs droits de propriété et de leur pouvoir de décision (Chatty et Colchester, 2002, p. 219).

Depuis les années 1990, le vent a tourné. En effet, dans un contexte mondial caractérisé par de nouvelles politiques de conservation qui reconnaissent le principe d'évolution des écosystèmes, la place « bénéfique » de l'homme dans les espaces protégés et le rôle des savoirs et des pratiques traditionnels de gestion locale des ressources (Ghimire et Pimbert, 2000 ; Chatty et Colchester, 2002), le Moyen-Orient s'est tourné vers des stratégies axées sur le développement durable du tourisme (l'écotourisme) et l'implication des communautés locales dans la gestion des aires protégées. D'une part, la plupart des États s'est engagées dans un processus de développement touristique fondé sur la diversification et l'usage durable des ressources « culturelles et naturelles », l'implication accrue du secteur privé et le développement de nouvelles pratiques auprès des clientèles nationales, régionales et internationales (Hazbun, 2004, p. 7). D'autre part, afin de remédier aux conflits et à la marginalisation des populations locales, particulièrement dans les espaces arides, plusieurs mesures ont été adoptées. Parmi elles, la création de zones d'usages multiples, les consultations auprès des chefs tribaux, la multiplication des emplois de gardiens au sein des communautés ainsi que la promotion de l'écotourisme (Seddon, 2000, p. 11). Dans cette perspective, le Plan d'action conçu à la fin des années 1990 par le WCPA pour la région moyen-orientale s'est donné quatre objectifs principaux (Llewellyn, 2000, p. 4) : le développement et la mise en œuvre de programmes de formation à destination des gestionnaires, le développement de législations plus efficaces et appropriées au niveau national, la mise en place d'un certain nombre d'aires protégées pilotes, et enfin, le développement de l'écotourisme de manière à générer des bénéfices tangibles et durables. Le tourisme apparaît donc comme un argument essentiel de ces nouvelles politiques, qui soulignent les apports réciproques entre la mise en place des aires protégées, la promotion de l'activité touristique et le développement des communautés locales.

La Jordanie fait figure de pionnier. Une expérience pilote a été menée dans les années 1990 à Dana par la RSCN afin d'assurer la conservation de la nature par des projets de développement émanant des communautés (Irani et Johnson, 2000). La réserve sauvage de Dana constitue une zone de 300 km^2 au sud de la Jordanie peuplée par des tribus nomades sédentarisées auxquelles se sont joints des réfugiés palestiniens. Ces populations, qui tirent en grande partie leurs moyens de subsistance de l'exploitation de la zone, sont parmi les plus pauvres et les plus démunies de Jordanie. De surcroît, la plupart de ces communautés n'a pas été consultée lors de l'établissement de la réserve, perçue comme une forme de désappropriation à cause des mesures limitant la chasse et le pâturage. La RSCN a donc décidé d'inverser la tendance et d'établir des compensations pour les restrictions imposées aux usages traditionnels. Cette mesure s'est accompagnée d'un projet d'intégration des communautés locales dans le programme de conservation de la zone protégée. Initié par la RSCN, préparé par une équipe de la Banque mondiale et financé par le GEF, le projet *Conservation of the Dana Wildlands and Institutional Strengthening of RSCN* avait pour principe de faire de Dana un modèle régional de conservation et de développement intégré. Des changements institutionnels ont été réalisés au niveau du site, par le développement d'activités et d'entreprises gérées par les populations locales, ainsi qu'au niveau organisationnel, avec la restructuration de la RSCN. Le projet était également fondé sur une stratégie de marketing et le label « Wadi Dana ». Aux yeux des concepteurs, les résultats ont été satisfaisants. En effet, après 3 ans de fonctionnement, en 1998, les nouvelles activités à Dana avaient généré 380 000 $ en ventes et recettes touristiques, créé 55 nouveaux emplois et eu des répercussions financières positives pour 160 personnes. En 1997, les recettes touristiques ont, à elles seules, couvert 60 % des frais de fonctionnement. 70 % des visiteurs étaient Jordaniens. En définitive, les concepteurs se félicitent d'avoir modifié l'attitude des populations locales à l'égard de la réserve (Irani et Johnson, 2000, p. 43).

Dans la lignée de cette expérience, les initiatives se sont multipliées ces dernières années. Dans les pays du Golfe, un processus de développement et de diversification touristique fondé sur la mise en valeur des aires protégées s'est engagé depuis une dizaine d'années. La stratégie, définie à l'échelle régionale, est fondée sur la promotion de l'écotourisme et la valorisation d'un ensemble hétérogène d'écosystèmes susceptibles de devenir le support d'activités multiples, telles la marche et l'escalade, la plongée, l'observation des tortues de mer sur le littoral de la mer d'Oman, la randonnée dans le désert et le « *birdwatching* » (Mohammed, 2000, p. 39). Toutefois, malgré ces essais positifs, les impacts liés à création de ces espaces sont plus mitigés qu'il n'y paraît. Les différentes mesures sont également difficiles à apprécier et à évaluer, notamment sur le court terme. De surcroît, d'autres expériences suggèrent que les bénéfices sont souvent inégalement répartis et que l'association des communautés locales n'est que partiellement achevée, celles-ci ne participant pas réellement aux processus décisionnels.

B. Les limites de la participation des populations locales à la gestion du tourisme dans les parcs nationaux

Malgré les effets potentiellement positifs du tourisme comme activité alternative à l'exploitation agro-pastorale et vecteur de développement local, les critiques demeurent nombreuses. L'anthropologue Dawn Chatty estime en effet que les projets de conservation et de développement de l'écotourisme continuent de considérer les populations locales comme un obstacle plutôt que comme des partenaires. Par exemple, les populations bédouines n'ont jamais été consultées lors de la création du sanctuaire de l'oryx arabe en Oman. De même, en Syrie, le projet de création d'une réserve naturelle dans la steppe de Palmyre n'intègre par réellement les Bédouins dans la planification et la mise en œuvre du programme (Chatty et Colchester, 2002, p. 227-243).

Le cas du parc archéologique de Pétra, qui compte parmi les parcs nationaux les plus fréquentés de Jordanie, témoigne aussi des impacts mitigés des projets de développement de l'écotourisme. Le parc national, formé du site archéologique de Pétra et de la réserve « naturelle » de Wadi Rum, fut créé dans les années 1990 pour remédier aux impacts négatifs induits par l'exploitation agricole, les constructions anarchiques et la fréquentation touristique (qui avait été stimulée par l'inscription du site au Patrimoine mondial en 1985). Dans le cadre du second programme de développement touristique de la Jordanie, soutenu par la Banque mondiale, le ministère du Tourisme et des Antiquités de Jordanie (MOTA) adopte un plan de conservation et de développement de la communauté locale installée dans le village de Wadi Rum (qui s'était développé à partir des années 1960). La stratégie vise à re-développer un tourisme qui avait été librement organisé par les populations bédouines, afin de mieux préserver les écosystèmes et d'associer la conservation au développement humain. La participation des populations bédouines à la planification et à la réalisation du projet est donc considérée comme essentielle, même si, dans les faits, ce sont les intérêts des institutions gouvernementales et des acteurs touristiques extra-locaux qui ont été favorisés (Chatelard, 2003, p. 138-139).

Un plan de gestion, élaboré avec le concours de l'UNESCO, prévoit en effet la création d'un parc protégé de 900 km^2 (Ayad, 1999). Le parc est divisé en 7 zones et mis sous la responsabilité d'un organisme de coordination, le *Petra Regional Planning Council* (PRPC), créé en 1995 et présidé par le ministère du Tourisme. Il regroupe les représentants du MOTA, de l'ASEZA (*Appui au développement régional de la zone économique spéciale d'Aqaba*), de la RSCN, et de la RTC, coopérative touristique créée en 1984 et formée des populations bédouines de Wadi Rum. Son poids politique est en réalité insuffisant pour contrôler tous les aménagements réalisés dans sa zone de compétence (Ayad, 1999). Une fondation privée est également créée, le *Petra National Trust*, et la Jordanie reçoit l'aide de l'agence de coopération allemande GTZ. Depuis 2001, le parc est sous l'autorité de l'ASEZA, qui est chargé de sa mise en place. Cependant, malgré la mobilisation de ces différents acteurs, les conflits de représentation et d'usage entre les organisations gouvernementales (ASEZA, MOTA), les institutions internationales, la RSCN et les populations locales se sont renforcés.

De même, les retombées du projet ont été mitigées. D'un côté, la création du parc a généré des emplois au niveau local et a amélioré les niveaux de vie par la mise en place d'infrastructures. De l'autre côté, l'environnement n'a pas été réellement protégé et la construction d'infrastructures non réglementaires s'est poursuivie (Ayad, 1999). Les impacts socio-économiques sur les populations locales sont également contrastés, d'autant que le re-développement du tourisme les a dépossédées du droit d'initiative et a renforcé la rivalité entre les différentes tribus. Les conclusions de l'anthropologue G. Chatelard, qui a mené un travail de terrain dans la réserve de Wadi Rum, sont à ce titre peu positives. En effet, même si les Bédouins continuent de jouer un certain rôle en qualité de guides ou de chauffeurs, ils ont également développé un sentiment de rejet à l'égard d'un projet qu'ils estiment leur être imposé (Chatelard, 2003, p. 140-143 et 152-153).

En définitive, malgré les efforts de gestion de l'activité touristique et d'implication des populations locales dans celle-ci, le parc national de Pétra-Wadi Rum présente un exemple d'aire protégée où la répartition des bénéfices liés à la mise en valeur demeure inégale et profite plus aux acteurs publics et privés extérieurs au territoire (notamment les institutions et les entrepreneurs touristiques) qu'aux populations bédouines limitrophes. Le fait intéressant est que ces dernières avaient un pouvoir relatif d'initiative avant l'intervention des institutions nationales et internationales. Comme l'ont montré D. Chatty et G. Chatelard, le principal problème réside dans la reconnaissance des droits de propriété et d'usage des ressources « naturelles » par les Bédouins, mais aussi dans l'imposition de projets de valorisation touristique qui méprennent leur avis. Le sentiment d'incompréhension et de dépossession du pouvoir de décision sur l'avenir de la région ne peut, en ce sens, qu'être renforcé. Même si la Jordanie fait exception par des mesures plus concrètes d'implication des populations dans la gestion de l'activité touristique, cette intégration ne se fait pas sans heurts et sans conflits entre les usagers. *In fine*, la reconnaissance des droits de propriété et d'usage de ces populations sur les espaces « naturels » de même que la compréhension de leurs représentations à l'égard de la mise en valeur de l'environnement est fondamentale. À ces conditions, le tourisme, en tant qu'activité gérée de manière conjointe par les autorités centrales, les institutions régionales et locales ainsi que les populations présentes dans les espaces protégés, peut représenter une alternative et un vecteur potentiel de dynamiques territoriales tant nationales que locales.

IV. L'avenir des parcs nationaux au Proche-Orient et au Moyen-Orient

Les parcs nationaux constituent une catégorie peu représentative des aires protégées de la région moyen-orientale, qui se caractérise également par une faible densité d'espaces protégés. Outre la maigre emprise du secteur privé, l'insuffisance des initiatives émanant de la société civile, les capacités déficientes des gouvernements et les conditions physiques et démographiques particulières de la région, le parc national et le système d'aires protégées défini par l'IUCN semblent peu adaptés au contexte moyen-oriental, où d'autres formes de protection et de mise en valeur des espaces « naturels » se sont développées, sous le couvert d'un rapport spécifique, mais méconnu, des sociétés arabo-musulmanes à l'environnement.

Néanmoins, les différents États du Moyen-Orient font preuve d'un intérêt de plus en plus prononcé à développer des réseaux d'aires protégées inspirés des expériences occidentales, sur la base d'approches plus attentives à impliquer les populations dans la gestion et la mise en valeur de ces espaces. Cette mise à l'agenda politique s'inscrit dans des stratégies visant à réconcilier conservation de la nature et développement humain, mais leur succès est conditionné par une réelle coordination entre les partenaires internationaux, nationaux et locaux. Ceci ne semble possible qu'au prix de changements profonds des modes de gouvernement et de gouvernance des États et d'une véritable reconnaissance des droits de la société civile et des populations nomades.

De surcroît, les espoirs portés sur le tourisme doivent être nuancés en fonction des impacts diversifiés que la fréquentation engendre sur l'environnement naturel et humain. Comme le montre le cas de Pétra, le tourisme ne contribue pas nécessairement à réconcilier la protection de l'environnement et le développement des communautés. Toutefois, il peut représenter une alternative aux activités traditionnelles qui surexploitent l'environnement « naturel », à condition d'être géré par et pour les usagers locaux. Ce serait donc au prix d'une décentralisation et d'un renforcement du pouvoir décisionnel de la société civile que le tourisme pourrait devenir le levier de dynamiques sociales et territoriales positives, ainsi que le vecteur d'une sensibilisation à la protection de l'environnement.

Enfin, cet article désire susciter le développement de recherches empiriques sur les parcs nationaux du Moyen-Orient davantage axées sur une approche monographique et nationale. Plus largement, l'analyse soulève une réflexion sur la nature et la diffusion du modèle de parc national, qui semble loin d'être une forme standardisée de protection, de gestion et de valorisation des espaces « naturels ».

Bibliographie

- Abu-Izzeddin F., 2000 : « The Protected Areas Project in Lebanon: Conserving an Ancient Heritage », *Parks*, vol. 10, n° 1, p. 25-32.
- Ayad C., juillet/août 1999 : Pétra et les nouveaux envahisseurs. *Le Courrier de l'UNESCO*, n° 76, p. 40-42.
- Bauman J., 2005 : « Tourism, the Ideology of Design, and the Nationalized Past in Zippori/ Sepphoris, an Israeli National Park », in Rowan Y. et Baram U. (coord.)., *Marketing Heritage. Archaeology and the Consumption of the Past*, Altemira Press, p. 205-227.
- Chape S. *et al.* (comp.), *2003 United Nations List of Protected Areas*, UK and UNEP World Conservation Monitoring Centre, 2003, 49 p.
- Chatelard G., 2003 : « Conflict of interests over the Wadi-Rum Reserve : Were they avoidable ? a Socio-Political Critique », *Nomadic Peoples*, vol. 7, n° 1, p. 138-158.
- Chatty D. et Colchester M., 2002 : *Conservation and Mobile Indigenous Peoples. Displacement, Forced Settlement, and Sustainable Development*, Berghahn Books, 392 p.
- Ghabbour S. I., 1975 : « National Parks in Arab Countries », *Environmental Conservation*, vol. 2, n° 1, p. 45-46.
- Ghimire K. B. et Pimbert M. P., 1997 : *Social Change and Conservation. Environmental Politics and Impacts of National Parks and Protected Areas*, UNRISD, Earthscan Publications Limited, 342 p.
- Hazbun W., 2004 : « A New Agenda for Tourism Development in the Arab World », in Armanazi G. (coord.), *The New Agenda : The Arab World in the 21st Century*, Le Caire, p. 1-22.
- Irani K. et Johnson Ch., 2000 : « The Dana Project », Jordan, *Parks*, vol. 10, n° 1, p. 41-44.
- Larrère R. et C., 1997 : *Du bon usage de la nature : pour une philosophie de l'environnement*, Aubier, coll. « Alto », 355 p.
- Lachaux C., 1980 : *Les parcs nationaux*, 1re éd., Puf, 127 p.
- Llewellyn O., 2000 : « The WCPA Regional Action Plan and Project Proposal for North Africa and the Middle East », *Parks*, vol. 10, n° 1, p. 2-10.
- Mohammed S.A., 2000 : « Towards an Ecotourism Programme in the GCC Countries », *Parks*, vol. 10, n° 1, p. 37-40.
- Mutin G., 2001 : *Géopolitique du monde arabe*, Ellipses, coll. « Carrefours de géographie », 158 p.
- De Planhol X., 1993 : *Les nations du Prophète, Manuel géographique de politique musulmane*, Fayard, 894 p.
- Richez G., 1992 : *Parcs nationaux et tourisme en Europe*, L'Harmattan, 421 p.
- As-Sayyed J. M., 2000 : *Les questions de l'environnement à travers le Coran et la Sunna*, Publications de l'IESCO, 100 p.
- Seddon P. J., 2000 : « Trends in Saudi Arabia : Increasing Community Involvement and Potential Role for Eco-Tourism », *Parks*, vol. 10, n° 1, p. 11-24.
- Pourtier P., 2006 : (coord.), *Géopolitique de l'Afrique et du Moyen-Orient*, Nathan, coll. « Nouveaux continents », 351 p.
- Viard J., 1990 : *Le tiers espace : essai sur la nature*, Méridiens Klincksiecck, coll. « Analyse institutionnelle », 153 p.

Rapports non consultés mais mentionnés dans la bibliographie traitée

- Jafar M.A., 1984 : *National Parks and Nature Reserves in the Arab World,* The Arab League Educational, Cultural, and Scientific Organization, Department of Sciences.
- Jungius H., 1987 : *The Establishment of National Parks and Protected Areas in the Arid Zone : a Contribution to Conservation and Rational Utilization of Natural Resources.* First Symposium on the Potential of Wildlife Conservation in Saudi Arabia, Riyadh, 15-18 février 1987, NCWCD, 11 p.

Ressources électroniques sélectionnées

- World Database on Protected Areas
  http://sea.unep-wcmc.org/wdbpa
- IUCN (1992). Protected Areas of the World : A review of national systems
  http://sea.unep-wcmc.org/sites/country/are.html
- Unep-wcmc : parcs et aires protégées
  http://www.unep-wcmc.org/protected_areas/protected_areas.htm

Tableau synthétique et comparatif des aires protégées
et parcs nationaux du Moyen-Orient.

États	Superficie des aires protégées [1]		Nombre d'aires protégées [2]		Cadre juridique Typologie des espaces protégés [3]	Acteurs [4]	Structure et gestion des usages dans les PN [5]
	Superficie (ha)	*% territoire*	*Parcs nationaux*	*Total*			
Arabie Saoudite	82 643 217	37	3 Asir Hema Hureimla NP (Proposé) Hima Huraymila (Désigné)	81	Formes traditionnelles *(hema)*, abandonnées dans les années 1960. 1986 : décret royal qui attribue au gouvernement le rôle de définir et de créer un système d'aires protégées + établissement de la NCWCD, Commission Nationale pour la Conservation et le Développement de la vie sauvage. 1987-1990 : premier plan d'action. **6 TYPES d'espaces protégés** sont définis : Parc national Réserve naturelle spéciale Réserve naturelle Réserve biologique Réserve d'utilisation de ressources Réserve de chasse contrôlée	NCWCD, chargée de définir une stratégie nationale Ministère de l'Agriculture et de l'Eau, formé notamment du Département Général des parcs nationaux (DGNP) MEPA, Agence de Météorologie et de Protection Environnementale	Le PN est un espace de protection et de restauration de la vie sauvage, mais il est consacré à différents usages et protégé en vertu d'un zonage défini. La chasse est limitée. Le tourisme est reconnu comme une activité majeure. Les constructions et habitations sont permises.
Bahrain	6 000	1,2	0	5	Formes traditionnelles *(hema)* 2e moitié du XXe siècle : les parcs et réserves sont établis par des décrets ministériels 1980 : Création du Comité de protection de l'environnement **4 TYPES d'espaces protégés** Réserve sauvage Aire au statut complètement protégé Aire au statut de conservation Aire au statut de gestion saisonnière	Comité de Protection de l'Environnement et Secrétariat Technique de Protection de l'Environnement Conseil de la Présidence de l'État Directorat des Affaires Environnementales (ministère de la Santé) Société d'Histoire Naturelle de Bahrain (BNHS)-ONG	

États	Superficie des aires protégées [1]		Nombre d'aires protégées [2]		Cadre juridique Typologie des espaces protégés [3]	Acteurs [4]	Structure et gestion des usages dans les PN [5]
	Superficie (ha)	*% territoire*	*Parcs nationaux*	*Total*			
Émirats arabes unis	455 866	3,9	4+1 marin Ain al Faydah Jebel Hafit Mushrif Mushrif Ras Ganadah	19	La législation relative à la protection de l'environnement est inexistante. L'initiative de création d'espaces protégés est privée et émane essentiellement des familles dirigeantes Seul Dubaï a désigné un parc national **3 TYPES d'espaces protégés** Parc national Sanctuaire ornithologique Sites de tortues de mer	Comité permanent pour la conservation et l'écologie (Abu Dhabi) ministère de l'Agriculture ministère de la Santé et HEC, Comité Supérieur de l'Environnement Groupe d'Histoire Naturelle des Émirats (ONG)	Le PN est une aire de végétation naturelle étendue. Son accès est limité et payant.
Sultanat d'Oman	298 284	11,2	1 Al Saleel	6	Formes traditionnelles *(hema)*. 1979 : Décret sur l'établissement des parcs nationaux et des réserves naturelles. 1991 : La responsabilité de la conservation de la nature passe du Diwan de la Cour royale au ministère de l'Environnement et des Ressources en Eau. **7 TYPES d'espaces protégés :** Parc national Réserve naturelle Rivage protégé Eau de pêche protégée Zone de tortues protégée Zone de réserve 1 et 2	Conseil de la Conservation de l'Environnement et des Ressources en Eau (ministère de l'Environnement) PCDESR : Comité de Planification du Développement et de l'Environnement dans la Région du Sud ministère du Commerce et de l'Industrie (Directorat du Tourisme) ministère de l'Agriculture et de la Pêche	Le PN est une zone d'accès et d'usage limités.
Qatar	13 669	0,6	0	13	Formes traditionnelles *(hema)* Législation embryonnaire et gestion inadéquate	Famille royale Ministère de l'Industrie et de l'Agriculture (Comité pour la Protection de l'Environnement) Ministère de l'Information Société d'Histoire Naturelle du Qatar + Société Ornithologique (ONGs)	-

États	Superficie des aires protégées [1]		Nombre d'aires protégées [2]		Cadre juridique Typologie des espaces protégés [3]	Acteurs [4]	Structure et gestion des usages dans les PN [5]
	Superficie (ha)	*% territoire*	*Parcs nationaux*	*Total*			
Yémen	362 500	0,59	0	4	Formes traditionnelles de protection *(mahjour)* Aucune mesure de protection de l'environnement avant l'unification, si ce n'est en République démocratique populaire du Yémen, où le Conseil national de l'environnement est établi en 1976. 1986 : Loi forestière dans l'ancienne République du Yémen, non ratifiée depuis l'unification. 1987 : EPC, Conseil de protection de l'Environnement Mais politique environnementale faible	Ministère de l'Agriculture et des Ressources en Eau Ministère du Tourisme EPC Juridiction de l'armée sur la mangrove Institution des Awqafs Faculté des sciences de l'université de Sana'a et université d'Aden Centre de recherche en Sciences et ressources marines ONG peu nombreuses (Société de la Nature et d'ornithologie du Yémen) Initiatives au niveau privé ou tribal	-
Irak	541	0,001	0	8	Législation faible et inadéquate **6 TYPES d'aires protégées** : parc de loisirs réserve naturelle Sanctuaire d'oiseaux Forêt protégée Réserve sauvage Aire de pêche	ministère des Affaires du Nord (Conseil de la Protection de l'Environnement et Directorat Général des Forêts et Plantations) ministère de l'Agriculture et de l'Irrigation Département de la Recherche (Conseil de la planification et de la coordination de la recherche)	-

États	Superficie des aires protégées [1]		Nombre d'aires protégées [2]		Cadre juridique Typologie des espaces protégés [3]	Acteurs [4]	Structure et gestion des usages dans les PN [5]
	Superficie (ha)	*% territoire*	*Parcs nationaux*	*Total*			
Jordanie	973 403	10,9	5 (5 % des aires protégées) Dibeen Petra Shtafina Wadi Rum Zai	36	Les mesures de protection de l'environnement sont assurées par des édits royaux spécifiques. La protection de l'environnement est au programme du plan de développement de 1986-1990. 2002-2003 : Loi environnementale **6 TYPES d'aires protégées** : parc national réserve faunistique paysage naturel réserve de chasse espace protégé espace récréatif	Ministères de l'Agriculture, de l'Environnement, du Tourisme et des Antiquités Famille royale Société privée indépendante : *Royal Society for the Conservation of Nature,* Société civile : *Friends of Environment Society, Jordan Environment Society, Royal Marine Conservation Society of Jordan...* *The Higher Council for Science and Technology* – université de Jordanie	Le PN est une aire de protection, en particulier des monuments archéologiques, ainsi qu'une aire récréative et touristique. Des zones tampons autour des monuments sont aménagées. Par contre, peu de mesures pour protéger l'environnement naturel ont été prises.
Koweït	59700	2,57	1 (3 % des aires protégées) Jal Az-Zor	7	Formes traditionnelles *(hema)* 1980 : décret-loi régissant les aires protégées et formulant une politique générale pour la protection de l'environnement. **2 TYPES d'aires protégées** Parc national Réserve naturelle	Conseil de Protection de l'Environnement (EPC) – ministère de la Santé Publique	Le PN a pour objectif de préserver les composantes naturelles et écologiques, d'éduquer, de favoriser la recherche et d'offrir des facilités de formation.
							L'élevage est limité, la chasse interdite.

États	Superficie des aires protégées [1]		Nombre d'aires protégées [2]		Cadre juridique Typologie des espaces protégés [3]	Acteurs [4]	Structure et gestion des usages dans les PN [5]
	Superficie (ha)	*% territoire*	*Parcs nationaux*	*Total*			
Liban	7818	0,5	5 Ammiq Swamps Barouk Cedar Forest Mashgara Qaraoun Lake Terbol	24	La réglementation concernant la création d'espaces protégés est peu développée. Un projet appelé SISPAM, financé par l'UE, est en cours de réalisation afin d'élaborer un système de classification et de définir des critères de classement. **6 TYPES d'espaces protégés ont été redéfinis** Réserve naturelle Site naturel (ministère de l'Environnement) *Hema* et forêts (ministère de l'Agriculture) Site touristique (ministère du Tourisme) Site et monument naturels (décrets) Site naturel ou d'importance écologique ayant besoin de protection	Le ministère de l'Environnement libanais a été institué en 1993. Auparavant, les espaces protégés étaient créés, déterminés et administrés par un organe différent. Ministère de l'Agriculture (Direction des Forêts et des Ressources Naturelles) Ministère du Tourisme SPNC pour les parcs nationaux Conseil National de la Recherche Scientifique	Les PN sont des aires de conservation de la nature, où l'ensemble de la faune et de la flore doit être préservé. Un système de zonage définit des zones où le public et les touristes sont acceptés. Une permission spéciale doit être obtenue pour les recherches scientifiques. L'agriculture et l'élevage sont interdits.
Syrie	358348	1,89	0	28	Les espaces protégés syriens sont suivis avec beaucoup d'intérêt par la communauté scientifique nationale. Cependant la législation et l'administration qui les concernent sont encore à leurs débuts. **3 TYPES d'espaces protégés** Zone de protection forestière de l'État Eau publique protégée Réserve d'élevage clôturée	Ministères de l'Agriculture et de la Réforme Agraire, de l'Environnement et de l'Éducation Supérieure Département de Zoologie (université de Damas) Union des Agronomes Arabes (1968) Centre Arabe pour l'étude des zones arides (ACSAD) Organisations communautaires semi-gouvernementales	
Territoires palestiniens	0	0	0	0			

États	Superficie des aires protégées [1]		Nombre d'aires protégées [2]		Cadre juridique Typologie des espaces protégés [3]	Acteurs [4]	Structure et gestion des usages dans les PN [5]
	Superficie (ha)	*% territoire*	*Parcs nationaux*	*Total*			
Israël	414 527	16,45	71 (31 % des aires protégées)	228	1963 : loi créant les parcs nationaux et réserves naturelles + mise en place des autorités *National Park Authority* (NPA) *et National Reserve Authority* (NRA) pour l'administration. 1973 : création du Service de Protection de l'Environnement du ministère de l'Intérieur qui a le pouvoir de définir les zones protégées ; le ministère de l'Agriculture est chargé de leur administration. 1988 : le ministère de l'Environnement remplace le Service de Protection de l'Environnement **6 TYPES d'espaces protégés** : Parc national Réserves naturelles Réserves scientifiques (parc national) Réserve naturelle « gérée » (parc national) Parc marin Réserve forestière	NPA (ministère de l'Intérieur) et NRA (ministère de l'Agriculture) ministère de l'Environnement Département des Forêts (ministère de l'Agriculture) Fondation Rotschild SPNI, Société pour la protection de la Nature en Israël. Organisations volontaires regroupées sous les auspices de « Vie et Environnement »	Les PN sont sous la juridiction de la NPA, il s'agit d'aires naturelles ou semi-naturelles destinées à « *distraire les visiteurs* ». Ils comprennent « *des zones de protection naturelles, des paysages travaillés par l'homme, des sites archéologiques et des installations récréatives* ».
Afghanistan	218 629	3,3	4 (0,1 % des aires protégées) Ab-i-Estada Ajar Valley Band-e Amir Nuristan	7	Formes traditionnelles (héritage mongol) Début du XXe siècle, création de réserves de chasse pour la famille royale 1973 : création officieuse du premier parc national (Band-e Amir) 1977 : protocole entre le ministère du Tourisme et le département des Forêts et Prairies sur la gestion des parcs nationaux **2 TYPES d'espaces protégés** Sanctuaire ou réserve de gibier d'eau Parc national	ministère de l'Agriculture et de la Réforme Agraire, composé du département des Forêts et Prairies créé en 1957, devenu, en 1973, le Directorat de la Nature et des Parcs nationaux	Les PN sont destinés à conserver les paysages naturels. Grâce à un système de zonage, ils se prêtent au développement touristique.

États	Superficie des aires protégées [1]		Nombre d'aires protégées [2]		Cadre juridique Typologie des espaces protégés [3]	Acteurs [4]	Structure et gestion des usages dans les PN [5]
	Superficie (ha)	*% territoire*	*Parcs nationaux*	*Total*			
Iran	11 463 764	6,7	16 (0,7 %)	152	1792-1830 : réserves de chasse impériales 1927 : première réserve sauvage 1956 : création du département des Jeux et de la Pêche + loi de protection et d'exploitation des forêts et des pâturages + loi sur les jeux et la pêche 1967 : promulgation de la Loi sur la protection et l'exploitation de la forêt et des pâturages 1974 : adoption de l'Acte de protection et de mise en valeur de l'environnement qui définit quatre catégories d'aires protégées dont le parc national (anciennement les parcs de nature) **6 TYPES d'espaces protégés** Parc national = PARK-E-MELLI Aire protégée Monument naturel national Parc forestier Rivière protégée Refuge de pêche	Département de l'Environnement (1972) dont la Division des parcs et de la Nature Ministère de l'Agriculture et des Ressources Naturelles Ministère de l'Énergie universités	Les PARK-E-MELLI sont des aires naturelles ou semi naturelles, présentant des caractéristiques exceptionnelles géologiques, écologiques, historiques, archéologiques. Elles sont créées à des fins de préservation, de conservation et de récréation. Grâce au zonage certains usages comme l'agriculture, le pâturage, l'occupation humaine sont tolérés.

États	Superficie des aires protégées [1]		Nombre d'aires protégées [2]		Cadre juridique Typologie des espaces protégés [3]	Acteurs [4]	Structure et gestion des usages dans les PN [5]
	Superficie (ha)	*% territoire*	*Parcs nationaux*	*Total*			
Turquie	3 353 170	3,9	32	477	XIXe début XXe siècles : Loi ottomane sur l'administration forestière 1949 : établissement des parcs nationaux 1956 : Loi forestière qui définit les parcs nationaux = MILLI PARK (ministère de la Sylviculture) 1983 : Le ministère de l'Agriculture, de la Sylviculture et des Affaires Rurales adopte la Loi des parcs Nationaux, ainsi que la Loi sur l'Environnement. Les plans de gestion des parcs nationaux remontant aux années 1960 et ont un besoin urgent d'être renouvelés. **4 TYPES d'espaces protégés** (Loi en vigueur depuis 1983) Parcs nationaux Parcs naturels Monuments naturels Réserves naturelles.	Ministère de l'Agriculture, de la Sylviculture et des Affaires Rurales (Directorat général de la sylviculture et département des parcs nationaux) Institut de recherche en sylviculture (université d'Ankara) Fonds des parcs nationaux *US National Park* (aide à la définition de plans de gestion) 1988 : Autorité pour la Protection des Aires Spéciales (ministère de l'Environnement)	Le PN est un territoire appartenant à l'État d'au moins 500 ha qui possède des valeurs naturelle, historique, archéologique, récréative, scientifique et esthétique importantes. Y sont prohibés la coupe du bois, la chasse et l'extraction de minerais. Les parcs sont divisés en plusieurs zones : zone de protection/zone tampon/zone d'établissement. Un plan de gestion doit être établi pour chaque site.

1. WDPA (Statistiques par pays, année 2006).
2. Nous avons retenu le nombre d'aires protégées fourni dans la WDPA. Le nombre de parcs nationaux a été déterminé à partir de la même base de donnée, en effectuant une recherche par pays et par site.
3. IUCN (1992). *Protected Areas of the World : A Review of National Systems.*
4. Nous reprenons les acteurs impliqués à différents niveaux (initiative, décision, gestion).
5. IUCN (1992). *Protected Areas of the World : A Review of National Systems.*

Dossier n° 3

Une montagne emblématique aux multiples enjeux : le parc national du Triglav (Slovénie)

Christophe Gauchon

Jeune État né en 1991, la Slovénie hérite d'un parc national pressenti dès l'époque autrichienne et créé à l'époque yougoslave. À ce titre le parc national du Triglav (*Triglavski narodni park*, ou TNP dans la suite du texte) introduit dans le territoire slovène un élément de continuité d'autant plus fort que, dans le même temps, le Triglav lui-même (2 864 m) s'affirme comme le sommet emblématique des Alpes slovènes, voire, par un effet de synecdoque, de la Slovénie tout entière. Le parc national du Triglav doit donc être envisagé dans les rapports complexes qu'il entretient avec le sommet éponyme, d'autant plus qu'il s'agit aujourd'hui encore du seul parc national du pays. Cette situation particulière, dont on retrouve l'équivalent en Suisse avec le bien nommé « parc national suisse », confère au parc national un statut différent de ceux implantés dans des pays possédant plusieurs parcs nationaux.

Depuis sa création, les limites du parc ont changé à plusieurs reprises, entre autres du fait des changements de frontière ; l'organisation interne en a également été modifiée, ainsi que la politique de protection au regard des différentes activités qui s'y déploient (agro-pastoralisme, tourisme, transports...). Couvrant un peu plus de 838 km^2 (soit plus de 4 % du territoire national, contre 0,4 % pour le parc national suisse), le TNP juxtapose selon un découpage complexe une zone centrale et une zone périphérique. Comme de nombreux parcs nationaux des Alpes, sa genèse n'a pas été exempte de conflits et de tractations, et le parc fait aujourd'hui l'objet d'une tentative de reformulation et de réappropriation à travers un projet d'inscription au Patrimoine mondial de l'Humanité au titre des paysages culturels !

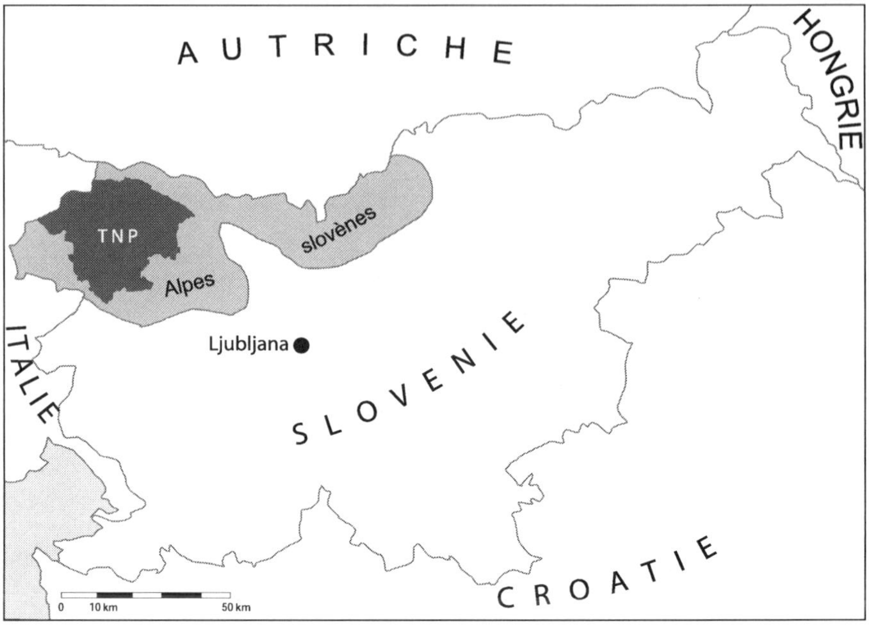

Carte 5. Carte de localisation.

I. Les limites du TNP : identification d'un espace protégé

Décréter la création d'un espace protégé est une chose ; en préciser les limites en est une autre, et cette étape est souvent révélatrice des enjeux et des tensions qui accompagnent le projet. De ce point de vue, il est possible de distinguer d'une part les parcs dont les limites sont restées immuables depuis leur institution et tel est le cas des parcs nationaux français, d'autre part les parcs dont les limites actuelles résultent d'une évolution parfois heurtée et complexe au fur et à mesure que les enjeux de protection étaient reformulés. Le parc national du Triglav appartient à n'en pas douter à cette deuxième catégorie.

A. La genèse complexe du parc national du Triglav

L'histoire de la création du TNP a souvent été retracée, et il nous suffit ici de nous appuyer sur J. Bizjak et St. Klemenc (1994) pour la rappeler à grands traits. C'est en 1908, sous la monarchie austro-hongroise, que le professeur de chimie et fondateur de l'observatoire séismique de Ljubljana, Albin Belar (1864-1939) propose la création d'un « *parc de conservation de la nature au-dessus de la falaise de Komarča* ».

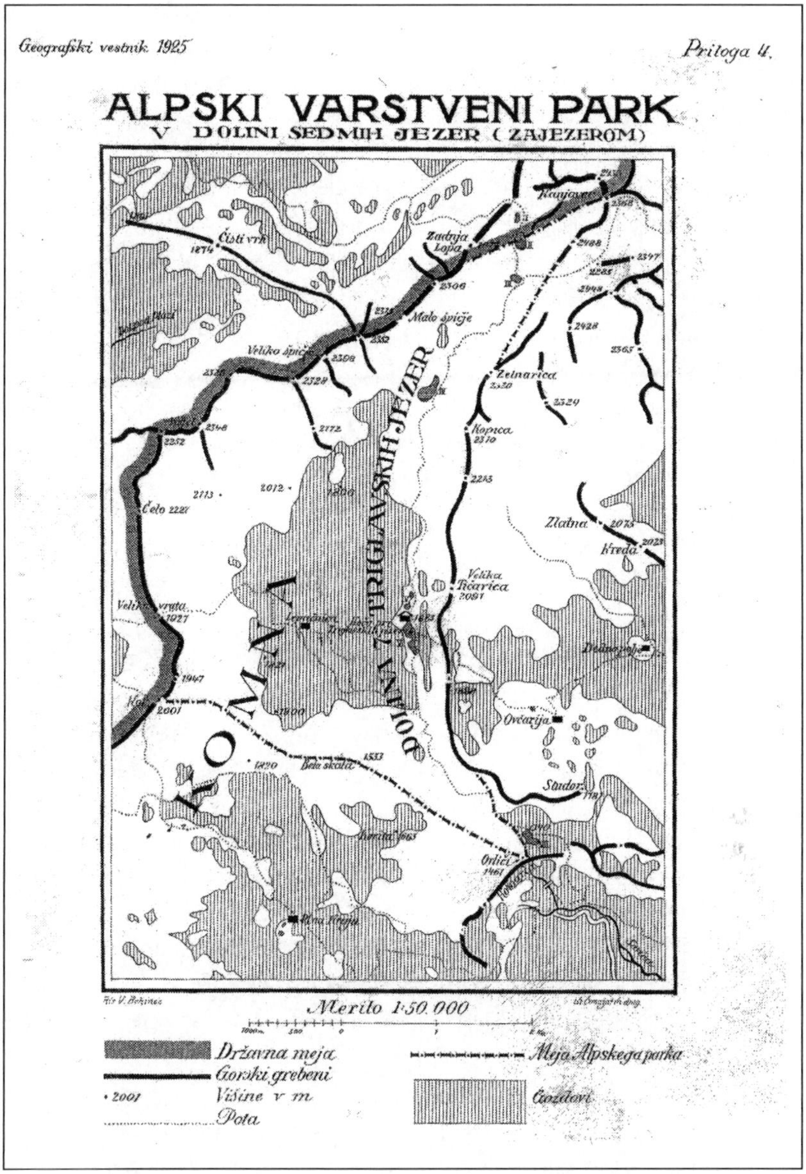

Figure 3. Le premier plan du parc, dressé par Valter Bohinec, in Hafner, *Geografski Vestnik*, 1925. Les traits noirs épais correspondent aux lignes de crête, la bande grise à la frontière italo-yougoslave (qui coupe en deux le lac situé à l'amont de la vallée), le trait en pointillés à la limite du parc. Les zones hachurées désignent les forêts. Carte au 1/50 000 (11,5 x 20 cm, Bibliothèque Nationale et Universitaire, Ljubljana, Č 91/II 42699).

Ce projet n'aboutit pas, mais en 1920, treize personnalités soumettent au gouvernement régional de Ljubljana un mémorandum « *pour la protection de la nature et des monuments naturels* ». Ce mémorandum, connu sous le nom de *Spomenica*, a souvent été présenté comme le texte fondateur de la protection de l'environnement en Slovénie (Peterlin, 1981) ; l'argumentaire est suffisamment intéressant pour que l'on en cite le paragraphe introductif :

« *Presque tous les pays civilisés ont compris la nécessité de préserver des secteurs de beauté naturelle et, dans ce but, ont soit fondé eux-mêmes des parcs de conservation de la nature, soit contribué à leur création par des financements ou en facilitant la maîtrise foncière. Dans de tels parcs, la faune et la flore jouissent d'une protection intégrale. Il est évident que dans notre pays, qui surpasse bien des pays européens en termes de flore, de faune et de géologie, il y a un besoin urgent de commencer un travail sérieux dans ce sens, de sauvegarder pour la recherche scientifique tout ce qui peut être sauvé, si nous voulons pouvoir nous défendre nous-même contre les critiques largement justifiées selon lesquelles nous ne serions pas un peuple civilisé et que nous serions incapables de comprendre l'importance de la protection de la nature* » (trad. fr. Vesna Kralj).

Alors que le parc national suisse a été créé en 1914, alors que les voisins italiens s'apprêtent à créer en 1922 leur premier parc dans le massif du Grand Paradis, les Slovènes ne sont pas à proprement parler en retard. Mais l'émulation est un moteur puissant, et le complexe d'infériorité très balkanique et la crainte de passer pour un peuple arriéré poussent la Slovénie à prendre des mesures concrètes : c'est pourquoi les signataires de ce texte très politique font de la création de « *parcs dans les Alpes, dans les moyennes montagnes et dans les zones humides* » une priorité. Même si ce texte fondateur ne parle pas explicitement du Triglav, le débat est ouvert, et dès l'année suivante, une « *loi de régulation de la protection des espèces animales et végétales rares ou typiquement slovènes et d'importance scientifique* » est votée le 19 février 1921 (Duval, 2007, p. 46).

En 1924, la proposition de *Spomenica* se concrétise, avec la création d'un « *parc alpin de conservation* » de 1 400 hectares dans la vallée des lacs du Triglav. Le parc repose sur un bail de 20 ans, co-signé par la section pour la conservation de la nature de la Société du Musée de Ljubljana, le Club Alpin slovène et l'administration forestière agissant au nom d'un fonds religieux. Selon T. L. Klavžer *et al.* (2001), la fin du bail vicennal approchant, une réflexion s'engage en 1939-1940 sur la pérennisation et l'extension du parc, mais en 1941 la guerre interrompit ces velléités. Légalement, l'existence du parc connut donc une sorte d'hiatus entre 1944 et 1961. À cette date, le parc national du

Triglav est réinstallé dans des limites presque inchangées, à peine étendues vers l'aval pour inclure le lac noir qui était resté hors du périmètre de 1924 (carte *in* Peterlin, 1965, p. 27). Le parc passait ainsi à 2000 hectares : « *bien que trop petit au regard des standards internationaux, notre parc national du Triglav trouvait sa place parmi les 13 parcs nationaux de notre État* », c'est-à-dire de la Yougoslavie (idem, p. 5, trad. fr. Maja Kranjc).

Mais c'est « *l'Acte sur le Patrimoine naturel et culturel* » qui marque en 1981 l'étape décisive, en refondant le statut du TNP, en étendant considérablement le périmètre et en lui donnant sa réglementation et ses contours actuels.

Quatre dates, trois appellations, trois conceptions de l'espace protégé

1908 : projet de « Parc de conservation de la nature au-dessus de la falaise de Komarča » (*Naravovarstveni park nad Komarčo*) formulé par le professeur Albin Belar.

1924 : création d'un « Parc alpin de conservation dans la vallée des lacs du Triglav » (*Alpski varstveni park v Dolini Triglavskih jezer*), 1 400 hectares.

1926 : le professeur Jesenko est le premier à parler de « parc national du Triglav ». L'appellation reste officieuse.

1961 : décret portant création du « parc national du Triglav », 2000 hectares.

B. La lente évolution des contours du TNP

En 1924 comme en 1961, le Parc du Triglav couvre précisément la « vallée des lacs », une unité paysagère simple de quelques km^2 (figure 3). Ses limites répondent à une logique liée aux objectifs mêmes de protection. Mais elles sont aussi contraintes par une donnée majeure : la présence de la frontière. La ligne de partage des eaux entre les bassins versants de l'Adriatique (vallée de la Soča) et de la mer Noire (vallée de la Save (carte 6)) avait constitué une limite interne ancienne au sein des États de la maison d'Autriche ; depuis 1919-1920, elle avait servi de support à la nouvelle frontière italo-yougoslave dont le règlement avait été difficile à finaliser entre deux États sortis vainqueurs de la première guerre mondiale. La localisation des parcs nationaux le long des frontières était appelée à devenir une quasi-constante (de Berchtesgaden à la Vanoise, des Pyrénées au Stelvio), mais dans le cas présent, le parc national du Triglav valait à la fois prise de possession sur la partie des Alpes juliennes échue à la Yougoslavie, et revendication implicite sur la partie qui lui avait échappé.

Après 1945-1947, cette frontière disparaît et la Yougoslavie s'installe dans la haute vallée de la Soča, mais la ligne de partage des eaux demeure une limite administrative entre les districts de Tolmin au sud et de Radovljica au nord, et surtout entre les deux instituts régionaux de protection naturelle et culturelle de

Nova Gorica au sud et de Kranjc au nord (Clarke, 1998, p. 6). Aussi, lorsque le parc est re-créé en 1961, il demeure sur le seul versant nord-est et reproduit, à peu de chose près, le dispositif mis en place en 1924. D'une certaine façon, l'organisation actuelle du TNP présente encore les stigmates de cet héritage, avec une bipolarité entre les deux principales structures d'accueil de Trenta (côté Soča) et de Bled (côté Save).

L'extension radicale du TNP en 1981 modifie complètement ce dispositif, la superficie du parc passant d'un seul coup de 2000 à 83807 hectares. Par rapport au noyau initial, l'extension se fait dans toutes les directions. Au nord-ouest, les limites du parc s'appuient désormais sur la ligne de crêtes qui forme la frontière italo-slovène. Ailleurs, les limites se tiennent en général à mi-versant, au-dessus du fond des vallées, que ce soit au sud au-dessus de la Soča ou au nord au-dessus de la Save. Comme beaucoup d'autres parcs nationaux, le parc national du Triglav juxtapose une zone centrale couvrant les 55332 hectares des versants et de la haute montagne au-dessus de la *timber line* ; et une zone périphérique de 28475 hectares correspondant aux basses vallées et aux plateaux boisés. À l'inverse des parcs nationaux des Alpes françaises où la zone périphérique est deux à trois fois plus étendue, la zone centrale est ici deux fois plus vaste que la zone périphérique qui n'entoure pas toute la zone centrale mais qui est surtout développée sur les terminaisons sud (au-dessus de Bovec et de Tolmin) et est (au-dessus de Bohinj et de Bled). Ce choix est le résultat de tractations complexes entre les objectifs de protection des Alpes juliennes et les impératifs liés à l'activité dans les secteurs les plus peuplés.

Huit communes sont concernées, se répartissant entre les bassins de la Soča au sud-ouest (43,3 % de la surface du parc : Bovec, Tolmin et Kobarid) et de la Save au nord-est (56,7 % : Bled, Bohinj, Gorje, Kranjska Gora et, très marginalement, Jesenice). Les deux communes de Bovec et de Bohinj à elles seules couvrent plus de la moitié du parc.

À l'extérieur des limites du parc, à 4 kilomètres environ au nord-ouest de Kranjska Gora (hors-carte carte 6), la réserve naturelle de Zelenci, aux sources de la Sava Dolinka, est également gérée par le TNP (Klavžer, *coord.*, 2001, p. 88).

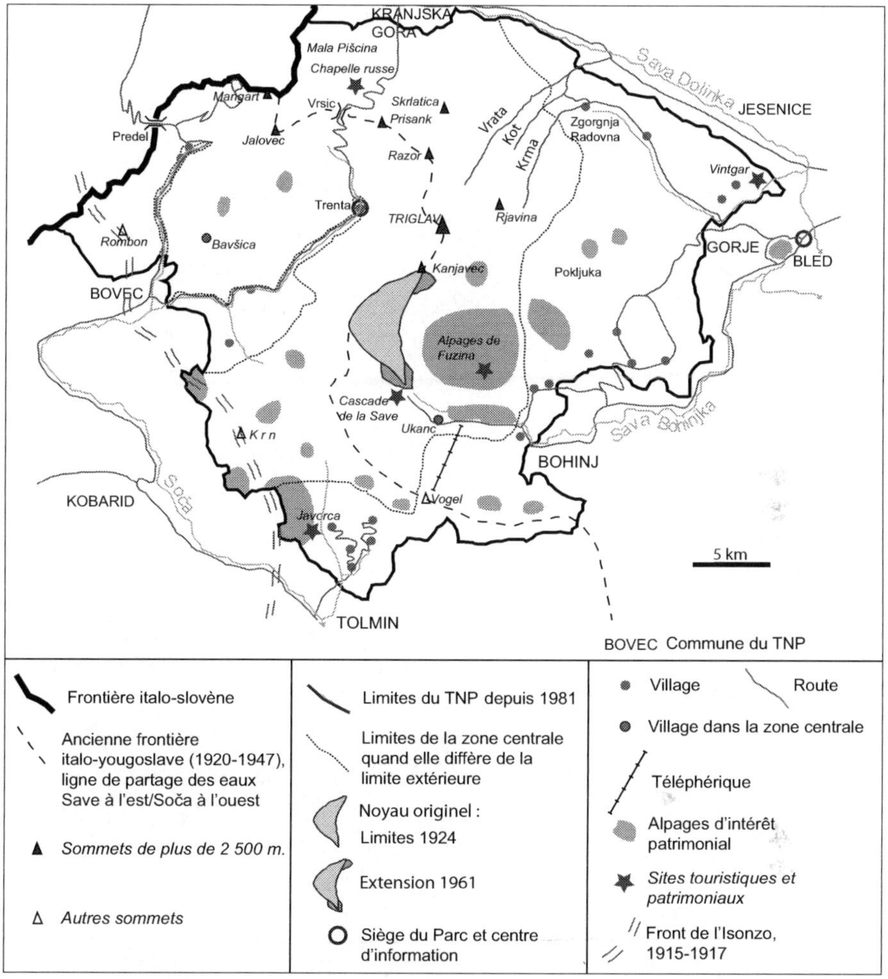

Carte 6. Le parc national du Triglav : carte de synthèse.

Triglav, Écrins, deux trajectoires parallèles

L'histoire et les modalités de la création du TNP rappellent sur plusieurs points celles du parc national de la Bérarde (1913), ancêtre du parc national des Écrins (Zuanon, 1995). Dans les deux cas, le parc est d'abord créé à l'extrême amont d'une vallée, en l'absence de tout cadre législatif, à l'instigation d'acteurs publics et privés (forestiers, notables) qui se substituent à l'action jugée défaillante de l'État. Les limites des deux parcs s'appuient d'abord sur une ligne de crêtes correspondant à une limite administrative ou politique : dans le cas des Écrins, la ligne de partage des eaux Vénéon/Romanche constitue la limite départementale Isère/Hautes-Alpes, le parc se tenant sur le versant isérois pendant la période initiale de 1913 à 1923. Dans les deux cas, l'absence de statut bien établi pèse sur le devenir du parc lorsque le bail arrive à échéance ou que les acteurs initiaux ne sont plus en situation de porter le parc. Finalement les deux parcs, après avoir vivoté plus ou moins longtemps, sont recréés, le Triglav en 1961, les Écrins en 1973, dans un cadre législatif plus pérenne.

C. Le Triglav dans l'espace et dans l'iconographie slovènes

Indépendamment même de l'existence du parc national, de nombreux auteurs ont insisté sur le lien symbolique entre le Triglav et la Slovénie, y compris des géographes français (par exemple B. Debarbieux, 1995, p. 12). Cela tient probablement au fait que le Triglav est garant de la dimension alpine de la Slovénie, dimension sans doute surévaluée mais qui permettait de la différencier des autres républiques yougoslaves réputées balkaniques... En effet, s'élevant à 2864 mètres d'altitude, le Triglav était déjà le point culminant de la Yougoslavie, et donc nécessairement celui de la Slovénie. Même si l'association point culminant/parc national n'a rien de systématique, dans la république d'Autriche voisine, le Grossglockner se trouve également dans le parc national Hohe Tauern.

Le caractère éminent de point culminant du Triglav a été mis en exergue par les premiers savants qui s'y sont intéressés : ainsi, dans la grande carte de Carniole dressée en 1744 et dessinée au 1/96000 par Florjančič, plusieurs sommets sont nommés, dont le Mangart, mais le Triglav est accompagné d'une mention en latin qui indique : « *Mont Terglou, le plus haut de la Carniole, dont la hauteur perpendiculaire est de 1 399 hexapieds parysiens au-dessus de l'horizon de Ljubljana* » (photo cahier couleur). Cette estimation de l'altitude est d'ailleurs assez précise, puisque la cote indiquée correspond à une altitude d'environ 3001 mètres, soit un excès de 137 mètres par rapport à la réalité, ce qui est admissible pour une mesure réalisée depuis Ljubljana, c'est-à-dire à plus de 60 kilomètres de distance. Sur cette même carte, le Triglav est précisément situé sur la frontière entre Carniole et Frioul, il en est la borne la plus remarquable, cette frontière suivant toute la ligne de partage des eaux entre Save et Soča, la crête étant jalonnée de toute une série de sommets nommés.

Plus de 30 ans avant sa première ascension, le Triglav était donc identifié comme un sommet à part, ce qui résultait à la fois d'une opération géodésique mais aussi de sa prééminence dans le paysage depuis les hauteurs de Ljubljana. Dans les décennies qui suivent, le naturaliste Hacquet et le poète Vodnik déclineront sur les registres scientifiques et littéraires cette identification du Triglav et de la Carniole. Le rappel de son caractère frontalier allait également devenir un leitmotiv, systématiquement rappelé dans toutes les descriptions, car jusqu'en 1945, seul le flanc est se trouve en territoire yougoslave.

Or le peuplement est slovène tout autour du Triglav (ce que remarquait déjà R. Godefroy, 1905), et le sommet emblématique va cristalliser ce décalage entre la carte ethnique et la carte politique issue des traités de 1920. La toponymie, à son tour, est convoquée pour exprimer le lien particulier entre les Slovènes et le Triglav : alors que le Mangart qui domine le passage du Tarvis et la vallée de la Soča porte un nom probablement pré-romain[1], l'oronyme Triglav est considéré comme proto-slave et rappellerait le nom d'une « *divinité des vieux Slaves* » (Schlamberger Brezar, *coord.*, 2005, p. 29). L'appartenance du Triglav à l'espace slovène constitue donc, jusqu'à l'issue de la deuxième guerre mondiale, une revendication politique et nationale : le Triglav est un enjeu fort. Ainsi, dès les années 1930, le blason de la Slovénie, dessiné par l'architecte Jože Plevnik sur le fronton de la bibliothèque nationale, figure la silhouette stylisée du sommet à trois têtes surmontant les flots de l'Adriatique, alors que la Slovénie yougoslave n'inclut ni le Triglav ni le littoral !

Le TNP a ceci de particulier qu'il a d'abord été parc national en Yougoslavie avant d'être parc national dans la Slovénie indépendante. Dans ces conditions, que signifie exactement l'adjectif *narodni* (« national ») ? Autrement dit, lorsque l'on commence à parler de TNP en 1926, et lorsqu'on le crée officiellement en 1961, à quelle nation se réfère cette appellation ? Dans la première construction yougoslave issue des traités de Saint-Germain et de Trianon (1919-1920), les Slovènes sont officiellement l'un des trois peuples constitutifs du « Royaume des Serbes, des Croates et des Slovènes », nom officiel de la Yougoslavie jusqu'en 1929. La loi « *de régulation de la protection...* » de 1921 est enregistrée et mise en œuvre par l'autorité régionale de Slovénie (Kepa, 2001, p. 146). Le premier article sur le « *Parc alpin de conservation dans la vallée des lacs du Triglav* » (Hafner, 1925) paraît dans le numéro 1 du *Bulletin de la Société de Géographie de Ljubljana*, manifeste de la géographie slovène[2]. L'auteur, Mate Hafner, avait lui-même signé le mémorandum *Spomenica* en 1920. Or, si le texte slovène ne contient pas les termes *narodni park* qui ne feront leur apparition que l'année suivante, la traduction française du titre annonce déjà : « *Le parc national alpin dans la vallée des Sept lacs du Triglav en Slovénie* ».

1. Strabon le désigne d'ailleurs sous le nom grec de *Phlygadia*.
2. La carte du parc qui accompagnait l'article était due à Valter Bohinec qui signait, dans le même numéro, un article sur « *le développement de la géographie chez les Slovènes* ».

Pendant la guerre, la silhouette du Triglav devient le signe de reconnaissance du Front de Libération slovène créé en 1941. Après 1945 et jusqu'en 1991, dans le cadre de la République fédérale socialiste de Yougoslavie, la Slovénie constitue l'une des six républiques fédérées, et une des six nations reconnues par les constitutions successives[1]. La Slovénie est dotée d'un drapeau aux couleurs de la Yougoslavie et d'armoiries figurant la silhouette stylisée du Triglav. Dès janvier 1945 est créée en Slovénie une agence pour « *la protection et l'étude scientifique des monuments culturels et des merveilles naturelles* », plus tard renommée « *Institut pour la protection du patrimoine naturel et culturel* » (Clarke, 1998, p. 6). Dans un contexte de décentralisation poussée, la politique du patrimoine est déléguée aux Républiques. Ainsi, lorsque Milovan Djilas faisait le bilan des actions à mettre au crédit du régime de Tito, il écrivait : « *on assiste à la création d'identités nationales différentes au sein d'une même communauté constituée par l'État yougoslave* » (p. 259). La répartition des parcs nationaux entre les six républiques yougoslaves (Richez, p. 347-351) montre le lien établi entre les différentes nations et les espaces protégés. Le TNP recréé en 1961 a certainement participé de cette construction. Il résulte en effet d'un décret adopté et publié le 26 juin 1961 par l'assemblée populaire de Slovénie : « *c'était là le couronnement des efforts poursuivis depuis des années, et la Slovénie obtenait son parc national* » (Peterlin, 1965, p. 5). Il n'y eut d'ailleurs pas de « parc fédéral » en Yougoslavie.

La Slovénie indépendante n'eut plus qu'à faire fructifier la fonction symbolique du Triglav, qui supplante alors l'étoile rouge sur le drapeau national. Dans une sorte de pèlerinage sécularisé, chaque Slovène ne doit-il pas être monté au moins une fois dans sa vie au sommet du Triglav ?

II. L'identification des ressources patrimoniales

Tout espace protégé a pour fonction de gérer et de conserver de façon optimale des biens considérés à un moment donné comme patrimoniaux. Si la définition de la ressource patrimoniale est souvent implicite, et postule une sorte de consensus scientifique et social, la question doit néanmoins être posée de l'existence de cette ressource, qui n'est pas immuable et qui traduit un rapport précis entre une société et son environnement tel qu'elle le perçoit. Le parc national, surtout lorsqu'il est ancien, est porteur de ressources patrimoniales qui ne sont pas immuables, contrairement à ce que laisse volontairement entendre un discours déterministe, mais qui au contraire n'ont souvent pas cessé d'évoluer. Cette tendance se retrouve dans tous les espaces

1. À savoir Bosniaques, Croates, Macédoniens, Monténégrins, Serbes et Slovènes.

protégés, ne serait-ce que parce que les techniques de gestion progressent, les personnels et les modalités de la fréquentation changent. Dans le cas du Triglav, l'évolution est assez nette et mérite d'être décrite.

A. La vallée des lacs, image d'un paradis alpin

À l'origine, la richesse botanique de la vallée des lacs est clairement mise en avant. Cela s'explique par l'histoire de l'exploration des Alpes juliennes et par les herborisations qu'y pratiqua Balthasar Hacquet dans les années 1770. Hacquet constitue une figure centrale de l'histoire du Triglav, il en a tenté l'ascension en 1777 et a échoué près du sommet. Dans ses ouvrages, il est le premier à faire accéder le Triglav à la connaissance savante. Aujourd'hui encore, les documents destinés au grand public fournissent la liste des espèces endémiques (iris, gentianes, saxifrages...) : la vallée des lacs est dès lors perçue comme un isolat biogéographique, perché plus de 1 000 mètres au-dessus du lac de Bohinj, entouré d'escarpements à pic, le tout à l'extrémité orientale des Alpes...

Photo 1. La vallée des lacs du Triglav, vue du sud. Derrière le plateau boisé de Lopučnišca dolina, la vallée remonte entre deux puissants escarpements : historiquement, il s'agit du noyau initial de l'espace protégé. À l'arrière-plan à droite, le sommet du Triglav (août 2007, © C. Gauchon).

Cette situation particulière est donc perçue par les botanistes bien avant la création du premier parc, et mise en avant dès les premiers projets.

Cette approche naturaliste est renforcée par l'intérêt paysager de la vallée des lacs du Triglav : la présence de petits lacs apparaît insolite dans un environnement de haute montagne karstique ! D'où la nécessité de mettre en avant les processus glaciaires qui ont à la fois surcreusé la vallée et qui en ont ponctuellement imperméabilisé le fond. Ces deux volets botaniques et géomorphologiques justifient donc pleinement le nom sous lequel Albin Belar désignait son projet de « *parc de conservation de la nature* ». Le nom du Triglav lui-même ne figure pas dans cette première désignation : en effet, l'espace protégé coïncide très précisément avec la vallée des lacs, délimitée à l'amont par le sommet du Kanjavec (2568 m), sur les côtés par les crêtes escarpées, et à l'aval par la masse de la forêt, puis, après 1961 par la falaise de Komarča (localisée sur la carte 6). Autant la forme légèrement arquée de la vallée permet de l'embrasser plus ou moins d'un seul coup d'œil, autant le sommet du Triglav lui-même n'est jamais visible depuis le fond de la vallée, et à peine le découvre-t-on depuis le refuge de Zasavska, situé à l'amont de la vallée.

La richesse faunistique tient en revanche une place plus discrète dans le discours sur le patrimoine du parc national du Triglav, souvent réduite à l'évocation du légendaire chamois Zlatorog ; de même, le patrimoine géologique fait l'objet d'une signalétique sur le terrain mais n'est encore présenté dans aucun guide à la disposition des randonneurs : dès lors, « *ceux qui suivent les sentiers géologiques ne peuvent connaître la signification des arrêts matérialisés par des plaques portant la mention* sentier géologique slovène *accompagnée des marteaux de géologues entrecroisés* » (Pavlovec, 2002, p. 477).

Seuls les spécialistes relèvent que le parc national du Triglav recèle 586 grottes et gouffres, soit 7,9 % des cavités naturelles karstiques recensées dans le pays (Kepa, 2001, p. 152). L'histoire scientifique, les sensibilités, l'action de telle ou telle personnalité ont donc opéré un tri entre les différentes ressources naturelles susceptibles de patrimonialisation. Cette patrimonialisation est même redoublée sur certains sites puisque l'on trouve à l'intérieur des limites du parc 5 réserves naturelles (dont la plus vaste est la vallée des 7 lacs, dans des limites proches de celles de 1924) et pas moins de 29 monuments naturels, les uns ponctuels (par exemple un tilleul près des fermes de Zgornja Radovna), les autres couvrant de plus vastes surfaces (par exemple la vallée de Mala Pišnica au-dessus de Kranjska Gora).

B. À nouveau périmètre, nouveaux regards et nouvelles ressources patrimoniales

L'extension du parc en 1981 change complètement la donne : la multiplication par 40 de la superficie de l'espace protégé modifie profondément l'équilibre interne du parc. Si la vallée des lacs reste au centre du dispositif, elle n'est plus dès lors qu'un élément parmi d'autres, et non plus le seul joyau au cœur de l'écrin. Le sommet du Triglav lui-même, le lac de Bohinj, le col de Vršič ou la haute vallée de la Soča sont autant de nouveaux points d'intérêt qui obligent à reformuler le discours patrimonial. En effet, le parc national du Triglav s'élève désormais jusqu'à 2864 mètres d'altitude (photo cahier couleur) et intègre le petit glacier qui, il y a 100 ans, apparaissait déjà comme une relique avec ses 32 hectares[1]. Depuis, bien sûr, l'état du glacier s'est encore dégradé, et le monitoring attentif dont il est l'objet montre que sa superficie a été divisée par 45 entre 1900 et 2003 et que « *dans les conditions actuelles, le glacier du Triglav ne mérite plus son nom* » (Gabrovec et Peršolja, 2004, p. 36-37). La perte de ce glacier est cruellement ressentie : tant qu'il existait, n'attestait-il pas du caractère alpin de la Slovénie ?

Dans le même temps, le territoire du TNP descend aussi beaucoup plus bas en altitude : pour s'en tenir à la seule zone centrale, et bien au-delà de la définition trop simple qui la reléguerait à la haute montagne, elle descend à 525 mètres au niveau du lac de Bohinj, ce qui implique un étagement des milieux beaucoup plus marqué, et donc une cohérence floristique plus diluée. Les sources et le cours supérieur de la Save et de la Soča se retrouvent également à l'intérieur du parc.

Le parc national du Triglav intègre dès lors toute une série d'activités variées qui étaient absentes de la vallée des lacs, au premier rang desquelles le pastoralisme qui a fortement organisé l'espace des plateaux encadrant le Triglav (vaste secteur de Pokljuka au-dessus de Bled surtout). Les routes et pistes sont nombreuses, les villages d'alpage et les fermes isolées se comptent désormais par dizaines sur le territoire du parc. Vingt-cinq noyaux d'habitat permanent sont inclus dans les limites du parc, dont deux dans la zone centrale, ce qui implique tout un volet de patrimoine ethnographique que la structure parc s'attache peu à peu à mettre en valeur. La loi de 1981 définit ainsi les missions du TNP, parmi lesquelles, « *la préservation et la valorisation du paysage culturel* », ce qui inclut l'architecture vernaculaire. Dans les faits, le contexte ethnographique est marqué par une déprise ancienne et très prononcée, surtout dans la haute vallée de la Soča et dans les vallées affluentes. Cette déprise se traduit « *par de nombreuses maisons vides ou en ruines, tandis que les anciennes étables, les granges, les pâturages de printemps sur les versants et les alpages d'été, les anciens habitats ont disparu ou sont à l'abandon* » (Vranješ M., 2006, p. 74). L'administration en charge du parc doit dès lors tenir compte des multiples litiges potentiels nés de cette situation nouvelle.

1. « *Étreignant, entre ses bras de pierre, l'unique glacier qui lui reste, le seul que n'ait pu ravir encore à ces montagnes la brutale ardeur du soleil, le Triglav apparaît* » (R. Godefroy, 1905, p. 69).

Enfin l'extension du parc vers le sud et vers l'ouest incorpore sur les communes de Bovec, de Kobarid et de Tolmin des secteurs qui furent traversés par le front de l'Isonzo. Les armées italiennes et autrichiennes s'y affrontèrent en altitude entre juin 1915 et octobre 1917[1]). Les vestiges de ces combats sont encore visibles aujourd'hui au-dessus de 2000 mètres dans les secteurs du Razor et Krn (chemins empierrés pour les pièces d'artillerie, restes de tranchées et d'abris, réseaux de fil barbelé…). Ils viennent s'ajouter au souvenir plus lointain des affrontements entre Français et Autrichiens à l'époque napoléonienne (monument sur la route du col de Predel).

Photo 2. Le monument de Peski, à 2000 mètres d'altitude, atteste des combats qui ont opposé Italiens et Autrichiens entre 1915 et 1917. Sur les marches, à gauche, les randonneurs déposent les restes de munitions ou d'équipement militaire qui parsèment les lapiaz. Bien que protégé au titre des monuments historiques, ce monument ne comporte aucune inscription et n'est accompagné d'aucun panneau interprétatif (août 2007, © C. Gauchon).

La vallée de la Soča offre en effet un itinéraire stratégique entre Carinthie et Frioul, en doublant la grande voie du Tarvis. Tout un patrimoine historique s'ajoute alors, qui se décline à travers des monuments religieux bâtis par les troupes au repos : au bord de la route du col de Vršič se dresse ainsi la chapelle russe construite à la mémoire des prisonniers russes emportés en 1916 par une avalanche. De même, la valorisation de l'église-mémorial de Javorca, bâtie en 1916 par les Austro-hongrois au-dessus de Tolmin, a été

1. Il suffira de rappeler que le bourg de Kobarid, nom slovène, ou Karfreit, nom allemand, est plus connu dans l'histoire sous le nom de Caporetto, défaite majeure de l'armée italienne en octobre 1917 qui ouvrit aux Austro-allemands la route du Frioul.

distinguée le 25 janvier 2007 par l'obtention du label « patrimoine européen[1] ». Le parc national du Triglav compte ainsi au moins 25 monuments historiques classés, dont trois sont considérés par l'Institut pour la protection du patrimoine culturel en Slovénie comme des « monuments de grande importance », dont les fermes de la vallée de Zgornja Radovna.

Le territoire du parc est donc beaucoup plus complexe, et les ressources patrimoniales qu'il recèle beaucoup plus composites que par le passé, sans qu'il y ait pourtant d'incompatibilité majeure avec le projet de départ. Mais, de l'isolat biogéographique et surtout floristique, le parc national du Triglav est ainsi devenu une sorte de concentré de la dimension alpine de la Slovénie, même si par un procédé de synecdoque, il a conservé son nom alors qu'il couvre une large part des Alpes juliennes.

Il est très important de bien saisir cet aspect évolutif de la ressource patrimoniale perçue et protégée, et il va de soi que cette évolution ne saurait être considérée comme aujourd'hui achevée. Une hypothèse peut d'ailleurs être émise : après le spectaculaire élargissement du périmètre du parc en 1981, la redéfinition progressive de la ressource patrimoniale, l'introduction d'une dimension humaine, ethnographique et historique, n'ont-elles pas accompagné la marche de la Slovénie vers l'indépendance acquise en 1991, vers l'émergence d'un nouvel État et la consolidation d'une identité nationale déjà constituée ? La convergence de symboles forts liés au Triglav et le souci de l'ancrage alpin (signature de la Convention alpine dès mars 1993, ratification en 1995) montrent la vigueur des liens qui se sont tissés entre la Slovénie et son unique parc national.

Le projet d'inscrire au Patrimoine mondial de l'humanité les alpages du massif du Triglav au titre des paysages culturels apparaîtrait, dès lors, comme l'ultime aboutissement de cette évolution de la ressource patrimoniale : depuis 1994 en effet, les collines de Fuzina (photos 3 et cahier couleur) ont été inscrites sur la liste indicative de l'UNESCO sous le double critère de l'architecture et de l'utilisation du territoire attestée par « *un exemple éminent d'établissement humain traditionnel* » (critères de l'UNESCO, orientations 2005). Or, dans la nomenclature de l'UNESCO, ces deux critères sont considérés comme « culturels », ce qui en dit long sur l'évolution de la ressource patrimoniale au sein du TNP telle qu'elle est perçue par les autorités slovènes.

1. Deux autres sites slovènes ont été portés sur cette liste : l'hôpital Franja des Partisans et le cimetière de Žale à Ljubljana.

Photo 3. Débardage à l'aide d'un cheval au-dessus du lac de Bohinj, dans les alpages de Krstenica, vers 1 650 m d'altitude dans la zone centrale du Parc (août 1995, © C. Gauchon).

III. Les enjeux de la protection et de la gestion

Comme dans tous les parcs qui juxtaposent une zone centrale et une zone périphérique, les enjeux et les mesures de protection sont modulés selon ce zonage. Dans la zone centrale, les nombreuses restrictions ont « *pour finalité la protection de la nature, et tous les autres intérêts sont subordonnées à cet objectif* » (Fabjan, 1989, p. 12) ; dans la zone périphérique en revanche, « *les mesures de protection sont adaptées à l'économie fondée sur l'agriculture et sur l'exploitation forestière et au développement des populations locales* » (idem). Ce schéma théorique se heurte toutefois à une réalité plus complexe dans laquelle la zone centrale ne saurait rester à l'écart de toute activité. La présence d'habitants permanents ou temporaires, le trafic supporté par le réseau de transports et le développement d'infrastructures touristiques concernent à la fois la zone centrale et la zone périphérique et constituent trois bons indicateurs des tensions qui s'exercent entre les objectifs de protection et le maintien d'un tissu économique dans les Alpes juliennes.

A. La population résidente

Les 25 villages inclus dans le territoire du parc comptaient au dernier recensement 3471 habitants (2002), dont 52 résidaient en zone centrale, dans les hameaux d'Ukanc (commune de Bohinj) et de Bavšica (commune de Bovec). Sans doute la charge démographique reste-t-elle faible, mais ces deux hameaux ne comptaient que 37 habitants en 1991, si bien qu'en proportion l'augmentation est notable. Dans le même temps, les 23 villages de la zone périphérique ont vu leur population s'accroître de 46 %, alors que les six communes sur lesquelles s'étend le parc, dont les principaux noyaux de peuplement sont extérieurs au parc, perdaient en moyenne 3,5 % de leurs habitants entre 1991 et 2002 (seule augmente la population des communes de Bled et de Bohinj, plus proches de Ljubljana et plus faciles d'accès). À l'échelle de la Slovénie, les Alpes juliennes constituent une périphérie en perte de vitesse démographique, mais à l'intérieur de cet ensemble, les villages du parc voient au contraire leur population augmenter sensiblement. Cette évolution à fronts renversés illustre l'attractivité de l'espace-parc, mais aussi l'importance des enjeux de gestion.

De plus, à la population permanente s'ajoute la pression exercée par les résidences secondaires, tant en zone centrale qu'en zone périphérique. En effet, les villages d'alpage, à l'habitat caractéristique et si prisé, sont de plus en plus souvent transformés en lieux de villégiature, ce qui est vrai aussi dans d'autres massifs slovènes (par exemple Velika Planina dans les Alpes de Kamnik). La proximité de Ljubljana explique cette pression, la capitale se trouvant à moins d'une heure de voiture de la vallée de Bled, par où entrent près de 51 % des visiteurs du parc (Pretner et Šolar, 2006, p. 12). Le parc national du Triglav réagit à cette tendance de deux façons : d'une part en devenant lui-même gérant de structures d'hébergement avec une quinzaine de gîtes proposés à la location pour éviter le développement d'un usage privatif du bâti ; d'autre part en soutenant l'activité pastorale et fromagère pour limiter la concurrence sur l'espace. Mais ses arbitrages sont parfois mal acceptés, car les habitants permanents ont l'impression que les résidents secondaires savent mieux qu'eux trouver des arrangements avec la réglementation (Vranješ, 2006).

B. Un espace protégé perméable aux flux

Deux routes ouvertes au trafic automobile traversent la zone centrale du parc dans sa partie occidentale : la route du col de Predel (1 156 m) qui franchit la frontière italo-slovène et la route du col de Vršič (1 611 m) qui, entre mai et octobre, met en communication les hautes vallées de la Save et de la Soča. D'autres routes pénètrent à l'intérieur de la zone centrale, parmi lesquelles celle qui longe le lac de Bohinj et les trois routes qui entrent dans les vallées de Vrata, de Kot et de Krma en échancrant profondément le flanc nord-est du Triglav (carte 6). Ces différentes routes cumulent donc, dans des proportions variables, différentes fonctions (Bernier, 2003, p. 29) : une fréquentation transversale sur les deux axes de Predel et de Vršič ; une fréquentation d'usage des riverains dont on a vu que le nombre tendait à augmenter ; et une fréquentation touristique avec la desserte des principaux parkings, payants, comme celui qui permet l'accès à la cascade de la Save et au sentier qui mène à la vallée des sept lacs. Des lieux comme le col de Vršič peuvent être assez encombrés en saison car la route est réputée la plus haute de Slovénie, alors que, toujours dans la zone centrale et également ouverte à la circulation, la route du Mangart se hisse jusqu'à 2056 m !

Ce réseau assez dense et supportant, au moins en saison, un trafic assez important, peut sembler étonnant dans un espace protégé dont la zone centrale est considérée par l'UICN comme relevant de la classe II. Dans la mesure où ces routes desservent des habitats permanents et des sites touristiques (cf. *infra*), le parc peut difficilement intervenir dans un sens plus restrictif. Quant à la route de Vršič, elle assume également un rôle de continuité territoriale à l'intérieur de l'espace slovène : la fermer à la circulation reviendrait à imposer un détour de plusieurs heures. Ces routes restent donc ouvertes, et il faut voir dans cette apparente contradiction le résultat de l'extension du TNP en 1981 et des arbitrages alors rendus entre les exigences des différents acteurs : contrairement à des réserves naturelles de superficie réduite, plus les espaces protégés s'étendent, plus des compromis s'avèrent nécessaires, ce qui n'est pas propre à la Slovénie.

C. La présence des activités touristiques

T. L. Klavžer *et al.* (2001) soulignent que le tourisme a été précoce dans ce qui allait devenir le parc national, d'une part du fait de la notoriété du Triglav, d'autre part grâce à l'ouverture de la voie ferrée Vienne-Trieste par Bohinj en 1906. La station de Bled fut pionnière, avec un tourisme de santé initié par Arnold Rikli, et qui se traduisit par la création d'un « *comité d'embellissement* » dès 1879 puis d'une « *société pour l'amélioration du commerce touristique* » en 1894 (p. 62). Mais l'ascension du point culminant des Alpes juliennes participa également à cette première mise en tourisme : le récit laissé par René Godefroy montre que dans les premières années du XXe siècle, il s'agissait déjà d'un sommet très équipé, avec cinq refuges, des sentiers aménagés le long desquels sont creusées des marches (p. 370) et installés des câbles et des barres de fer (p. 377). Les itinéraires sont abondamment décrits dans les guides autrichiens et si bien balisés que l'excursionniste français s'étonne de cette « *pratique immodérée du marquage* » (p. 374), sans compter qu'au sommet, depuis vingt ans déjà, trône la petite guérite métallique qu'y avait fait installer Jakob Aljaž : promoteur de l'alpinisme dans les Alpes juliennes, ce prêtre (1845-1927) avait acheté le sommet du Triglav avant d'en faire don à au Club alpin slovène.

Aujourd'hui, « *selon les standards slovènes, le parc national du Triglav et ses environs immédiats constituent une région touristique fortement développée. Le tourisme est, dans les faits, la principale activité économique dans la totalité de la région couverte par le parc* », (Klavžer, *coord.*, 2001, p. 63). Le parc national du Triglav s'étend en effet au centre des Alpes juliennes qui sont l'une des plus importantes régions touristiques de la Slovénie (Gauchon, 2007), avec 23 % de la capacité d'hébergement du pays et 19 % des nuitées enregistrées en 2002 (Humar, *in* Šolar, 2003, p. 59), soit 482 000 nuitées sur l'ensemble des communes du Parc en 2004 (Pretner et Šolar, 2006, p. 13).

Aux capacités hôtelières *stricto sensu* s'ajoutent 34 refuges de montagne et leurs 2 767 places, les plus importants et les plus élevés desservant directement le Triglav : 906 places sont ainsi disponibles dans les 6 refuges qui entourent le sommet majeur, dont 300 pour le seul *Triglavski Dom na Kredarici*, trônant à 2 550 mètres d'altitude juste sous le sommet. Aux refuges s'ajoutent encore 7 bivouacs sur des itinéraires d'alpinisme moins fréquentés, trois d'entre eux se situant autour du Škrlatica, deuxième plus haut sommet du massif (2 740 mètres).

Dans la zone périphérique, les gorges de Vintgar ont accueilli 75 300 visiteurs en 2006, et dans la zone centrale, la cascade de la Save (*Slap Savica*) près de 60 000 visiteurs. Ces deux sites figurent parmi les plus visités de Slovénie (respectivement aux 8e et 9e rangs), sans compter la présence d'autres sites importants juste aux limites du Parc, en particulier le musée et le château de Bled avec ses 190 000 visiteurs, qui sont autant de points de fixation de la fréquentation touristique. Au total, l'administration du TNP estime la fréquentation du Parc à environ 2 millions de visiteurs par an (Pretner et Šolar, p. 11). Du côté de l'équipement en sports d'hiver, si les remontées mécaniques de Kranjska Gora, de Bovec ou de Bohinjska Bistica s'arrêtent aux limites du parc, il n'en va pas de même du grand téléphérique qui, sur la rive sud du lac de Bohinj, traverse la zone centrale du parc pour desservir le domaine skiable de Vogel qui se trouve dans la zone périphérique !

Conclusion

Dans sa configuration actuelle, le parc national du Triglav est donc fondé sur une compréhension extensive du patrimoine, englobant à la fois les ressources naturelles et culturelles. Mais ce projet ambitieux, reposant sur une riche vision des ressources patrimoniales, entraîne aussi de nombreux problèmes de légitimité et de gestion entre les populations locales, les utilisateurs de l'espace et l'autorité administrative en charge du TNP (Vranješ, 2006, p. 71-84) : question récurrente dans tous les espaces protégés, sans doute, mais qui gagne encore en acuité quand les sociétés locales deviennent de surcroît objets mêmes de patrimonialisation, par exemple à travers la notion de paysage culturel.

La présence de nombreuses infrastructures et le développement de nombreuses activités à l'intérieur du parc prouvent bien que l'on n'est pas ici dans une zone sanctuarisée! La difficulté principale vient du fait que le parc national du Triglav est à la fois le seul parc national du pays et qu'il occupe, à lui seul, la plus grande partie des Alpes slovènes (carte 5), configuration que l'on ne retrouve dans aucun autre pays alpin. Certes, si l'on s'en tient aux nomenclatures disponibles (Gams, 1992, p. 9), les Alpes slovènes couvrent environ 2 250 km^2, et le TNP correspondrait à un peu plus d'un tiers de cet ensemble. Mais dans les faits, hormis le Mont Canin (2 587 m, hors des limites du parc) et l'étroite chaîne des Karawanken qui s'étire le long de la frontière autrichienne et se termine à l'est par les Alpes de Kamnik (Grintovec, 2 558 m), tous les sommets de plus de 2 000 mètres et toute la haute montagne se trouvent à l'intérieur du parc national du Triglav. Cette configuration semble aller dans le sens de certaines idées environnementalistes qui plaident pour une mise en réserve de l'intégralité de l'espace alpin ; mais elle maximalise aussi les sources de conflit et les nécessités d'arbitrage dans la mesure où il n'est pas possible de rejeter hors du parc les activités qui seraient jugées indésirables.

Cette position parfois inconfortable se double d'une question plus politique : combien de temps la Slovénie conservera-t-elle à son parc national un cadre légal hérité de la période yougoslave? Depuis plusieurs années déjà, des projets de lois sont examinés pour réviser le statut du TNP et les discussions alimentent les craintes des plus pessimistes, tel M. Zupančič Vičar M. qui écrit : « *Si un tel projet de loi était approuvé par le Parlement, la Slovénie perdrait son seul parc national* » ! (2006, p. 17). Le fait que l'inscription des alpages de Fuzina à l'UNESCO n'ait guère avancé depuis 1994 n'en dit-il pas long également sur les hésitations qui prévalent quant à la signification réelle du Parc et à son avenir ? Autrement dit, la valeur symbolique du Triglav, si souvent célébrée, peut-elle suffire à garantir la pérennité de l'espace protégé ?

Bibliographie

- Bernier X., 2003 : « Transports, parcs nationaux et parcs naturels régionaux dans les Alpes françaises : les interactions entre les objectifs de l'accessibilité, de la protection et de l'aménagement », *Revue de Géographie Alpine*, t. 91, n° 2, p. 27-40.
- Bizjak J. et Klemenc St., 1994 : *Triglavski Narodni park*, Lljubljana, Založba Mladinska knjiga, 207 p. (slo-angl-all-it).
- Clarke R., 1998 : *Environment and heritage protection and interpretation in Slovenia : a view from the UK*, inédit, 14 p.
- Debarbieux B., 1995 : *Tourisme et montagne*, Economica, 107 p.
- Djilas M., 1980 : *Tito, mon ami, mon ennemi*, Fayard, 293 p.
- Duval M., 2007 : *Dynamiques spatiales et enjeux territoriaux des processus de patrimonialisation et de développement touristique. Étude comparée des gorges de l'Ardèche et du Karst slovène*, thèse de géographie, université de Savoie, 514 p.
- Fabjan I. (coord.), 1987 : *The Triglav National Park*, Bled, éd. PN Triglav, éd. slovène, 271 p.
- Gabrovec M. et Peršolja B., 200 : « The Triglav glacier », in *Slovenia, a geographical overview*, Ljubljana, p. 35-38.
- Gams I., 1992 : « Geo-ecological structure of Slovenia and its position in Europe », in *Slovenia, Geographic aspects of a new independent European nation*, p. 9-19.
- Gauchon C., septembre 2007 : « Slovénie 1991-2006 : tourisme et recompositions territoriales dans un État neuf », *Actes des 6es Rencontres de Mâcon, Tourisme et territoire*, à paraître.
- Godefroy R., 1905 : « Triglav et Stol », *Revue Alpine*, 11e année, n° 12, p. 369-386.
- Hafner M., 1925 : « Alpski varstveni park v dolini sedmih jezer », *Geografski Vestnik*, vol. 1, p. 62-65.
- Kepa T., 2001 : « Karst conservation in Slovenia », *Acta Carsologica*, XXX/1, p. 143-162.
- Klavžer T. L., Šolar M., Ramovš A. et Skoberne P., *Triglavski Narodni park : 2001, a guide*, Lljubljana, Založba Mladinska knjiga, 104 p.
- Pavlovec R., 2002 : « Reflections about the geologic trails in Slovenia », *Geologija*, 45/2, p. 475-478.
- Peterlin St., 1965 : *Triglavski Narodni park*, Ljubljana, 31 p.
- Peterlin St., mars 1981 : « Šestdeset let spomenico o varstvu narave », *Proteus*, XLIII-7, p. 262-263.
- Pretner M. et Šolar M., 2006 : *Mreža Informacijskih mest v TNP, strategija*, co-éd. Slovenian National Commission for UNESCO et Triglavski Narodni Park, 28 p.
- Richez G., 1992 : *Parcs nationaux et tourisme en Europe*, L'Harmattan, 1992, 421 p.
- Schlamberger Brezar M., Pogačnik V. et Perko G., 2005 : *Parlons slovène*, l'Harmattan, 325 p.
- Šolar M. (coord.), 2003 : *Ekoturizem v Gorah*, actes du colloque de Kranjska Gora, Bled, éd. TNP, 88 p.
- Trilar T., Gogala A. et Jeršek M. (coord.), 2004 : *Nature of Slovenia : the Alps*, Ljubljana, Slovenian Museum of Natural History, 144 p.
- Vranješ M., 2006 : « Cultural landscape and Triglav National Park from "the native point of view" », *Ethnography of protected areas : endangered habitats, endangered cultures*, Ljubljana, Filozofska fakulteta, p. 71-84.
- Zuanon J.-P., 1995 : *Chronique d'un « parc oublié », du parc de La Bérarde (1913) au parc national des Écrins (1973)*, RGA, Coll. « Ascendances », 144 p.
- Zupančič Vičar M., 2006 : « Application of the protected areas management categories of IUCN, Slovenia », *Ethnography of protected areas : endangered habitats, endangered cultures*, Ljubljana, Filozofska fakulteta, p. 11-18.

Deuxième partie

« Nature » et développement durable : une gestion de la *géodiversité*

Dossier n° 4

La gestion des parcs nationaux dans des régions à forte *géodiversité* : les cas du Corcovado (Costa Rica), des Galápagos (Équateur) et de Rapa Nui (Chili)

Christophe Grenier

Les trois parcs nationaux dont il est ici question sont parmi les plus prestigieux du monde : celui des Galápagos (PNG) a été créé pour protéger des écosystèmes insulaires océaniques alors peu altérés par l'homme, dont certaines espèces endémiques sont emblématiques de la théorie darwinienne de l'évolution ; le parc national Rapa Nui (PNRN) vise à préserver les traces d'une singulière culture, dont les statues géantes – les « moai » – sont les symboles les plus connus ; et le parc national Corcovado (PNC) abrite la dernière forêt ombrophile du littoral pacifique de l'Amérique centrale, à la biodiversité exceptionnellement riche.

Le parc national des Galápagos s'étend sur 799 540 ha, c'est-à-dire sur 97 % de la superficie terrestre de l'archipel du même nom, situé dans le Pacifique à 1 000 km de l'Équateur, à qui il appartient, et dont les eaux constituent la seconde aire protégée marine du monde (45 000 km^2). Le parc national Rapa Nui comprend 7 130 ha, soit 43 % de la superficie de l'île de Pâques, possession du Chili dont elle est séparée par près de 4 000 km d'océan Pacifique. Et le parc national Corcovado (du nom de la rivière dont il occupe tout le bassin hydrographique) se trouve dans la péninsule d'Osa, au sud-ouest du Costa Rica : il couvre 42 469 ha, ou 26 % de ladite péninsule (mais l'ensemble des aires protégées de cette dernière – notamment la *Reserva Forestal Golfo Dulce* (RFGD), zone tampon du PNC – occupe 80 % de la superficie d'Osa). Ces trois parcs nationaux sont inhabités, mais le PNRN est fractionné en plusieurs parties, et le PNG contient neuf enclaves peuplées sur cinq îles : quatre bourgades portuaires et autant de « zones agricoles » sur une partie des îles habitées par les colons *galapagueños* lors de la création du parc national (Santa Cruz, San Cristobal, Isabela, Floreana), plus une île entière (Baltra), base militaire où a été construit le plus important des trois aéroports de l'archipel.

Les régions où sont situés ces parcs nationaux sont des mailles politico-administratives de leurs pays respectifs : or, la province des Galápagos, le département de l'île de Pâques et les cantons de la péninsule d'Osa connaissent depuis une quinzaine d'années une ouverture géographique accélérée, qui se manifeste notamment par un rapide développement économique et, de façon concomitante, par une très forte croissance démographique. Par conséquent, ces trois parcs nationaux sont aujourd'hui en danger.

Ainsi, selon un ancien directeur du parc national Rapa Nui, « *les principes du développement durable sont une utopie absolue à l'île de Pâques* », dont il estime le patrimoine menacé (Ramirez, 2004). Un récent rapport de la *fondation Charles Darwin*, entité qui contribue à la conservation du parc national des Galápagos depuis 50 ans, considère celle-ci « *à haut risque* » (FCD, 2007) ; en juin 2007, emboîtant le pas, l'UNESCO place le PNG sur la liste des « *parcs nationaux en danger* ». Quant au parc national Corcovado, il était déjà jugé « *en péril* » il y a dix ans (Cuello, *coord.*, 1998), et sa situation ne s'est pas améliorée depuis.

L'intégration croissante au système Monde de l'archipel des Galápagos, de l'île de Pâques et de la péninsule d'Osa, notamment à travers leur « développement durable » proclamé et la « gestion » de leurs parcs nationaux, permet-elle la conservation effective des aires protégées qu'abritent ces régions ? Pour y répondre, nous partirons de la notion de géodiversité, qui permet d'appréhender les conditions géographiques de formation, de préservation ou d'érosion des patrimoines naturel ou culturel de ces parcs. Tous les plans de gestion des parcs nationaux étudiés présentent l'écologie, l'histoire, la population et l'économie des régions où ils se situent, parfois de façon très documentée, avant de détailler leurs objectifs de conservation : on suivra ce canevas pour notre propos. Car il importe de comprendre que c'est la localisation de ces régions sur le globe et dans le monde qui explique à la fois la singularité de ces parcs nationaux et les menaces qui pèsent sur eux. On examinera alors comment les politiques de conservation de ces parcs, au nom de leur gestion, accélèrent l'ouverture géographique de leurs régions : ce processus, qui accompagne la mondialisation, met en danger les patrimoines de ces aires « protégées ».

Cela nous conduira pour finir à mettre en balance l'idée de gestion des parcs nationaux avec celle de préservation de la géodiversité régionale pour juger de l'efficacité de la conservation.

I. La *géodiversité*, une notion de géographie de la conservation

Certains géomorphologues et géologues, notamment australiens, intéressés par la conservation de la nature « abiotique », définissent la *géodiversité* comme « *la diversité des caractéristiques géologiques, géomorphologiques et pédologiques en interrelations, avec leurs propriétés et leurs systèmes* » (Lugon, 2005). Cette conception de la géodiversité apparaît beaucoup trop réductrice : Géo (*Gê*), c'est la Terre ; or celle-ci ne se réduit pas à la lithosphère et, par conséquent, la géodiversité, c'est bien plus que des pierres... Dans « géodiversité », le préfixe « géo » renvoie donc plutôt à la géographie, et non à la seule géologie. En effet, la conservation de la nature, si elle s'appuie nécessairement sur des connaissances naturalistes, est une question concernant au premier chef les sciences sociales, et en particulier la géographie : parce que la crise environnementale contemporaine résulte de certaines empreintes de l'action anthropique sur la Terre (de la « géographie humaine », littéralement), et parce que l'humanité devrait être la première bénéficiaire de la préservation de l'habitat terrestre. C'est bien à la fois contre et pour les hommes que l'on doit conserver non pas « la planète » – elle n'a pas besoin de nous – mais un écoumène non seulement viable mais agréable pour ses habitants dans leur diversité.

Grenier (2003-2002) propose la notion de géodiversité pour structurer une géographie de la conservation faisant le lien entre la variété de l'action géographique et la préservation de la diversité terrestre. La géodiversité permet d'analyser l'adaptation géographique des sociétés à l'environnement selon deux critères principaux : l'usage qu'elles en font sans en détruire la diversité (notamment biologique) de façon irréversible, et leur préservation de l'habitabilité de l'écoumène faisant sens pour les différentes cultures.

La géodiversité est la mesure de la variation des empreintes géographiques dans l'habitation de l'écoumène. Elle s'évalue à l'échelle d'une région particulière ou du monde : la géodiversité planétaire est la somme des géodiversités régionales. De même que l'« écorégion » s'affirme en biologie de la conservation comme l'unité spatiale la plus adéquate pour penser la protection de la biodiversité – le dernier plan de gestion du parc national des Galápagos promeut le concept (SPNG, 2005) –, la région est l'échelle privilégiée pour étudier la géodiversité. On entend ici région au sens d'« *ensemble spatial doté d'une certaine cohérence, dont la variance interne est inférieure à la variance externe, reconnue comme une structure dans laquelle se déploie un système particulier, ouvert sur l'extérieur* » (Brunet, 1986). Du point de vue de la géodiversité, la région se caractérise par un ensemble de facteurs environnementaux, spatiaux et mésologiques qui la distinguent d'autres entités géographiques d'échelle semblable.

La géodiversité d'une région est plus ou moins forte selon les singularités, rapportées à l'échelle mondiale, de sa biodiversité ou du milieu (ou « *relation d'une société à l'environnement* ») des acteurs (formant la « société » régionale) qui y vivent ou en usent. Ces particularités biologiques ou mésologiques sont des indicateurs de l'adaptation – pouvant aller jusqu'à l'endémisme naturel ou culturel – des organismes ou des sociétés à l'environnement biophysique de la région qu'ils occupent ou utilisent, celle-ci étant plus ou moins « ouverte sur l'extérieur ». Une région peut avoir une géodiversité d'ordre biologique (une riche ou singulière biodiversité), d'ordre culturel (une société au milieu durablement adapté à son environnement), ou les deux.

La géodiversité d'une région dépend de sa localisation, c'est-à-dire à la fois de sa position sur le globe (coordonnées de latitude et de longitude, configuration) et de sa situation dans le monde (les espaces dans lesquels elle est incluse, les territoires qu'elle contient). La position d'une région détermine sur le temps long – ou naturel – son environnement biophysique. Sa situation conditionne, sur le temps court – ou historique –, les milieux des « acteurs géographiques » (définis par leur capacité à transformer l'étendue terrestre en espace) qui s'y succèdent ou s'y côtoient, ce qui influe par conséquent sur ledit environnement. La géodiversité est à la fois un état et un processus : elle peut être évaluée en un temps *t* mais elle évolue, elle augmente ou diminue à l'échelle des régions, et donc du monde, au cours de l'histoire de l'humanité sur la Terre ou, plus précisément, en fonction de la géographie des sociétés contemporaines, de l'évolution de leurs relations à l'environnement et de leurs genres de vie.

II. Péninsule d'Osa, archipel des Galápagos et île de Pâques : des régions à forte *géodiversité*

Les parcs nationaux dont il est ici question sont situés dans des régions à forte géodiversité, d'ordre biologique dans la péninsule d'Osa et l'archipel des Galápagos, d'ordre culturel à l'île de Pâques (ou Rapa Nui).

A. *Comment positions et configurations expliquent la biodiversité de ces régions*

La géodiversité de ces régions est d'abord due à leurs positions et à leurs configurations respectives, qui expliquent la singularité de leurs écosystèmes. La biodiversité est très riche dans la péninsule d'Osa, sous le tropique humide ; bien que beaucoup plus pauvre dans les îles océaniques, elle est cependant remarquable par son endémisme dans l'archipel des Galápagos.

À 8° de latitude nord, la péninsule d'Osa (1 600 km^2) a une biodiversité extraordinaire, y compris pour la zone tropicale (cf. cahier couleur) : celle-ci est due à deux facteurs d'importance inégale, apparemment contradictoires mais dont les effets se conjuguent. La localisation de cette région dans l'isthme mésoaméricain, « *pont et filtre biologique* » entre les grandes régions biogéographiques « néotropicale » et « néarctique », lui assure un très grand nombre d'espèces (plus de 4 000 espèces de plantes dont 700 d'arbres, 137 de reptiles et d'amphibiens, 124 de mammifères...). Et, presque entièrement entourée d'eaux marines (Pacifique à l'ouest, Golfo Dulce à l'est), Osa n'est rattachée au continent que par une étroite bande de terre marécageuse se prolongeant au nord par l'immense mangrove de Sierpe : sa configuration péninsulaire lui confère un certain isolement écologique favorisant l'endémisme ; par exemple, sur les 375 espèces d'oiseaux que compte la péninsule, 18 lui sont propres (Vaughan, 1981 ; Torres et Hurtado, 1988).

Dans le Pacifique à 1 000 km du continent sud américain, sous l'équateur mais alternativement envahi par des masses d'air chaud et humide ou plus frais et sec, l'archipel des Galápagos (8 000 km^2) est né d'un point chaud au volcanisme encore très actif. Son isolement a permis une spéciation géographique se traduisant par de très forts taux d'endémisme – 40 % de ses 550 espèces de plantes non introduites par l'homme, 20 de ses 22 espèces de reptiles natives... – pour une biodiversité terrestre par ailleurs relativement pauvre, typique des îles océaniques. Cependant, l'archipel est une marqueterie écologique : la spéciation géographique joue également dans l'archipel, voire au sein d'une île. Enfin, la rencontre de courants marins chaud et frais et d'« upwellings » sur la plateforme des Galápagos explique l'abondance et la diversité de la faune marine comme des oiseaux de mer dans les eaux de l'archipel (cf. références in Grenier, 2000). Extrêmement isolée dans le Pacifique entre l'Amérique du Sud (3 700 km) et Pitcairn (2 100 km), toute petite (166 km^2), l'île de Pâques a une très faible biodiversité terrestre : avant l'arrivée des Polynésiens, elle était cependant recouverte d'une forêt surtout composée du palmier *Jubaea chilensis* ; on n'y voyait ni mammifères ni reptiles, et si les oiseaux de mer étaient nombreux, ils cessèrent d'y nicher après son peuplement humain (CONAF, 1976 ; 1997).

B. Comment les situations de ces régions influent sur leur géodiversité

La situation longtemps marginale de ces régions dans l'écoumène puis dans le système Monde est l'autre facteur explicatif de leur forte géodiversité. Et ce directement à l'île de Pâques, où cette géodiversité provient d'une singulière culture îlienne ayant évolué en vase clos, ou indirectement à Osa et aux Galápagos, dont l'isolement géographique a durablement préservé la biodiversité.

Rapa Nui a été peuplée au VIe siècle par une centaine de Polynésiens venant des Marquises via les Gambier et Pitcairn : leurs principaux traits culturels sont issus de l'aire « proto est-polynésienne ». Cependant, cette population réduite est ensuite probablement restée isolée du reste du monde pendant plus d'un millénaire sur « *Te Pito Te Henua* » (le « *Nombril du Monde* », comme l'appellent alors ses habitants), et s'est adaptée à un environnement insulaire extrême, exigu et presque sans ressource. Une telle adaptation à l'isolement fait de la culture « *rapanui* » (en un seul mot lorsqu'il ne s'agit pas de l'île) un cas singulier d'évolution culturelle, marquée par une spéciation géographique découlant de la « *radiation adaptative* » des Polynésiens dans le Pacifique, suivant le modèle de l'écologie insulaire (Kirch et Green, 1987). Les Polynésiens rapanui se sont forgés un milieu îlien – une îléité – qui, à son apogée, a permis à plus de 10 000 personnes de vivre en paix sur un espace minuscule, isolé et à l'environnement pauvre. Cette adaptation géographique est organisée par une stricte territorialisation de l'île et par la patrimonialisation de statues colossales : les « moai » (Grenier, 2005). S'il a fait preuve d'une extraordinaire longévité, ce genre de vie fondé sur une concurrence pacifique mais perpétuelle entre clans a fini par entraîner, en raison de son inertie face aux changements environnementaux, la déforestation totale de l'île, ce qui provoqua la famine, la guerre (les premiers vestiges d'armes datent du XVIe siècle), et la fin de cette culture des « moai » (cf. cahier couleur). Lorsque les Européens touchent l'île de Pâques, au XVIIIe, une population ramenée à 4 000 personnes s'est dotée d'un autre mode d'adaptation géographique, le culte de l'homme-oiseau, plus brutal mais lui permettant de survivre dans un environnement très appauvri : la culture rapanui a évolué (Bahn et Flenley, 1992).

Les Amérindiens n'ont jamais été nombreux dans le sud de la Mésoamérique, où la colonie espagnole ne fut ni riche ni peuplée, et comme la population du Costa Rica indépendant s'est longtemps limitée au *Valle Central*, la péninsule d'Osa n'a connu que des peuplements humains très faibles et sporadiques jusqu'au XXᵉ siècle (Vaughan, 1981). Quant aux Galápagos, elles étaient inhabitées lorsque les Espagnols, qui ne s'y sont jamais installés, les découvrent au XVIᵉ ; les flibustiers britanniques qui s'en servent de repaire fin XVIIᵉ début XVIIIᵉ n'y laissent qu'une légère empreinte écologique (Grenier, 2000). Ici aussi, ce sont les situations marginales de ces deux régions au sein de l'écoumène puis du premier système Monde qui ont préservé leur géodiversité, des biodiversités très peu modifiées par l'homme.

III. L'ouverture géographique des régions

A. Avant les parcs nationaux

De la première moitié du XIXᵉ au début du siècle suivant, ces régions isolées sont ouvertes sur le monde par divers acteurs occidentaux, alors que des États latino-américains cherchent à les intégrer, par la colonisation, à leurs territoires nationaux respectifs. Ce processus, étroitement similaire aux Galápagos et à l'île de Pâques, un peu différent et plus tardif dans la péninsule d'Osa, se traduit dans les trois cas par une forte réduction de la géodiversité de ces régions, dont les ressources sont pillées alors que leurs singularités naturelle ou culturelle intéressent les scientifiques.

À l'île de Pâques, le rapt de la moitié des habitants par des trafiquants d'hommes péruviens en 1862, puis la contamination virale du reste, mènent la population au bord de l'extinction. L'île passe alors sous la coupe de missionnaires et d'un aventurier français, qui la relient au système Monde via Valparaiso et Papeete ; *Rapa Nui,* comme la nomment alors les Tahitiens, est ensuite annexée par le Chili (1888) avant d'être cédée en bail à une entreprise britannique, qui cantonne les habitants rescapés dans un réduit pour faire place nette aux moutons. Les Rapa nui ont perdu une grande partie de leur mémoire culturelle, que des ethno-archéologues européens (missions Routledge en 1919, Métraux-Lavachery en 1935...) cherchent à retrouver en s'intéressant aux vestiges qui n'ont pas été emportés par les navigateurs de passage : l'île de Pâques devient alors « *mystérieuse* » (Bahn et Flenley, 1992).

Aux Galápagos, les baleiniers américains déciment cachalots et tortues, et introduisent des chèvres. L'Équateur annexe l'archipel en 1832 mais échoue, à plusieurs reprises au cours du siècle, à le coloniser durablement : un entrepreneur y parvient à partir de 1869, au prix de la servitude de ses *peones* et de l'exploitation forcenée de ressources naturelles destinées à l'exportation, d'origine locale (tortues...), ou acclimatées (bétail...). L'entrée des Galápagos sur le marché mondial a un énorme coût écologique dans l'archipel : invasions biologiques, destruction d'espèces et d'habitats, réduction considérable de certaines populations animales et végétales. Les nombreuses missions scientifiques des naturalistes occidentaux qui succèdent à Darwin contribuent d'ailleurs à ce désastre en collectant d'énormes quantités de spécimens dans un archipel devenu l'emblème de la théorie de l'évolution (Grenier, 2000).

L'entrée de la région d'Osa dans le système Monde ne commence vraiment qu'à partir des années 1930, lorsque la *United Fruit* s'installe à proximité de la péninsule, qui connaît par ailleurs une ruée vers l'or. Dans les années 1950, l'entreprise américaine *Osa Productos Forestales* (OPF) achète la moitié nord de la péninsule, tandis que celle-ci voit arriver une première vague de paysans sans terre : un front pionnier, encore modeste, se met en place et la forêt commence à être défrichée le long du Golfo Dulce. En 1962, la péninsule devient plus accessible, avec l'achèvement du tronçon de la route panaméricaine reliant le Costa Rica au Panama, qui passe à proximité, et l'inauguration de la première piste d'aviation par l'OPF (Vaughan, 1981).

B. Création des parcs nationaux

Ces parcs ont en partie été fondés – en 1959 aux Galápagos, 1966 à l'île de Pâques et 1975 dans la péninsule d'Osa –, à l'initiative de scientifiques occidentaux afin de sauvegarder leurs objets d'étude. Ils agissent bien sûr avec l'aval des gouvernements équatorien, chilien et costaricien de l'époque qui, eux, ont un intérêt géopolitique ou économique à la création de ces parcs nationaux : mais ces scientifiques marquent la conservation de ces aires protégées, dont ils rédigent tout ou partie de leurs plans de gestion. Quant aux populations locales, amputées de parties considérables de leurs territoires, elles n'ont jamais été consultées.

Aux Galápagos et dans la péninsule d'Osa, des naturalistes organisés dans des associations adossées à des universités américaines ou européennes installent des stations de recherches qui servent de base logistique à des chercheurs avant tout étrangers. Le *Tropical Science Center* ouvre la Station Rincon de Osa sur les terres d'OPF en 1962 : ses naturalistes définiront les critères de conservation et l'extension souhaitable du PNC ; jusqu'à sa fermeture en 1973 (elle a été remplacée depuis par une station au cœur du parc national), des centaines de scientifiques américains s'y forment en écologie tropicale (Christen, 1995). La *Fondation Charles Darwin* (FCD), qui regroupe des naturalistes occidentaux à l'origine du PNG, inaugure une Station de Recherches aux Galápagos en 1964, qui a depuis accueilli des milliers de biologistes étrangers et équatoriens (Grenier, 2000). À l'île de Pâques, point de station de recherches, mais les archéologues étrangers qui, à la suite de la mission Heyerdhal de 1956, travaillent à la restauration de son patrimoine culturel, comme la publicité internationale donnée à leur action, favorisent un réveil identitaire des Rapa nui. Cela débouche, dix ans plus tard, sur leur émancipation civique, sanctionnée par l'accès de l'île au statut de département, et par la création d'un parc national (CONAF, 1997). Aux Galápagos et dans la péninsule d'Osa, parcs nationaux et stations de recherches marquent une certaine territorialisation des naturalistes étrangers. À Pâques, la présence d'autochtones dont on valorise le patrimoine culturel – et donc la différence avec le pays de tutelle – a réduit l'importance de cette territorialisation scientifique au profit de celle d'un État chilien désireux de maintenir son contrôle sur l'île et ses habitants par d'autres moyens : ce n'est plus sa population mais une bonne partie de Rapa Nui qui est désormais parquée.

De fait, si ces parcs « nationaux » ont vu le jour, c'est surtout parce qu'ils répondent à la stratégie géopolitique d'États latino-américains soucieux d'intégrer enfin efficacement à leurs territoires respectifs ces régions encore très marginales qui intéressent tant les étrangers. Or, à l'occasion de guerres ou de crises internationales, l'armée américaine a construit des pistes d'aviation aux Galápagos (1942) et à Pâques (1965), et des ponts sur la piste reliant la péninsule d'Osa au continent (1989), infrastructures de transport qui permettront d'ouvrir largement ces régions et leurs parcs nationaux d'abord aux touristes, puis aux migrants et entrepreneurs attirés par le développement d'une économie touristique. Le tourisme au sein des parcs nationaux, promu par l'UNESCO et l'UICN pour faire accepter une conservation d'abord organisée par et pour les scientifiques, apparaît ainsi, pour les États concernés, comme le meilleur moyen d'affirmer la souveraineté nationale sur ces régions lointaines en les développant et en les peuplant. Alors, des parcs nationaux pour la science ou pour le tourisme, pour la conservation ou pour le développement ? Responsables scientifiques et administratifs des parcs nationaux vont répondre à ces questions en considérant leur conservation comme une affaire de gestion.

IV. La gestion des parcs nationaux

A. De la conservation à la gestion

Deux modèles de conservation, contradictoires mais dont la coexistence s'observe dans bien des aires protégées, ont présidé à l'établissement des parcs nationaux des Galápagos, de l'île de Pâques et du Corcovado. L'un, celui de l'*US Forest Service*, vise à ouvrir largement les parcs nationaux au tourisme, justification essentielle, si ce n'est première, de leur existence : le décret de création du PNG signale qu'il s'agit d'un futur « *pôle du tourisme mondial* », et le PNRN s'appelle d'abord *Parque Nacional de Turismo Isla de Pascua*. L'autre, le modèle insulaire alors prôné par l'UICN (la 1re conférence mondiale sur les parcs nationaux, en 1962, s'intitulait « *des îles de nature pour le monde* »), cherche à maintenir l'aire protégée assez isolée, parce qu'elle abrite des écosystèmes fragiles ou qu'elle fait l'objet de recherches scientifiques. Cependant, en dépit de cette volonté affichée de protection, cette doctrine encourage paradoxalement le tourisme, comme c'est le cas dans les trois parcs nationaux étudiés.

Cette double contradiction – entre ces deux modèles comme à l'intérieur du second – est en principe résolue par un compromis entre acteurs intéressés par l'établissement d'un parc national – État, entreprises touristiques, scientifiques – accord sanctionné par tous les plans de « *manejo* » recensés. Ainsi, le zonage affectant à chaque partie du parc national un ou des usages autorisés, et l'utilisation de techniques de gestion – au premier rang desquelles le calcul de la « capacité de charge » pour chaque activité et zone concernées, garantirait la compatibilité de la science et du tourisme au sein de l'aire protégée comme sa conservation à long terme.

Le terme de « *manejo* », pour une aire protégée, peut être traduit par « administration », à connotation politique ou du moins territoriale, ou par « gestion », évoquant l'économie spatiale. De fait, c'est cette dernière signification qui l'emporte : il s'agit davantage de « gérer » tant bien que mal des flux et des stocks dans le parc national – le Service du PNG (SPNG) se targue de suivre « en temps réel » les itinéraires des bateaux de croisière – que de le territorialiser, c'est-à-dire d'en contrôler strictement l'accès et les usages qui y ont cours – le même SPNG connaît un déficit chronique de gardes parc. Et comme la gestion de fichiers informatiques ne remplace pas l'administration de terrain, les contrevenants sont nombreux dans le PNG… Cette prédominance de la gestion sur l'administration renvoie, au-delà des parcs nationaux, à l'affaiblissement des pouvoirs politiques territoriaux face aux dynamiques économiques dans la mondialisation.

Les responsables des parcs nationaux étudiés ont longtemps eu du mal à « intégrer » à la conservation les populations locales autrement que par leur « éducation environnementale » : or celles-ci souhaitent profiter des ressources tirées des parcs nationaux, et notamment du tourisme. Les années 1980 représentent un tournant : la « *Stratégie Mondiale pour la Conservation* » de l'UICN en 1980 lance la notion de « développement durable », reprise et largement diffusée par l'ONU après 1987 ; ces années-là voient aussi surgir le concept d'« écotourisme ». Dès lors, on voit se multiplier dans les plans de gestion de ces parcs nationaux les références au développement durable qu'ils sont censés apporter aux populations locales, voire à leurs pays respectifs : les deux documents maîtres du PNC s'intitulent, de façon significative, *plan de manejo y de desarrollo*... Et puisqu'aux Galápagos, à l'île de Pâques et dans la péninsule d'Osa, plus les habitants sont intégrés à l'économie touristique, moins ils contestent les limites et usages des parcs nationaux, le tourisme y apparaît comme garant de la conservation et de la paix sociale.

Corrélativement, la gestion de ces parcs nationaux s'oriente vers toujours plus d'intégration dans leurs régions respectives, à mesure que s'accélère l'ouverture de celles-ci sur le reste du monde. Au Costa Rica, la mise en place d'Unités Régionales de Conservation en 1987 est, entre autres, destinée à favoriser la participation communautaire : le PNC est inclus dans l'Aire de Conservation Osa (ACOSA), où les programmes socio-économiques doivent accompagner ceux de la conservation biologique (Torres et Hurtado, 1988). À l'île de Pâques, la Loi Indigène de 1993 associe la communauté rapanui à l'administration du PNRN, dont le dernier plan de gestion a aussi comme objectif de contribuer au « développement durable » de celle-ci (CONAF, 1997). Aux Galápagos, la loi d'autonomie provinciale de 1998 se base sur des principes de conservation associés à ceux du développement durable, et le dernier plan de gestion du PNG réunit aires protégées et zones peuplées de l'archipel en un seul et même « *socio-écosystème* » (SPNG, 2005).

L'évolution « socio-économique » et l'intégration régionale croissantes de la conservation des parcs nationaux ont conduit à l'abandon du modèle insulaire : il ne s'agit plus de préserver la fermeture relative de ces « îles », mais au contraire de les ouvrir à une exploitation économique qualifiée de « durable » (Grenier, 2004). Cela revient à organiser la conservation de l'aire protégée selon les mêmes valeurs et les mêmes critères que dans le reste du monde, alors qu'elle était en principe conçue comme un espace différent puisque chargé de préserver la diversité terrestre : le terme de gestion est significatif de cette évolution de la doctrine conservationniste.

B. La gestion, une logique marchande

De façon surprenante, la notion de gestion n'est définie dans aucun dictionnaire de géographie. D'après le *Larousse*, gérer c'est « *administrer des intérêts, une entreprise* », et la gestion est l'« *action ou manière de gérer, d'administrer, de diriger, d'organiser quelque chose ; la période pendant laquelle on gère une affaire* ». La gestion est une notion économique qui a débordé de son domaine d'origine pour imprégner tous les aspects de la vie sociale (que ou qui ne gère-t-on pas aujourd'hui ?), dont ceux qui touchent à l'espace. Parler de gestion des aires protégées oblige donc à prendre en compte cette dimension économique essentielle du terme, car il s'agit ici aussi de « *l'administration d'une affaire* » : la gestion des parcs nationaux tente d'y encadrer la diffusion d'une logique marchande.

Cette logique est particulièrement visible dans la gestion de la principale ressource des parcs nationaux, le tourisme. Alors que tous les plans de gestion des parcs nationaux étudiés comptent parmi leurs objectifs de contrôler le tourisme d'une façon ou d'une autre (zonages, aménagements, quotas, concessions, itinéraires, capacités de charge, etc.), celui-ci ne cesse de croître et de s'étendre : parce que, en même temps, tout est mis en œuvre pour cela. Aucun de ces plans ne parle en effet de limiter l'« écotourisme », activité conciliant conservation et développement durable des parcs et de leurs régions, et qui rapporte de l'argent sans être néfaste car d'usage « non extractif » : selon un slogan vantant la gestion « écotouristique » du PNG, « *le touriste ne laisse que des empreintes et ne prend que des photos* »…

Photo 4. Groupe de touristes de croisière à Punta Suarez, île d'Española : ce site de visite, le seul où sont visibles les albatros, est l'un des plus surchargés du PNG (© C. Grenier).

La coopération internationale est indispensable pour gérer ces parcs nationaux de façon rentable, notamment d'un point de vue touristique. Journalistes, scientifiques et ONG conservationnistes des pays du Nord assurent, directement ou pas, une publicité qui incite leurs compatriotes à les visiter, et cette ouverture touristique reçoit l'appui de pays développés et de grandes organisations internationales, pour qui conservation doit rimer avec mondialisation (cf. cahier couleur). Ainsi, le PNC est qualifié de « *joyau des aires protégées du Costa Rica* » ; quant aux PNG – « *laboratoire de l'évolution* » – et PNRN – « musée à ciel ouvert », ils sont classés « *patrimoines de l'humanité* » par l'UNESCO. La conservation de ces parcs a été pensée et continue d'être en grande partie organisée et financée par des organismes internationaux (UNESCO, PNUE, UICN, Banque mondiale, PNUD, BID, OEA, etc.) et par l'aide bilatérale, notamment américaine (USAID), espagnole (AECI) et japonaise (JICA). De nombreuses ONG internationales (WWF, CI, TNC, FCD, Boscosa, *The Easter Island Foundation, World Monuments Fund,* etc.), en partie financées par ces bailleurs de fonds, sont très présentes sur place, où elles ont stimulé la fondation d'une multitude d'associations, coopératives et autres ONG régionales de différentes natures qui profitent de la manne. Les politiques de conservation et de développement durable mises en œuvre dans les parcs et leurs régions sont donc dans l'ensemble bien financées, du moins à l'échelle mondiale : par exemple, les fonds consacrés à la conservation des Galápagos entre 1998 et 2004 (88 millions de dollars, dont 51 issus de diverses aides internationales) sont supérieurs de 25 % à ceux destinés à l'ensemble des 46 aires protégées de Madagascar entre 2002 et 2007.

À ces acteurs conservationnistes en majorité étrangers, il faut ajouter les administrations nationales qui, malgré des histoires tumultueuses et un manque chronique de moyens, ont le mérite de faire patrouiller quelques gardes parc dans les aires « protégées » de l'État. Ce sont bien des « *parcs nationaux mondialisés* », où souveraineté nationale et science universelle s'accordent sur la conservation et le tourisme, des types de relations à l'environnement – ou des milieux – en pleine expansion dans la mondialisation contemporaine. La gestion de ces parcs nationaux repose sur une contradiction géographique fondamentale, qui menace la pérennité de leur conservation. Car en stimulant le développement du tourisme, ces « parcs » censés conserver des écosystèmes ou des paysages formés dans et préservés par l'isolement géographique, contribuent à ouvrir les régions qui les abritent, ce qui y favorise l'exploitation d'autres ressources valorisées sur le marché mondial et accélère leur intégration dans leurs territoires nationaux respectifs.

V. L'ouverture géographique continue, ou l'inéluctable échec de la gestion des parcs nationaux

Les parcs nationaux Galápagos, Rapa Nui et Corcovado ne sont pas isolés des régions qui les abritent, si ce n'est par des règlements que des administrations, soumises à de fortes pressions de la part des autres acteurs, tentent de faire appliquer. Or, depuis la création de ces parcs nationaux, l'archipel des

Galápagos, l'île de Pâques et la péninsule d'Osa connaissent une spectaculaire ouverture géographique, dont l'impact est très fort sur leur biodiversité ou leur milieu. La géodiversité de ces régions s'érode donc rapidement, ce qui accroît les pressions sur leurs parcs nationaux sans que leur gestion ne puisse contrarier ni même ralentir cette dynamique.

A. Péninsule d'Osa et parc national Corcovado

La division administrative de la péninsule d'Osa entre des parties de deux cantons et de plusieurs districts rend impossible tout décompte précis de sa population : on estime cependant qu'elle est passée de 3 000 à 12 000 habitants entre 1973 et 2000. Car cette région connaît plusieurs vagues de migration à partir des années 1980, liées à la crise économique dans laquelle s'enlise alors le Costa Rica, et à la guerre au Nicaragua. La RFGD est sérieusement défrichée par ces *colono* pour faire place à l'élevage ou à la culture du riz : la région devient un véritable front pionnier, d'autant qu'une seconde ruée vers l'or y a lieu en 1985. Le parc du Corcovado est alors envahi par des centaines d'orpailleurs tandis que des entreprises minières disposant de matériel lourd s'installent à sa périphérie : la pollution des rivières et la sédimentation sont intenses, de nombreux animaux chassés comme gibier.

Photo 5. Osa : *colon* défrichant sa parcelle dans la Réserve Forestière Golfo Dulce, zone tampon du parc national Corcovado (© C. Grenier).

Dans les années 1980 également, la péninsule d'Osa est reliée au continent par une route, et Puerto Jimenez, son chef-lieu, doté d'un petit aérodrome ; ailleurs et jusqu'en plein PNC, de petites pistes permettent de déplacer, en une heure d'avion depuis San José, touristes fortunés ou scientifiques pressés. L'amélioration de l'accès à la péninsule entraîne l'augmentation du nombre de visiteurs du PNC (325 en 1982, 16 000 en 1994), plus des touristes – non recensés – attirés par la réputation du parc mais ne le visitant pas. Cette croissance du tourisme, plus importante que ne le laisse paraître la comptabilité du PNC, suscite l'arrivée de travailleurs et d'entrepreneurs costariciens et étrangers dans la région, faisant naître une économie de services à Puerto Jimenez. Des hôtels et villas de luxe, dont nombre ont des réserves écologiques privées et la plupart des propriétaires américains, éclosent à proximité du Parc du Corcovado, ce qui y entraîne une baisse des visites (10 000 en 2000) et la chute conséquente des revenus d'ACOSA. Enfin, l'exploitation du bois dans la RFGD, en principe gérée mais en réalité effectuée sans contrôle, connaît une forte augmentation depuis une dizaine d'années. Elle accélère la réduction de la forêt hors du PNC, remplacée par endroits par des plantations d'arbres – *Gmelina arborea* – à usage industriel, et entraîne une perte de biodiversité par fragmentation et effet lisière de l'écosystème forestier dans l'ensemble de la péninsule d'Osa, parc national compris (Cuello, *coord.*, 1998 ; Rosero, *coord.*, 2002 ; Grenier et Ménanteau, 2003).

B. Galápagos

L'ouverture géographique des Galápagos depuis les années 1970 – époque du lancement du tourisme à grande échelle dans l'archipel – est encore plus lourde de conséquences pour leur géodiversité, en raison de la grande vulnérabilité des écosystèmes insulaires. Le tourisme est le moteur de l'ouverture de l'archipel : le nombre de visiteurs est passé de 4 000 en 1974 à 122 000 en 2006, et les transports reliant l'archipel à l'Équateur continental augmentent donc régulièrement en nombre, en volume et en fréquence (par exemple, entre 3 et 5 Boeing 737 et Airbus A320 se posent tous les jours aux Galápagos). Habitants et touristes sont sous perfusion du dehors, dont provient la quasi-totalité de ce dont ils ont besoin pour vivre ou séjourner aux Galápagos, que ce soit dans les zones réservées au peuplement (réparties sur cinq îles) ou sur les bateaux de croisière. Résultat, les invasions biologiques sont la principale menace écologique affectant les Galápagos (SPNG, 2005 ; FCD, 2007), et malgré la mise en place d'un Système de quarantaine phytosanitaire en 1996, le nombre d'espèces allochtones ne cesse de croître : 445 espèces de plantes introduites recensées en 1995, 748 début 2007 ; à comparer avec les 500 espèces de plantes natives – desquelles 180 espèces endémiques, dont 60 % sont considérées en danger – que compte l'archipel...

Le dynamisme économique des Galápagos, qui contraste avec la crise aiguë que connaît le reste du pays depuis les années 1990, s'accompagne d'une très forte croissance démographique, presque entièrement due à l'immigration en provenance de l'Équateur continental : 2400 habitants en 1962, peu après la création du PNG, 10000 en 1990, et plus de 25000 aujourd'hui. L'archipel est aujourd'hui la province la plus riche d'Équateur en revenus par habitant, même si les inégalités sociales se sont fortement accrues au cours de la dernière décennie : les insulaires importent de nombreux véhicules et bâtissent à tour de bras. À tel point que le périmètre urbain alloué à Puerto Ayora, la capitale économique des Galápagos où flambent les prix de l'immobilier, est saturé : les lotissements bourgeonnent dans la zone agricole de l'île Santa Cruz, reliée à la ville-port par une large route asphaltée à travers le PNG. Aux Galápagos aussi, on assiste depuis une dizaine d'années à la construction de villas et hôtels pour riches villégiateurs, dont certains arrivent dans l'archipel par avion privé. Ouverture géographique et croissance démographique se traduisent aussi par plus de pollution (la marée noire du Jessica fit la une des médias internationaux en 2001), l'accumulation de déchets dans des décharges situées dans le PNG, une surconsommation de rares ressources en eau douce...

Cette ouverture géographique se traduit aussi par des flux d'organismes sortant de l'archipel : depuis les années 1990, les eaux de la Réserve Marine (zone tampon devenue parc national marin en 1998 et « patrimoine mondial » de l'UNESCO en 2001) ont vu le développement fulgurant de la pêche aux holothuries[1] destinées au marché asiatique. D'abord illégale et donnant lieu à de violents incidents rapportés par la presse internationale, celle-ci a été autorisée à partir de 1997 moyennant une « gestion participative » de la ressource qui s'est révélée impuissante, en raison des sommes en jeu et du manque de volonté politique, à éviter l'épuisement rapide des stocks commercialement intéressants d'holothuries dans l'archipel. Les requins continuent d'être capturés illicitement dans le parc marin – dont les eaux couvrent 45000 km^2 difficiles à surveiller – pour le commerce des ailerons ; mais les pêcheurs *galapagueños* cherchent aujourd'hui d'autres ressources marines à cxporter (Grenier, 2007).

1. Holothurie (ou concombre de mer, bêche de mer ou ver marin) : animal invertébré au corps mou, vivant dans les mers chaudes, pêché et consommé notamment en Asie du Sud-Est.

C. Île de Pâques et parc national Rapa Nui

Le tourisme est aussi le principal responsable de l'ouverture géographique de l'île de Pâques ; sa croissance s'accélère dans les années 1990 : 2800 visiteurs en 1974, 5000 en 1990 et 22000 en 2000 (auxquels il faut ajouter les passagers des 14 paquebots y ayant fait escale cette année-là). La compagnie aérienne LAN Chile a inauguré sa ligne Santiago-Rapa Nui-Papeete en 1967 : aujourd'hui, l'un de ses Boeing 767 se pose six jours par semaine sur l'île de Pâques, alternativement en provenance du Chili ou de Tahiti. Mais il faut ajouter à ces vols réguliers des charters, fréquents pendant l'été austral : la longueur de la piste, agrandie en 1986 par l'armée américaine pour servir de base de secours à la navette spatiale, permettait ainsi au Concorde d'y atterrir. Comme aux Galápagos, la population insulaire augmente parallèlement au développement du tourisme : 1600 habitants en 1970, 2700 en 1990, 3600 en 2000 ; leur nombre est estimé à 4500 en 2005 (CORFO, *coord.*, 2003).

Photo 6. Tongariki, le plus grand *ahu moai* de l'île de Pâques, restauré dans les années 1990, est un haut lieu du tourisme dans le parc national Rapa Nui (© C. Grenier).

Les conséquences de cette rapide et large ouverture géographique sur la géodiversité de l'île de Pâques sont surtout d'ordre culturel. Certes, on retrouve ici les mêmes pressions sur l'environnement biophysique qu'aux Galápagos – pollutions, ordures, rareté de l'eau douce, etc., et les touristes en surnombre sur les sites les plus fameux causent aussi des dégâts, au point que le village d'Orongo, principale attraction de l'île, a été classé en 1999 parmi les cent sites archéologiques en danger dans le monde. Est-ce en rapport avec l'érosion des restes de la culture rapanui, en partie figée dans un folklore touristique fabriqué ? L'ouverture géographique de l'île de Pâques, commencée à l'époque moderne, continue d'y effacer en effet, par diffusion d'un genre de vie commun à bien d'autres lieux du monde, un autre milieu îlien qui avait pourtant survécu à 1 500 ans d'isolement forcé.

À l'île de Pâques aussi, la population croît essentiellement par immigration en provenance de la partie continentale du pays ; mais, à la différence des Galápagos, il s'agit ici d'immigrés appartenant à une autre culture que celle des insulaires, selon ces derniers. En réalité, les tensions croissantes qui en résultent avec ces Chiliens du continent, qui constituent désormais la moitié de la population de l'île et que les Rapanui considèrent comme des envahisseurs, s'expliquent mieux par la compétition économique locale dans un espace largement mondialisé que par un véritable antagonisme culturel. D'ailleurs, les mariages « mixtes » sont nombreux et, avec l'école et la télévision chiliennes, l'usage exclusif de l'espagnol se répand dans la communauté rapanui. À l'île de Pâques comme aux Galápagos, les insulaires « légitimes » – autochtones rapanui ou *galapagueños* – tentent de tirer avantage de leur antériorité territoriale par rapport aux migrants pour se réserver les revenus tirés de l'ouverture sur le monde, notamment ceux du tourisme. Mais le milieu de ces insulaires « historiques » est devenu semblable à ceux de migrants récents : leur genre de vie est le même. Aujourd'hui par exemple, l'île de Pâques est le département du Chili qui compte le plus de véhicules motorisés par habitant – il y en avait déjà 1 500 en 1995 : or les Rapanui, principaux bénéficiaires du tourisme, sont les insulaires qui en possèdent le plus, sur une île dont on fait le tour en une demi-heure de voiture et dont 95 % de la population vit dans la bourgade d'Hanga Roa.

Conclusion : Gérer des parcs nationaux ou conserver la géodiversité ?

Ces parcs nationaux sont des réserves naturelles dans un monde de rareté croissante, y compris à l'échelle de ces régions, ils couvrent une grande superficie et leur principe n'est pas remis en question. C'est pourquoi ces parcs font l'objet de toutes les convoitises de la part d'acteurs géographiques régionaux dont certains évoluent aussi aux échelles mondiale et nationale : ce sont des territoires à prendre et/ou à contrôler pour y imposer ou y interdire des usages qui ne sont pas tous compatibles entre eux ni avec la conservation. Les pêcheurs des Galápagos ou les forestiers d'Osa, plus ou moins soutenus par les pouvoirs politiques nationaux ou régionaux, s'opposent ainsi aux entreprises touristiques, aux ONG conservationnistes et aux scientifiques, qui ont eux aussi leurs alliés politiques ; et nombre de Rapab nui contestent le parc national qui les prive d'une partie de leurs « terres ancestrales ».

La gestion des parcs nationaux du Corcovado, des Galápagos et de Rapa Nui, emblématiques de la conservation mondiale, ne parvient pas à enrayer la perte de géodiversité des régions où ils sont situés, ce qui menace directement leur patrimoine. C'est que si les principes qui inspirent la gestion de ces parcs ont des fondements spatiaux à la fois écologiques et économiques, ils n'ont pas pour autant d'assise géographique : ils ne prennent pas en compte les emboîtements d'échelle, les territoires, les milieux qui affectent ces espaces. Cela ne permet pas de concevoir les usages de ces parcs nationaux en termes de pouvoir (territoires) ou de culture (milieux), ni de voir que l'ouverture géographique régionale, notamment par le biais de populations « locales » largement connectées aux espaces mondial et national, empêche leur conservation à long terme.

Une approche géographique de la conservation des parcs nationaux vise à préserver ou cherche à recréer la géodiversité des régions dans lesquelles ils sont situés. Ce n'est pas à la gestion du monde de « dehors » d'entrer dans les parcs mais aux principes de conservation de ceux-ci de s'étendre au dehors, dans les régions qui les entourent. Il est pour cela nécessaire d'évaluer les activités effectuées dans ces régions et leurs parcs nationaux à l'aune de la « profondeur » et de la durée de leurs empreintes. Empreintes qui ne sont pas seulement « écologiques » – celles qu'on laisse sur l'environnement, mais également géographiques – celles qui, en transformant espaces et milieux, changent aussi la face de la Terre. La conservation doit donc évaluer la « géographie » de ces activités, les traces qu'elles laissent sur ces régions de la Terre, favoriser ou inventer celles qui en préservent ou en restaurent la géodiversité régionale dont dépend celle des parcs nationaux, et interdire les autres. Il ne s'agit pas là de gestion « écolo-nomique » mais de politique géographique, car la question n'est pas « jusqu'à quel seuil l'écosystème est-il rentable ? » mais « que serait l'écoumène sans géodiversité ? ».

Bibliographie

- Bahn P. et Flenley J., 1992 : *Easter Island. Earth Island*, Londres : Thames and Huston, 220 p.
- Brunet R., 1986 : « L'espace, règles du jeu », in Auriac F., Brunet R., (coord.) : *Espaces, jeux et enjeux*, Paris, Fayard, p. 297-316.
- Christen C. A., 1995 : Tropical Field Ecology and Conservation Initiatives on the Osa Peninsula 1962-1973, Chatelin Y., Bonneuil C., (coord.) : *Nature et Environnement; les sciences hors d'Occident au XXe siècle*, vol. *3*, Paris : IRD, p. 223-241.
- CONAF, 1976 : *Plan de manejo. Parque Nacional Rapa Nui*, Santiago : CONAF, FAO, 72 p.
- CONAF, 1997 : *Plan de manejo. Parque Nacional Rapa Nui*; Santiago, CONAF, 162 p.
- CORFO, MIDEPLAN, CONADI, FDI, 2003 : *Estrategias y Acciones para la Conservación, Uso y Aprovechamiento Sustentable de los Recursos Patrimoniales de Isla de Pascua.* Santiago : Ambar, 98 p.

- Cuello C., Brandon K., Margoluis R., 1998 : « Costa Rica : Corcovado National Park », in Brandon K., Redford K., Sanderson S., eds : *Parks in Peril. People, Politics and Protected Areas.* Washington DC : Island Press, p. 143-191.
- FCD, 2007 : *Galápagos en riesgo.* Puerto Ayora, Estación Científica Charles Darwin, 26 p.
- Grenier C., 2007 : *Galápagos, islas en el mundo,* Quito : Abya-Yala, Corporación Editorial Nacional, Institut Français d'Études Andines, IRD, 463 p.
- Grenier C., 2005 : « La patrimonialisation comme mode d'adaptation géographique. Galápagos et île de Pâques », in M-C Cormier Salem, D. Juhé-Beaulaton, J. Boutrais, B. Roussel, (coord.) : *Patrimoines naturels aux Suds. Territoires, identités et stratégies locales.* Paris : IRD Éditions : p. 475-513.
- Grenier C., 2004 : « Discontinuité et accessibilité des aires protégées. Du modèle insulaire au modèle réticulaire », in Lebigre J.-M., Decoudras P., (coord.) : *Aires protégées littorales du monde tropical.* Collection Îles et Archipels n° 32 CRET, université de Bordeaux III : p. 29-42.
- Grenier C., 2003 : « Garder l'espace : la notion de géodiversité et la conservation du patrimoine littoral », *Océanis, fascicule 28-1/2 Environnement, politiques publiques et dynamique des activités littorales* : p. 233-251.
- Grenier C., Ménanteau L., 2003 : « Le jaguar et la tronçonneuse. Les contradictions du développement durable dans la péninsule d'Osa (Costa Rica) », in Cosaert P., Bart F., (coord.) : *Patrimoines et développement dans les pays tropicaux. Collection Espaces tropicaux n° 18,* CNRS Dymset, Talence, p. 289-298.
- Grenier C., 2000 : *Conservation contre nature. Les îles Galápagos,* Paris : IRD, Coll. « Latitudes 23 », 376 p.
- Kirch P., Green R., 1987 : « History, Phylogeny and Evolution in Polynesia », *Current Anthropology,* vol. *28, n° 4,* p. 431-456.
- Lugon R., 2005 : « Compte rendu d'ouvrage : *Geodiversity, valuing and conserving abiotic nature,* de M. Gray, 2004 », *Géomorphologie n° 5,* p. 235-236.
- Ramirez J.-M., 2004 : « Manejo del recurso arqueológico en Rapa Nui : teoría y realidad », *Chungará Revista de Antropología Chilena, vol.36,* p. 189-197.
- Rosero L., Maldonado T., Bonilla R., 2002 : « Bosque y población en la península de Osa, Costa Rica », San José : *Revista de Biologia Tropical,* vol. *50, n° 2,* p. 585-598.
- SPNG, 1996 : *Plan de Manejo del Parque Nacional Galápagos,* Puerto Ayora : SPNG, 231 p.
- SPNG, 2005 : *Plan de Manejo Parque Nacional Galápagos,* Puerto Ayora : SPNG, 347 p.
- Torres H., Hurtado L., 1988 : *Parque Nacional Corcovado. Plan de Manejo y Desarrollo,* San José, Costa Rica : FPN, SPN, CATIE, 297 p.
- Vaughan C., 1981 : *Parque Nacional Corcovado. Plan de Manejo y Desarrollo,* Heredia, Costa Rica : EUNA, 351 p.

Dossier n° 5

L'*Amitié* et la *Fraternité* par-delà les frontières. Coopérations binationale et trinationale entre parcs nationaux des États d'Amérique centrale

Lucile Medina-Nicolas

Dans la nébuleuse des catégories d'aires protégées, les parcs naturels internationaux constituent une catégorie à part, qui se joue des frontières. Nous nous proposons d'approcher leur analyse à travers l'étude d'une région mal connue, l'Amérique centrale, qui abrite l'un d'entre eux. L'isthme centraméricain est un pont entre les masses continentales de l'Amérique du Nord et du Sud, qui s'est formé il y a environ trois millions d'années et sur lequel on trouve une grande variété géologique, biologique et culturelle. Un si petit territoire abrite environ 7 % de toutes les espèces végétales et animales du monde. Il est cependant l'objet, à l'image de l'Amérique du Sud, de déprédations qui menacent sa richesse « naturelle » et c'est pourquoi des périmètres de protection ont été peu à peu circonscrits. Parmi la catégorie des parcs naturels, deux projets de parcs internationaux[1] ont vu le jour sur les hautes terres de l'isthme : l'un a avorté, il s'agit du projet de parc trinational *La Fraternidad* à la frontière entre le Guatemala, le Salvador et le Honduras ; le second s'est concrétisé en 1979 avec la création du parc binational *La Amistad* à cheval sur la frontière entre le Costa Rica et le Panama. Nous proposons un regard croisé sur ces deux initiatives de parcs internationaux. L'une n'a pas abouti pour l'heure, toutefois son analyse offre une mise en perspective riche d'enseignement face à la

1. Le terme transfrontalier est utilisé plus largement, pour des périmètres qui réunissent des aires de protection qui n'ont pas forcément le statut de parcs nationaux. L'utilisation du qualificatif international est plus strictement réservée aux parcs transfrontaliers qui découlent de la réunion de deux (en général, voire trois) parcs nationaux.

seconde, d'autant qu'il s'agit, malgré l'échec de création d'un parc trinational, d'un des périmètres de coopération transfrontalière le plus souvent cités en exemple dans l'isthme, appelé le *Trifinio* (carte 7).

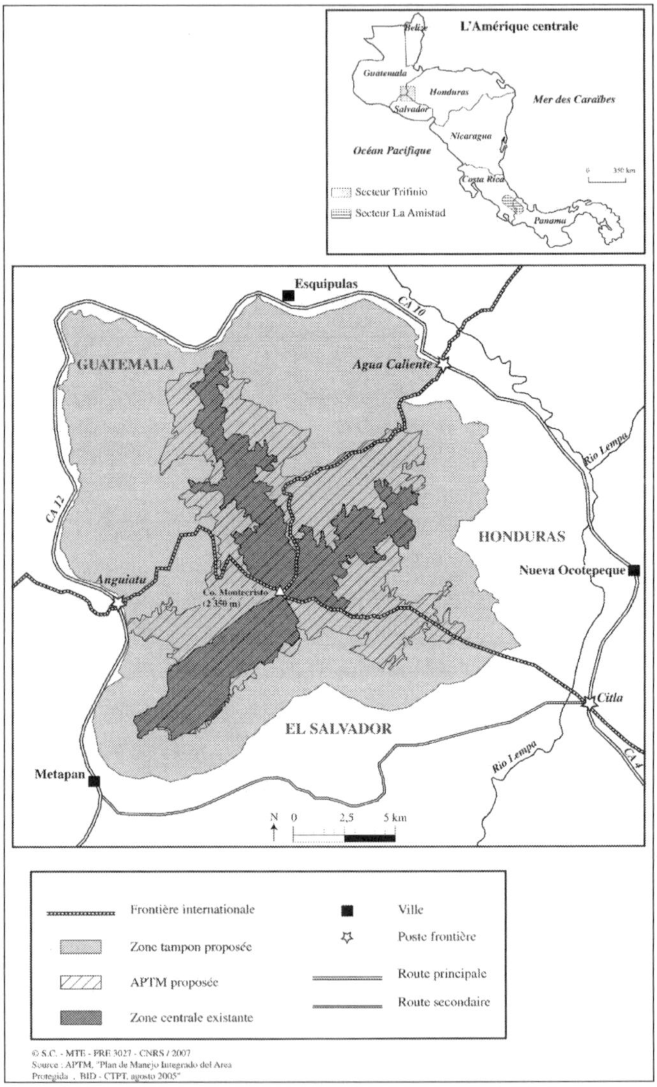

Carte 7. La région du *Trifinio* à la triple frontière Guatemala-Honduras-Salvador et le projet actuel d'Aire Protégée Trinationale.

Quelle(s) spécificité(s) un parc naturel international présente-t-il par rapport à un « simple » parc national ? Sa double – voire triple – appartenance étatique confère tout d'abord une dimension géopolitique majeure à sa logique de constitution. Appréhendées comme un instrument de coopération transfrontalière, les modalités de gestion plus complexes qui en découlent en sont un autre trait caractéristique. Dépasser la frontière afin d'instituer une gestion conjointe est une entreprise délicate. Simple juxtaposition ou réelle dynamique d'intégration, quelle est la réalité des parcs internationaux ? Cette interrogation renvoie à une autre en amont : quelle est réellement la stratégie de départ des parcs internationaux, encouragés au niveau mondial comme « *parcs pour la paix* » ? Contribuer à construire une vraie territorialité transfrontalière ou instituer un espace « tampon » protégé, sorte de *no man's land* pacifié ?

À travers les deux exemples centraméricains proposés, il s'agit de mieux cerner la façon dont naît et est géré un parc international. Nous avons par conséquent choisi de centrer l'analyse à la fois en amont sur les processus à l'origine de la naissance d'un parc international et sur les modalités opérationnelles de gestion une fois la création effective. Volontairement, les actions développées dans le cadre de ces périmètres de protection ne seront pas étudiées de manière approfondie, en raison du fait qu'elles ne présentent pas d'originalité particulière et ne se distinguent pas de celles menées dans l'ensemble des parcs nationaux.

I. Les parcs internationaux : un environnement très politique

Ce qui différencie par essence un parc naturel international d'un parc naturel national, c'est que son périmètre enjambe une frontière politique séparant deux États souverains. Il est constitué de parcs nationaux la plupart du temps déjà existants, rassemblés dans une construction nouvelle. Cette position à cheval sur une frontière internationale est tout sauf une caractéristique mineure et anodine, elle fait la singularité fondamentale d'un parc international. On parle là d'une ligne de séparation forte entre deux territoires nationaux, beaucoup plus difficile à transcender qu'une limite politico-administrative interne dont on connaît déjà le degré de résistance. La création d'un parc international est donc une initiative qui découle d'un processus de concertation entre deux États, qui manifestent ainsi une volonté de rapprochement.

A. L'isthme centraméricain : l'illustration alarmante de la dynamique de déforestation qui affecte l'Amérique latine

L'Amérique latine est une région du monde d'une extrême richesse biologique, qui se trouve aujourd'hui gravement menacée. Les ressources naturelles y ont été depuis longtemps exploitées sans limites et le taux de déforestation est parmi les plus élevés au monde, en moyenne –0,48 % par an entre 2000 et 2005. Actuellement, l'Amérique centrale est la région du monde qui enregistre les plus grandes pertes de forêts en pourcentage (FAO, *Situation des forêts du monde*, 2007). Durant les dernières décennies, on a pourtant pu noter des efforts croissants de la part des gouvernements et des organisations nationales et internationales, soutenus par des fondations écologiques, pour limiter les déprédations et favoriser la préservation des milieux naturels. Le mouvement impulsé en Amérique latine est très signifiant de la prise en compte environnementale qui s'amorce depuis peu dans les pays du Sud. S'y ajoutent sans doute plus qu'ailleurs la conscience d'une problématique partagée et l'implication active des États dans des processus de coopération régionale qui conduisent leurs membres à développer des initiatives communes.

Dans l'isthme centraméricain où la population continue à augmenter à un rythme rapide (40 millions d'habitants en 2007 et une croissance naturelle de 1,76 % par an), les principales causes de destruction identifiées sont l'exploitation forestière, légale et illégale, à des fins commerciales, l'usage du bois et du charbon à des fins énergétiques, tant pour un usage industriel que domestique, l'extension de terres agricoles et les incendies de forêts (Rodriguez, 2005). On estime qu'entre 1945 et 1990, les deux tiers de la végétation naturelle de l'Amérique centrale ont été détruits. La déforestation ne se ralentit pas, de sorte que la couverture boisée (22,4 millions d'hectares en 2005) continue à se réduire à un rythme « *très préoccupant* » selon la FAO (–285 000 hectares par an entre 2000 et 2005 soit un taux de variation annuel de –1,23 %). Le cas du Costa Rica mérite cependant d'être souligné ; il est le seul pays de l'isthme qui a signalé une augmentation de sa superficie boisée entre 2000 et 2005. Cet unique contre-exemple ne suffit pas à masquer la gravité de la situation, due à l'émergence tardive des préoccupations environnementales dans cette partie du monde. On peut expliquer en partie celle-ci par le climat politique régional perturbé jusque dans les années 1990, qui a orienté les préoccupations des gouvernements vers l'apaisement des conflits politico-militaires (démocratisation du Nicaragua en 1990 et fin officielle des guerres civiles au Guatemala et au Salvador, respectivement en 1992 et 1996) et le rattrapage du retard économique accumulé. Depuis la fin des années 1980, l'agenda régional concernant l'environnement est lié fortement à la pacification (accords de paix d'Esquipulas, Guatemala, 1986) et à la revitalisation du processus d'intégration régionale. Les instances régionales mises en place ont depuis multiplié les injonctions de préservation de l'environnement (Congrès Mésoaméricains[1] sur les Aires protégées en 2003 et 2006, programme de « *corridor biologique mésoaméricain* » financé à partir de 1990 par la Banque mondiale). L'UICN recense 557 aires protégées en Amérique centrale (UICN, 2007), parmi lesquelles 124 relèvent de la catégorie des parcs nationaux (ce chiffre varie quelque peu selon les sources consultées). Le SICA (*Système d'Intégration Centraméricain*) encourage toutes les initiatives communes transfrontalières, dont les parcs internationaux font partie. Des initiatives de création de parcs naturels transfrontaliers s'étaient déjà engagées dans les années 1970, dans la même décennie qu'en Europe (Picouet et Renard, 1993), mais pour l'heure, il n'en existe cependant qu'un seul, celui de *La Amistad*, qui se double de la seule réserve de la biosphère transfrontalière de la région.

B. La promotion des « Parcs pour la Paix » pour « dépasser les frontières »

L'existence des parcs internationaux est à replacer dans un contexte mondial porteur qui incite au développement de périmètres transfrontaliers de protection environnementale, à la fois comme instruments de conservation et de coopération. Ce mouvement que l'on voit s'amorcer au début des années 1970 s'inscrit dans la philosophie de la conférence des Nations unies de Stockholm (1972) qui incitait au dépassement fonctionnel des compartimentages frontaliers, sous la devise « *nous n'avons qu'une seule terre* » (Dupuy, 1980). Cette justification qui repose sur la « nature » comme donnant lieu à un dépassement de la frontière est intéressante, postulant l'antécédence d'une « nature » commune sur la frontière présentée comme une ligne de séparation artificielle plaquée par les hommes. On reviendrait ainsi à un ordre des choses « originel ». Selon M.-C. Fourny (2005), « *la nature transfrontalière représente en ce sens une tentative d'articuler un devoir de nature avec un droit territorial* ». L'UICN s'est attaché depuis lors à promouvoir la création d'Aires Protégées Transfrontalières et de Parcs pour la Paix (voir encadré), dans l'optique de transformer des marges frontalières souvent militarisées en instruments de pacification et de construction d'intégration régionale (Giraut, *coord.*, 2004). La préservation de l'environnement est souvent posée comme un domaine qui permet de construire aisément du commun par-delà les divisions politiques. L'idée n'est pas absurde, mais l'observation bat en brèche l'apparente facilité de la chose.

1. Le terme Mésoamérique désigne l'aire comprenant le Mexique et les sept pays de l'Amérique centrale proprement dite. Il est de plus en plus employé à la faveur du développement des projets communs à cet ensemble.

Aires Protégées Transfrontalières (APTF) et *Peace Parks*

L'UNEP (*United Nations Environment Program*) soutient à l'échelle mondiale la création et le développement d'aires transfrontalières de protection environnementale pour encourager la paix et la coopération internationale entre les pays, en créant une zone protégée au niveau de leurs frontières. La dénomination adoptée par l'UICN, en français « *Aires Protégées Transfrontalières* » (APTF), les définit comme des « *zones terrestres et/ou maritimes enjambant une ou plusieurs frontières entre des États, des unités infranationales, telles que provinces et régions, des régions autonomes et/ou des zones sortant des limites de souveraineté ou de juridiction nationale, dont les parties constituantes sont spécifiquement consacrées à la protection et au maintien de la diversité biologique et des ressources naturelles et culturelles associées, et gérées en coopération au travers de dispositions juridiques ou autres en vigueur* » (UICN, 1994). Il faut noter que, dans la plupart des cas, *transfrontalier* renvoie à un contexte de coopération internationale, mais que le terme peut s'appliquer également à la coopération entre des ressorts territoriaux infra-nationaux voisins.

Un autre concept a été également développé, celui des *Peace Parks* ou *Parcs pour la Paix*. Il existe une certaine confusion au niveau des termes employés dans ce domaine, bien qu'officiellement, les *Parcs pour la Paix* soient un type spécial d'APTF, établis dans des régions marquées par des conflits (pas forcément sur une frontière internationale donc ; voir Giraut, *coord.*, 2004) et qui ont un objectif très clair de paix et de coopération. Ils sont définis comme des « *zones transfrontalières officiellement consacrées à la protection et au maintien de la diversité biologique et des ressources naturelles et culturelles associées, dont l'objectif est la promotion de la paix et de la coopération entre les nations*[1] ». Ils ont une longue histoire, la création du premier parc, le parc international pour la paix Glacier-Waterton entre les États-Unis et le Canada, sous l'impulsion du Rotary, remontant à 1932 (Héritier, 2004). Le nombre d'APTF a connu une forte croissance : 70 APTF dans 65 pays en 1993, 169 APTF dans 113 pays en 2001 (source : UNEP). Les APTF sont présentées comme renforçant la protection de l'environnement mais aussi présentant des avantages économiques comme le tourisme. Elles entendent également permettre de mieux maîtriser de nombreux problèmes transfrontaliers : exploitation illégale du bois, incendies, braconnage, pollution, contrebande, gestion commune des ressources d'eau, etc.

C. Les parcs naturels internationaux : un instrument commode de coopération transfrontalière pour construire du commun ?

L'existence de parcs internationaux questionne d'abord le contexte de leur genèse et les motivations qui en sont à l'origine. L'originalité de leur cas permet, plus que dans celui de simples parcs nationaux, de mettre en évidence que la création d'un parc naturel ne répond pas seulement à des considérations de conservation et de préservation environnementales. Les motivations sont éminemment politiques pour ne pas dire géopolitiques, d'autant que ce

1. Pour les objectifs et les critères de classement précis des *Parcs pour la Paix*, nous renvoyons à la publication de l'UICN (Sandwith, coord., 2001).

type de projet s'inscrit souvent sur des territoires antérieurement disputés. Dans les deux cas centraméricains étudiés, le choix symbolique des noms (l'*Amitié* et la *Fraternité*) se veut signifiant du processus de rapprochement qui est en jeu dans les deux cas. Le lancement de *La Fraternidad* faisait suite au conflit armé qui avait opposé le Honduras et le Salvador en 1969. Dans le cas de *La Amistad*, où le dernier litige frontalier sérieux entre le Costa Rica et le Panama remonte à la guerre du Coto en 1921, la création du parc a amorcé le processus de coopération transfrontalière entre ces deux pays qui se revendiquent comme « *frères* ». La dimension politique de renforcement des liens d'amitié dans un contexte régional troublé était explicite dans le discours de création.

Photo 7. Panneau indiquant les limites du parc international *La Amistad*, (© L. Médina-Nicolas).

La création d'un parc international est toujours présentée comme un instrument d'intégration et de développement conjoint, dans le cadre général de mise en œuvre d'une coopération transfrontalière et dans le domaine particulier de la protection de l'environnement. Le projet régional transfrontalier répond à une double dimension fonctionnelle et politique, à une nouvelle conception de la gestion des territoires et notamment des territoires des marges ; il permet de réduire l'impact négatif des frontières en termes d'aménagement et de développement. Or, cet impact négatif, lié au caractère disjoncteur de la frontière (Guichonnet et Raffestin, 1974) s'est notablement fait sentir dans l'isthme. Les frontières qui jalonnent la région se présentent encore pour la plupart aujourd'hui comme des périphéries marginalisées, au peuplement discontinu, au développement en retard et aux infrastructures défaillantes. Grossièrement tracées par les conquérants espagnols sur les marches séparant les noyaux de peuplement colonial de l'isthme, elles ont, depuis l'indépendance, longtemps constitué des marges symboliques entre États-nations qui affirmaient en parallèle leur souveraineté territoriale et leur construction identitaire. Il a fallu attendre la fin des années 1980 pour que les perceptions se renversent et que l'on en vienne à entrevoir les frontières comme des espaces à (re)construire en commun. Ainsi, le thème de la coopération transfrontalière mobilise depuis maintenant deux décennies les présidences et vice-présidences à la hauteur de la préoccupation aiguë que constituent depuis longtemps les frontières entre les États de l'isthme (Bovin, 1997). Parmi les nouveaux axes de l'intégration régionale et de la coopération transfrontalière dans l'isthme, C. Granados et P. Girot ont souligné le rôle des initiatives inspirées des préoccupations environnementales (1997), que l'on peut aisément concevoir au vu de la richesse biologique des régions frontalières. Il est intéressant de pointer du doigt qu'en fin de compte, c'est la marginalisation politique et économique séculaire des espaces frontaliers qui y a préservé la nature. Si ces derniers sont donc restés des étendues écologiquement préservées, ils le « doivent » – seul bénéfice sans doute – à leur maintien à l'écart et au faible degré d'investissement dont ils ont fait l'objet. Ironie du sort, le *no man's land* politique trouve une reconversion heureuse dans le sanctuaire écologique. On assiste ainsi dans le même temps à ce que Bernard Debarbieux présente comme un indéniable changement de statut de la nature, pointant « *la nature inconstante des relations entre nature et frontière* » dans un article au titre éponyme (2005) : alors que la nature apparaissait comme une ressource « *en creux* », sur laquelle on cherchait à caler les marges des territoires, aujourd'hui elle tend à devenir une ressource symbolique et une référence préalable à la territorialisation. La dimension environnementale peut donc servir de base aujourd'hui aux recompositions territoriales. Dans cette optique, la création d'un périmètre protégé transfrontalier peut participer à la mise en valeur raisonnée de régions frontalières souvent marginales, restées très peu anthropisées. Souvent, l'idée des différents acteurs est de tenter de miser sur l'éco-tourisme.

La protection de l'environnement apparaît comme un moyen neutre et consensuel d'amorcer une coopération. Il existe pourtant un grand décalage entre la définition d'aires protégées perçue comme un instrument commode pour construire du commun et la complexité réelle de gestion conjointe de ces espaces, qui conduit à des pratiques largement autonomes de part et d'autre des frontières lorsqu'on y regarde de plus près.

L'apparente facilité de la démarche relève d'une vision répandue dans les discours mais contredite par la réalité. L'écart entre le nombre de projets et le nombre de créations en offre un premier indice. Si l'on s'applique à faire le tour des parcs internationaux existant dans toute l'Amérique latine, on s'aperçoit qu'il n'en existe qu'un seul autre outre *La Amistad*, le parc binational de la cordillère du Condor entre l'Équateur et le Pérou, créé en 1999. Encore n'a-t-il pas d'existence effective, sa création entérinée par les deux présidences étant restée lettre morte. Sur les autres frontières du sous-continent, les projets ne manquent pas : entre le Panama et la Colombie (de la région du Darién), entre le Mexique et les États-Unis (de la région de Big Bend), entre l'Argentine et le Brésil (d'Iguazú), l'Argentine et l'Uruguay (des Îles et Côtes du fleuve Uruguay), l'Argentine et le Chili (Los Pehuenes), le Chili et la Bolivie (Lauca-Sajama) (photo cahier couleur). La rareté des aboutissements atteste des obstacles qui relèvent de dimensions à la fois politiques et fonctionnelles liées à la complexité du portage en amont.

L'examen plus détaillé de l'historique de l'initiative inaboutie du parc trinational *La Fraternidad* à la frontière Guatemala-Salvador-Honduras permet de juger de la succession de projets depuis les années 1970, sans qu'aucun ne se soit concrétisé pour l'heure[1]. Il faut d'abord noter l'ancienneté de la démarche, pour impulser un développement conjoint à l'endroit où les trois tracés frontaliers se rejoignent au sommet du massif Montecristo dans une région montagneuse que l'on nomme le *Trifinio*, au sein de la cordillère centrale de l'isthme. Le projet de parc naturel trinational a émergé en 1974 dans un contexte de pacification après le conflit frontalier de 1969. Les années qui ont suivi n'ont malheureusement pas été propices à la coopération ; le Guatemala et le Salvador ont basculé dans des guerres civiles, tandis que le Honduras servait d'arrière-base aux guérilleros sandinistes du Nicaragua puis aux contre-révolutionnaires tentant de les déstabiliser. On comprend aisément dans ce contexte l'effacement du parc des priorités des gouvernements concernés.

Au cours des années 1990, un projet commun de conservation a surgi à nouveau, sous le même nom mais cette fois sous la forme d'une Réserve Internationale de la Biosphère. L'aire déterminée alors couvre 58 200 hectares,

1. Cela ne signifie pas que, dans le cadre de la coopération transfrontalière, il n'y ait pas d'actions entreprises dans le domaine environnemental. Il faut noter l'existence du programme Plan Trifinio-Haut Bassin du Rio Lempa (PT-CARL) piloté par la Commission Trinationale, qui est un des axes d'avancement les plus aboutis de la coopération entre le Guatemala, le Salvador et le Honduras.

soit la partie sommitale de la région ceinte par la route principale qui relie le centre urbain régional de chaque pays, Esquipulas (Guatemala), Metapan (Salvador) et Nueva Ocotepeque (Honduras) (carte 7). L'ensemble des pré-études financées par l'Union européenne, destiné à servir de *Plan Maestro*, a été rendu en 1999. Contre toute attente, n'ayant pas été jugé suffisamment solide selon la Commission trinationale de coopération[1], le dossier n'a cependant pas été présenté devant l'UNESCO. La Réserve internationale *La Fraternidad* n'a donc aucune reconnaissance légale pour le moment (seule la partie guatémaltèque est reconnue), ce qui n'empêche pas qu'elle soit fréquemment citée, et même représentée sur certaines cartes et documents de travail, ce qui entretient une certaine confusion.

Un nouveau projet est porté aujourd'hui par les trois États voisins, celui de la création d'une aire protégée trinationale. Ce changement de statut est expliqué par l'orientation nouvelle des cadres de la politique de protection environnementale des États concernés et la nouvelle catégorie (VI) créée par l'UICN en 1994, celle des aires protégées de ressources naturelles gérées, qui est privilégiée désormais sur les parcs nationaux (catégorie II). La version finale du plan de gestion élaboré par la Commission trinationale et d'autres partenaires (BID, organismes en charge de l'environnement des trois pays) date de 2005. L'APTM (*Aire de Protection Trifinio Montecristo*) envisagée s'articulerait autour des trois périmètres de protection contigus à la frontière et existant déjà dans chacun des trois pays : le parc national Montecristo du Honduras, le parc national Montecristo du Salvador et la réserve de la biosphère *La Fraternidad* du Guatemala.

L'analyse de cet exemple trahit un manque de continuité et de réelle implication du politique qui se dégage sous la rhétorique. Derrière l'affichage prometteur, les gages de bonne volonté donnés devant les injonctions des organismes internationaux, la concrétisation se fait souvent attendre. Une fois celle-ci intervenue, il reste la difficile articulation de l'administration du parc, qui représente un défi majeur posé aux entreprises de coopération transfrontalière.

II. Complexité des modes de gestion et jeux d'acteurs : de la coopération internationale à la gestion participative locale

Le deuxième axe d'interrogation concerne donc la gestion institutionnelle du périmètre des parcs internationaux. Selon quelles modalités administrer le parc ? Comment articuler la gestion conjointe entre deux, voire trois pays ?

1. Juan Carlos Montufar Celada, directeur de l'Unité Technique Trinationale du Plan Trifinio, entretien du 5 mai 2007.

C'est l'analyse du parc *La Amistad* entre Costa Rica et Panama qui permettra ici de saisir le fonctionnement d'un parc ayant une existence déjà relativement longue. Le rôle et les relations des acteurs impliqués doivent être clairement identifiés et le degré d'intégration évalué. Si l'initiative relève ici entièrement du niveau étatique, à ce niveau déjà, plusieurs ministères sont logiquement impliqués dans chacun des pays concernés (relations extérieures, planification territoriale, finances, environnement). S'ajoute ensuite, dans un contexte de décentralisation tout de même encore limité, l'implication des acteurs locaux (institutionnels ou non), qui renvoie, dans le cas étudié, à leur faible expérience. À quel degré de participation et d'investissement peuvent-ils prétendre ? Comment les associe-t-on ?

A. Affichage international, gestions nationales : la réalité de l'administration du parc international La Amistad (PILA)

Le périmètre du parc international de *La Amistad*, souvent désigné communément comme le PILA, s'étend de part et d'autre de la frontière Costa Rica-Panama sur 404 000 hectares, approximativement 200 000 hectares dans chaque pays (les chiffres varient selon les sources, même officielles) (carte 8).

Du point de vue écologique, la région constitue la dernière et la plus vaste forêt de montagne d'Amérique centrale et contient un refuge unique. On estime que la cordillère de Talamanca abrite environ 4 % de la variété de toutes les espèces terrestres de la planète. La diversité des genres, familles ou espèces de plantes, qui n'a sans doute d'égal dans aucune autre réserve de dimensions équivalentes au monde, est due à la convergence entre la flore d'Amérique du Nord et celle d'Amérique du Sud, et aux divers facteurs climatiques, altitudinaux et édaphiques. Le taux d'endémisme est très élevé pour les espèces végétales et animales (oiseaux, mammifères et amphibiens), ce qui vaut au site d'être reconnu comme un habitat important pour des espèces menacées. La richesse culturelle de la région la caractérise également ; elle abrite plusieurs sites de la période pré-céramique extrêmement rares en Amérique centrale, qui témoignent de la présence de peuplements anciens de la région[1].

1. Document d'évaluation de l'UNESCO pour l'inscription de la partie panaméenne du parc sur la liste des biens du patrimoine mondial de l'Humanité, 1990.

Carte 8. Parc binational et réserve binationale de la biosphère *La Amistad.*

L'idée de créer un parc binational sur cette frontière est donc intervenue assez tôt. La première étape a été l'expression d'une volonté commune par les présidences du Costa Rica et du Panama en 1974, la même année que celle de *La Fraternidad.* L'étape suivante a été la déclaration conjointe de création en date du 3 mars 1979, constituant un des premiers volets de l'accord général de coopération transfrontalière signé par les deux pays la même année. Enfin, chaque État a dû ensuite ratifier l'accord de principe dans sa législation : au Costa Rica cela a été fait par un décret présidentiel du 4 février 1982 et au Panama par une directive du 6 septembre 1988 ayant valeur de décret exécutif. À partir de 1982, les premiers budgets ont reposé sur des dotations des deux États, de l'UNESCO et de WWF.

Le parc est aujourd'hui englobé dans une Réserve Internationale de la Biosphère qui couvre un périmètre de 1 083 000 d'hectares (612 000 au Costa Rica et 471 000 au Panama) et s'étend sur plusieurs autres aires de conservation, des territoires indigènes, plusieurs parcs nationaux, des refuges de vie sylvestre et des réserves biologiques (carte 8). L'UNESCO a reconnu dans un premier temps la portion costaricienne de la réserve uniquement, en 1982, portion qui a été inscrite sur la liste des biens du patrimoine mondial de l'Humanité en 1983, et la reconnaissance de la partie panaméenne n'est intervenue qu'en 1990, formant ainsi un bien transfrontalier.

L'examen de la gestion du parc binational *La Amistad* révèle le degré d'articulation ténu de part et d'autre de la frontière. L'autonomie de gestion est jalousement conservée par chaque État.

Au stade préalable de l'élaboration du diagnostic et du plan de gestion d'un parc international, malgré les injonctions de l'UICN recommandant, pour la gestion des parcs internationaux, d'établir un plan d'engagement conjoint, deux diagnostics ont été réalisés de manière indépendante au cours des années 1980, l'un par le ministère de l'Environnement et de l'Énergie (MINAE) du Costa Rica, l'autre par l'Autorité Nationale de l'Environnement (ANAM) du Panama. La réactualisation de ces documents en 2004 s'est effectuée à nouveau selon les mêmes modalités.

L'absence d'articulation préalable autour d'un diagnostic commun laissait présager des modalités ultérieures de la gestion, qui se réalise dans les faits de manière largement séparée. Deux systèmes de gestion autonomes administrent chacun leur portion nationale du parc : le côté costaricien est géré à travers le SINAC (Système National des Aires de Conservation) au sein du MINAE ; le côté panaméen à travers son équivalent, le SINAP (Système National des Aires Protégées) au sein de l'ANAM. Leur coordination s'avère difficile, mais les dernières années marquent un nouvel élan : après la mise en place éphémère d'une Commission binationale de gestion du parc en 1988, une nouvelle Commission fonctionne depuis 2003. De 2003 à 2007, moins de deux réunions par an se sont tenues. Maintenir un suivi du travail commun et du calendrier des réunions est présenté par les acteurs comme une entreprise très difficile, à la fois pour des raisons financières et des questions d'organisation pratique. Les États investissent peu, ce sont donc l'OEA et *The Nature Conservancy* (une des principales ONG se consacrant à la conservation de la biodiversité au niveau mondial) qui sont actuellement les principaux financeurs du PILA. La dépendance de sources de financement extérieures et temporaires a des répercussions néfastes en termes de continuité du travail, même si TNC appuie particulièrement l'approfondissement des liens binationaux, à travers des ateliers de travail conjoints (TNC 2004, 2005). Si l'on se réfère aux 6 niveaux de coopération entre les APTF définis par l'UICN selon une gamme de critères (Sandwith, *coord.*, 2001), la gestion du parc international *La Amistad* peine cependant à atteindre le niveau 3[1].

Un regard complémentaire est offert par l'étude de S. Héritier (2004) sur le premier « parc de la paix » créé en 1932 à la frontière des États-Unis et du Canada, le parc Waterton-Glacier. Les conclusions vont dans le même sens. L'auteur montre que chaque parc maintient son individualité et fait justement remarquer que l'existence du parc international n'abolit pas la frontière, d'autant que dans ce cas, la démarcation frontalière est matérialisée par une saignée forestière de six mètres de large, ce qui n'est pas le cas dans le PILA. On peut conclure que la gestion dissociée peut être considérée comme le mode courant de gestion des parcs internationaux. On se trouve ici face à la difficulté à dépasser la séparation politique induite par la frontière. Réflexes de frilosité, de défense encore tenaces face à la mise en péril supposée de la souveraineté et de l'intégrité nationale, continuent de freiner nombre d'initiatives, et ce, même dans un domaine supposé peu sensible comme celui de l'environnement. Au sein de républiques relativement jeunes, érigées sur un modèle d'État-nation importé et fragile, les réticences des ministères des Relations extérieures pèsent lourdement sur les projets que tentent de développer les administrations chargées de l'environnement, comme par exemple les opérations de patrouillage qui pourraient être effectuées indifféremment par des fonctionnaires d'un pays comme de l'autre, qui pourraient franchir la frontière et user par conséquent de leur autorité en pays étranger[2]. L'analyse des relations entre administrations d'un même État et celles entretenues par chacune d'entre elles avec leurs homologues étrangers mettent en lumière des priorités divergentes quand il ne s'agit pas de réelles contradictions.

1. Le niveau de coopération doit atteindre au moins le niveau 1 (sur une échelle de 0 à 5) pour qu'une aire protégée se trouvant à cheval sur une frontière internationale soit reconnue comme APTF.
2. Jenny Asch, service de Gestion des Aires Sylvestres Protégées, SINAC, membre de la Commission binationale, entretien du 10 mai 2007.

B. Les gestions nationales du PILA : vers un mode de gouvernance plus participatif

Tant du côté du Costa Rica que du Panama, les versants pacifique et caraïbe de la cordillère sur laquelle s'étend le PILA relèvent de deux administrations régionales distinctes. La raison est l'existence de types de problématiques différentes sur le versant caraïbe, indigène et très boisé, et sur le versant pacifique, plus accessible, plus cultivé, plus occupé donc, et plus créole. La portion costaricienne du parc se divise donc depuis 1992 en ACLA-P (*Aire de Conservation La Amistad-Pacifique*, 12 % du périmètre costaricien total), et ACLA-C (*Aire de Conservation La Amistad-Caraïbe*, 88 % du périmètre). La disproportion de superficie entre les aires pacifique et caraïbe s'explique à la fois par la plus grande étendue du versant caraïbe de la cordillère par rapport au versant pacifique, et ce dans tout l'isthme, et également par le plus grand boisement du versant caraïbe qui peut encore être protégé, alors que les terres du versant pacifique sont largement humanisées. Les seuls bureaux des autorités du parc (un administrateur et sept fonctionnaires, alors que le plan de gestion de 1987 en prévoyait soixante-sept) sont situés à Altamira, sur le versant pacifique. Du côté caraïbe, pourtant le plus étendu, il n'y a aucun personnel attaché spécifiquement au parc, mais uniquement dans les territoires indigènes contigus et dans la zone tampon[1]. Côté Panama, le PILA-Pacifique (5 % du périmètre panaméen total) et le PILA-Atlantique (95 % du périmètre) sont également gérés par deux administrations régionales distinctes de l'ANAM, ayant leurs locaux à Las Nubes et Wetso (extérieur au parc) respectivement. Des deux côtés de la frontière, la présence institutionnelle à l'intérieur du parc est donc minime.

Si cette scission du parc est une question évoquée, elle ne fait pas l'objet d'une remise en cause par les autorités compétentes. Le document d'orientation actualisé en 2004 pour la partie costaricienne postule que « *la question de savoir si le parc doit être géré par une seule administration ou par deux administrations n'est pas un problème de fond. [...] Ce n'est pas un problème administratif mais conceptuel. L'important est d'avoir une perspective géographique intégrale, totale et holistique d'un parc très grand* » (Borge, 2004). La logique de séparation selon des problématiques distinctes est bien compré-

1. En espagnol *zona de amortiguamiento* littéralement « zone d'amortissement ». Correspond à la zone « périphérique » au parc, dans laquelle sont autorisées certaines activités, sans qu'elles impliquent toutefois une présence humaine importante et dans la mesure où elles contribuent à la conservation et à la protection des écosystèmes.

hensible ; on peut cependant émettre des doutes sur la force intégratrice d'une telle organisation administrative qui aboutit de fait à une fragmentation en quartiers et sans doute à une perte de la vision d'ensemble.

Chacune des quatre portions du parc est sous la responsabilité d'un « gérant » qui dispose de très peu de moyens. Cette déficience institutionnelle est pointée du doigt dans le dernier document d'orientation. L'analyse institutionnelle du PILA-Talamanca contenue dans le document du Plan de Gestion élaboré pour le MINAE (2004) ne va pas par quatre chemins : « *Il est certain que la gestion institutionnelle est faible, insuffisante et déficiente. Cependant, il ne faut pas oublier que le Parc International La Amistad-Talamanca n'a pas de budget, n'a pas d'entrées économiques constantes, il compte seulement sept fonctionnaires et c'est le parc le plus grand du Costa Rica avec environ 200 000 hectares d'extension entouré par d'autres Aires Sylvestres de Protection et des territoires indigènes. Il ne s'agit pas d'un petit parc auquel on accède par route et où arrivent des centaines ou des milliers de visiteurs au mois* ».

Le mode de gestion jusque-là très centralisé, qui était du ressort exclusif de l'État et de son ministère de l'Environnement, s'incline donc peu à peu vers un mode plus participatif. Le PILA fait partie des quelque deux cents aires protégées de l'Amérique centrale qui sont recensées actuellement comme gérées selon cette modalité. Si la « gestion participative » des aires protégées, soit la participation de communautés et organismes divers distincts du gouvernement à celle-ci, répond à une aspiration des acteurs locaux, elle est fortement encouragée par l'antenne centraméricaine de l'UICN. La formulation de cette gouvernance nouvelle y est l'objet d'un projet (GPAP : *Gestion Participative des Aires Protégées*) élaboré avec le financement de l'Union européenne et l'appui de la CCAD (*Commission Centraméricaine de l'Environnement et du Développement*) et des gouvernements. Il repose principalement sur l'organisation d'Ateliers sur les Expériences de co-gestion en Amérique centrale (le premier a eu lieu en septembre 2005 à Managua), occasions d'échanges et de diffusion des normes et procédures possibles, ainsi que le lancement d'un bulletin électronique. Le but est d'accroître la participation de la société civile (ONG, associations communautaires indigènes, municipalités et leurs groupements, voire entreprises privées) à l'administration et aux bénéfices que génèrent les aires protégées de la région. Au Panama, suite à un accord avec le gouvernement, la gestion est réalisée du côté pacifique par une association locale, l'ASAELA (*Association Agro-Écotouristique de La Amistad*). Il faut noter l'implication d'autres organisations, l'*Association des Amis du PILA* (AMIPILA) et la *fondation pour le Développement Intégral*

Communautaire et la Conservation des Écosystèmes (AMISCONDE) qui agit des deux côtés de la frontière[1]. Au Costa Rica, les fonctionnaires du MINAE travaillent avec l'appui des ONG TNC (dans le cadre du programme « *Parcs en Danger* ») et INBIO (*Institut National de Biodiversité du Costa Rica*). En outre, au sein du périmètre de l'ACLA-Pacifique, les principales associations locales se sont organisées en 2004 au sein d'un réseau, baptisé « *réseau Quercus* » en rappel du nom scientifique du chêne très présent en Amérique centrale, ce qui leur offre une meilleure visibilité et une interface de dialogue commune avec le ministère de l'environnement costaricien. La constitution sur le même modèle d'un Réseau Indigène sur la partie caribéenne (ACLA-C) est actuellement en cours. L'implication des communautés indigènes (Bribri-cabecar au Costa Rica, Ngöbe-buglé au Panama), qui vivent dans des territoires circonscrits aux abords du parc, constitue un fait nouveau. Elle intervient dans un contexte général d'affirmation des revendications ethniques, dans lequel le niveau quasi nul de participation des communautés commençait à générer des frictions avec le gouvernement. Au Costa Rica, le peuple Bribri-cabecar, organisé en *Associations de Développement Intégral* (ADI), dont huit sont en limite du parc, est désormais considéré comme le seul autre acteur de premier ordre, « *stratégique et incontournable* », au côté du MINAE, pour que la gestion soit réelle et viable (Plan de gestion 2007). Toutefois, l'association des communautés indigènes à la gestion du parc nécessite un long travail préalable d'interconnaissance et d'appréhension de leur cosmovision. Mais il faut souligner que, pour la première fois, l'actualisation du Plan de Gestion en 2004 comporte une « *Proposition indigène pour la gestion du PILA* » (partie K, 5 p.). Ces différentes expériences sont encore récentes mais l'intéressement des acteurs locaux semble dynamiser la gestion, bien que ceux-ci n'aient pas encore les moyens d'entreprendre des actions à grande échelle.

C. La réalité des actions entreprises dans le cadre du PILA

La participation des acteurs comme mode de gouvernance du parc binational *La Amistad* a pour objectif de solliciter les communautés et les associations locales de développement principalement pour l'accueil aux touristes, pour l'entretien des sentiers de randonnée, pour le contrôle des incendies et de la chasse, ainsi que pour un appui à la recherche scientifique menée à l'intérieur du parc. Elle est présentée à la fois comme une opportunité de développement durable et une source de revenu pour les familles. Au Panama, l'implication de

1. Pour lutter contre l'avancée de la frontière agricole, AMISCONDE a notamment aidé, par des prêts et des crédits, 9000 petits producteurs de la cordillère de Talamanca, vivant à la frontière du Costa Rica et du Panama, à augmenter les rendements de terres marginales tout en empêchant le déboisement.

l'ASAELA a par exemple permis de dynamiser certaines actions sur le terrain, comme l'ouverture d'un restaurant associatif à Las Nubes, visant la clientèle touristique, ou encore la formation de gardes du parc ou de guides parmi les habitants des localités de la région.

Si l'on revient à une échelle de réflexion internationale, les parcs internationaux répondent à une volonté réelle de promouvoir la paix entre les nations, mais on peut s'interroger sur leur capacité à susciter une réelle coopération. Outre les mesures prises en faveur de la conservation de la diversité biologique de cette zone très riche (reboisement, conservation des sols...), les dimensions économique et sociale de développement d'une région frontalière spatialement marginalisée et socialement en retard sont fortement présentes. La conception des actions implique donc de plus en plus étroitement les populations locales pour une gestion repensée de leurs territoires de vie (programmes d'éducation générale, ateliers de formation des populations paysannes...). La problématique identitaire ethnique est en outre bien présente, à l'image des différents projets de parcs internationaux de toute l'Amérique latine où les régions frontalières accueillent souvent un peuplement indigène important. La mise en tourisme « raisonnée » est considérée comme offrant le potentiel de développement sans doute le plus plausible. Pourtant, la fréquentation du PILA demeure très faible (au Costa Rica, le MINAE estime la fréquentation à une soixantaine de personnes par an). L'éloignement des zones touristiques du Costa Rica et du Panama et la difficulté d'accès (par pistes praticables une partie de l'année seulement) la handicapent grandement. Contre toute attente, il est très difficile de déceler, même dans ce domaine pourtant valorisé comme essentiel, des éléments communs d'actions entre les deux portions nationales du parc. L'absence d'harmonisation du tarif d'entrée pour les touristes étrangers est éloquente : s'il en coûte trois dollars du côté panaméen, il faut débourser sept dollars du côté costaricien pour pénétrer dans le parc[1].

D'une manière générale, la concrétisation des projets se fait attendre. Le dernier document d'orientation de l'UICN pour l'Amérique centrale dénonce un grand retard d'ensemble pour ce qui concerne l'application des politiques, lois et normes arrêtées dans le domaine environnemental (*Plan Estratégico de Incidencia. Centroamérica 2006-2010*, 2007). À la frontière du Costa Rica et du Panama, le manque de surveillance réelle de la part des autorités et l'annonce de quatre nouveaux projets hydroélectriques localisés aux limites

1. À l'inverse, un exemple de travail en étroite collaboration pour promouvoir le tourisme est donné par le parc transfrontalier du Kgalagadi, entre l'Afrique du Sud et le Botswana, où les postes de passage frontaliers ont été déplacés vers les portes d'entrée du parc dans chaque pays pour permettre la libre circulation des visiteurs à l'intérieur du parc (Sandwith, *coord.*, 2001).

du parc ont conduit une trentaine de groupes écologistes, des États-Unis, du Panama et du Costa Rica, à porter en avril 2007 devant l'UNESCO une dénonciation pour violation et mise en péril du site patrimonial de la réserve de la biosphère *La Amistad.* La pétition pour que *La Amistad* soit inscrite comme patrimoine mondial en danger, actuellement étudiée par l'UNESCO, souligne des menaces confirmées (réduction des espèces, cultures de parcelles sans titre de propriété dans la zone centrale du périmètre protégé) et des dangers potentiels (projets d'établissements humains, plan de gestion inadéquat, construction d'infrastructures routières et touristiques). Du côté panaméen de la frontière, l'approbation d'une concession de plus de six mille hectares de forêts à l'entreprise multinationale AES-Panama pour des projets de barrages sur les cours d'eau Changuinola et Bonyic, et pour la construction d'une route jusqu'au site à l'intérieur du parc, ont conduit le Comité du patrimoine mondial à solliciter au Costa Rica et au Panama la présentation d'un rapport sur l'état de conservation du parc pour 2008.

Deux conclusions s'imposent. La première est que la gestion du parc binational *La Amistad* telle qu'elle est menée actuellement peine à lever un certain nombre d'obstacles pour que, de part et d'autre de la frontière Costa Rica-Panama, elle appréhende l'ensemble comme un véritable territoire transfrontalier. Si les parcs internationaux tendent à devenir des outils privilégiés de construction supranationale, ils se heurtent dans les faits aux affres de la coordination d'une gestion binationale et n'aboutissent pas nécessairement à la construction d'une territorialité commune. Pour la célébration du 24e anniversaire de la portion costaricienne du parc en 2006, la médiatisation d'un échange culturel avec les communautés voisines panaméennes ne suffit pas à masquer le manque de communication habituel. La deuxième conclusion est que la création de parcs naturels dans ces aires marginales situées aux périphéries nationales amorce bien souvent un processus conflictuel. Les institutions étatiques traditionnellement peu présentes dans les régions frontalières – si ce n'est militairement – ne se donnent pas toujours les moyens de la vigilance qu'impose le classement d'une aire protégée et que se mettent à réclamer alors les groupes écologistes et une partie des acteurs locaux, quand ces derniers ne participent pas eux-mêmes à la dégradation, sciemment ou non.

Conclusion

Si le ton de cette contribution peut paraître souvent critique quand il s'agit de pointer les limites de la gestion conjointe des parcs internationaux, force est de reconnaître que ces derniers ont une valeur symbolique pour la coopération pacifique entre nations et qu'ils recèlent des avantages pratiques pour la gestion coordonnée de la conservation de milieux naturels menacés. La création d'une aire protégée internationale de part et d'autre d'une frontière politique est déjà en soi une expérience de coopération intrinsèquement positive et reste un marqueur d'une dynamique d'intégration supranationale. Elle peut être, de plus, à une échelle locale, une opportunité réelle à la fois de conservation et de développement durable pour des régions périphériques en retard et objets de plus en plus d'une exploitation anarchique des ressources naturelles qui prospère loin du contrôle étatique. Les cas centraméricains analysés révèlent cependant la difficulté souvent occultée de l'entreprise, depuis la concrétisation malaisée de l'initiative jusqu'à la gestion menée au final de manière largement autonome par chaque partie. Pourtant, ils montrent aussi que la création d'un parc bi-, voire trinational répond à une volonté politique de rapprochement, à une dynamique d'intégration et non pas à une logique séparatrice de définition d'un « glacis », même si elle se heurte ensuite dans sa gestion institutionnelle à des obstacles de divers ordres. Si l'on arrive à dépasser le stade de la simple juxtaposition de deux parcs nationaux contigus de part et d'autre d'une frontière, comme le Costa Rica et le Panama tentent de le faire depuis peu, et à réussir le pari de l'intégration, au moins sur l'harmonisation des engagements et des actions de chaque partie, il est à parier que l'on contribuera ainsi plus efficacement au développement durable souhaité des aires protégées assez particulières que sont les périmètres des parcs internationaux.

Bibliographie

- Borge, C., 2004 : *Plan de manejo del Parque Internacional La Amistad Talamanca*, San José, Costa Rica, The Nature Conservancy.
- Bovin P., (coord.), 1997 : *Las Fronteras del Istmo : Fronteras y Sociedades entre el Sur de México y América Central*, Mexico, CEMCA, 349 p.
- Debarbieux B., 2005 : « La nature inconstante des relations entre nature et frontière », in Velasco-Graciet H. et Bouquet C., (coord.), *Tropisme des frontières*, L'Harmattan, p. 77-81.
- Dupuy P.-M., 1980 : « La frontière et l'environnement », *in La frontière*, Société Française pour le Droit International, Poitiers, éditions A. Pedone, p. 268-286.
- *Elementos para la elaboración del programa de monitoreo de los objetos de conservación del Parque Internacional La Amistad (PILA)*, Memoria del taller binacional de expertos Costa Rica-Panamá, San José-Ciudad de Panamá, The Nature Conservancy, 2004.

- Fourny M.-C., 2005 : « De la frontière naturelle à la nature comme lien transfrontalier. Du rôle et de la place de l'environnement et du milieu dans les coopérations transfrontalières », in Velasco-Graciet H. et Bouquet C., (coord.), *Tropisme des frontières*, L'Harmattan, p. 97-116.
- Giraut F., Guyot S. et Houssay-Holzschuch M., 2004 : « Les aires protégées dans les recompositions territoriales africaines », *L'Information Géographique*, n° 4, p. 340-368.
- Godoy J.-C., (coord.), 2004 : *Lineamientos de política para la promoción del trabajo cooperativo entre áreas protegidas fronterizas en cuencas críticas del Corredor Biológico Mesoamericano*, Guatemala, WCPA-PROARCA.
- Gonzalez E., 2004 : *Elaboración del plan de manejo del Parque Internacional La Amistad: Diagnóstico biológico y sociocultural del Parque Internacional La Amistad. Informe técnico*, Panama, ANAM.
- Granados C., Girot P., 1997 : « La cooperación transfronteriza y los nuevos paradigmas de la integración centroamericana », in Bovin P., (coord.), *Las Fronteras del Istmo: Fronteras y Sociedades entre el Sur de México y América Central*, Mexico, CEMCA, p. 289-310.
- Guichonnet P., Raffestin C., 1974 : *Géographie des frontières*, Paris, PUF.
- Héritier S., 2004 : « Le parc international de la Paix Waterton-Glacier (Alberta Canada-Montana États-Unis) et la gestion transfrontalière des espaces protégés », *Études Canadiennes*, vol. 30, n° 57, p. 51-71.
- Lopez A., Hernandez A., 2005 : *El Plan Trifinio: un proceso de desarrollo sustentable transfronterizo en Centroamérica*, San José, Universidad de Costa Rica-CARE.
- Medina-Nicolas L., 2004 : *Le dilemme des frontières en Amérique centrale, entre marges symboliques et espaces en construction*, thèse de géographie, (coord.) A. Musset, université Paris X-Nanterre.
- Picouet P., Renard J.-P., 2003 : *Frontières et territoires*, Documentation Photographique n° 7016.
- *Plan de conservación: Sitio binacional La Amistad Costa Rica – Panamá. Guía de acciones 2002-2004. Apoyando los esfuerzos en el manejo y protección de la biodiversidad tropical. N° 1*, San José, Costa Rica, The Nature Conservancy, Oficinas de Costa Rica y Panamá, 2005.
- *Plan de manejo integrado del área protegida trinacional Montecristo*, BID-Comisión Trinacional del Plan Trifinio, s.l., 2005.
- Rodriguez Q. J., 2005 : *Centroamérica en límite forestal. Desafíos para la implementación de la políticas forestales en el istmo*, PROARCA-APM/UICN/CCAD/EFCA, San José, Costa Rica.
- Sandwith *(coord.)*, *Transboundary protected areas for peace and cooperation*, Actes d'ateliers, Cambridge, IUCN-WCPA, 2001. Version française téléchargeable à partir du site www.tbpa.net (transboundary protected areas).
- *Situation des forêts du monde 2007*, Organisation des Nations unies pour l'Alimentation et l'Agriculture, Rome, 2007.
- Torres, H., Hustado de Mendoza, L., (coord.), 1987 : *Parque Internacional La Amistad: Plan general de manejo y desarrollo*, San José, Costa Rica, CATIE.

Dossier n° 6

Les parcs nationaux d'Europe centrale au risque du développement durable

Samuel Depraz

L'Europe centrale, entendue ici comme cette « Europe médiane » allant des nouveaux Länder allemands aux frontières de l'ex-URSS et de la Baltique aux marges des Balkans, constitue une entité régionale qui ne cesse d'être redécouverte depuis la chute du Rideau de Fer. Mais son étude doit d'emblée s'affranchir de quelques idées reçues pour permettre une réflexion claire sur les processus territoriaux qui s'y déroulent, ce qui vaut aussi pour l'examen des parcs nationaux et des politiques de protection de la nature.

La première approche erronée de la situation consiste à considérer 1989 comme l'année zéro des politiques environnementales en Europe centrale, tant il est vrai que le système politique du communisme a pu sembler peu soucieux des atteintes à l'environnement qui étaient commises au nom des objectifs de production du plan (Vinaver, 1993). Priorité était donnée aux industries lourdes ainsi qu'à la modernisation agricole par la mécanisation, par les remembrements et par la consommation immodérée d'engrais chimiques. Ceci a donné lieu à de réelles déprédations environnementales, d'ailleurs largement médiatisées à la chute du mur, comme en témoignent le rapport Kassenberg-Rolewicz de 1990, en Pologne ou le *Livre bleu* de l'Académie des Sciences en Hongrie (Guermond, Mathieu, 1991 ; Bochniarz, *coord.*, 1992 ; Rakics, Kovács, 1996). Ainsi ces bilans écologiques désastreux ont-ils servi de preuves à charge dans la dénonciation plus globale du système communiste défunt.

Pourtant, l'Europe centrale socialiste n'était pas dépourvue de structures de protection de la nature, loin s'en faut. Si l'on s'en tient aux chiffres, c'est près de 4 % de la surface de la Slovaquie qui était couverte par un parc national avant 1990 – la France métropolitaine ne compte toujours que 0,65 % de sa surface terrestre sous ce même statut de protection, rappelons-le. La Pologne ne possédait pas moins de 13 parcs nationaux avant 1990, soit plus des

2/3 de la surface actuelle couverte par des parcs, tandis que c'est le socialisme qui a établi les premiers parcs nationaux en Hongrie, à partir de 1973. Et c'est bien là l'un des paradoxes du système socialiste : il n'y avait certes pas de politique globale de protection de l'environnement, mais il existait bien une politique sectorielle de protection de la nature, c'est-à-dire restreinte à certaines espèces et à certains espaces seulement (Depraz, Kertész, 2002). Les parcs nationaux existaient donc bien au sein du régime socialiste et leur rôle particulier doit être compris à la lumière de ce passé récent.

La seconde approche erronée consiste à voir cette Europe centrale comme un tout, marquée qu'elle a été par quarante années d'appartenance à l'ancien bloc de l'Est. Il était aisé jusqu'en 1989 de considérer, par une vaste simplification culturelle qui désolait d'ailleurs les intellectuels centre-européens, que les politiques et les sociétés de l'autre côté du mur étaient peu ou prou les mêmes, comme nivelées par les normes idéologiques autoritaires du système socialiste. Il n'en est rien : le carcan disparu n'a jamais supprimé complètement les particularismes culturels nationaux des pays satellites, tandis que s'expriment à nouveau aujourd'hui dans chaque État centre-européen des orientations politiques et sociales dont les racines sont bien antérieures au système socialiste.

Parmi celles-ci se trouvent notamment les politiques de protection de la nature et les modes de gestion des grands espaces protégés. Ainsi les parcs nationaux sont, de fait, particulièrement différents d'un pays à l'autre, voire au sein d'un même pays, que ce soit par leur conformation physique, leur date d'instauration ou leur mode de gestion. Et si le socialisme semble avoir imposé, en façade, une normalisation des politiques gouvernementales en Europe centrale – donc, *ipso facto*, une certaine homogénéité dans la prise en compte de la nature par la société – la variété des contextes locaux et des cadres nationaux autour de chaque parc national confirme aujourd'hui la résilience des structures territoriales initiales par rapport aux vicissitudes de l'histoire.

I. La variété des contextes nationaux des parcs

A. Quelle est la nature des parcs nationaux d'Europe centrale ?

Les parcs nationaux d'Europe centrale sont à la fois nombreux – la Pologne en compte 23 à elle seule – et étendus, puisque certains parcs, en particulier sur le littoral allemand, incluent des étendues maritimes.

Tableau 5. L'extension des parcs nationaux en Europe centrale
(« part » : superficie des parcs nationaux
par rapport à la superficie totale des pays).

	Avant 1990			Situation 2007		
	Nombre	Sup. (km²)	Part	Nombre	Sup. (km²)	Part
Allemagne	4	621,5*	0,17 %	14	1 866,0*	0,52 %
dont Nouveaux Länder	0	0,0	0 %	7	808,2 *	0,74 %
Hongrie	4	1 412,9	1,52 %	10	4 857,6	5,22 %
Slovaquie	5	1 931,0	3,93 %	9	3 400,0	6,93 %
Pologne	13	1 712,4	0,55 %	23	3 082,3	0,99 %
Rép. Tchèque	1	363,0	0,46%	5	1 195,5	1,52%

* Les superficies maritimes des parcs littoraux allemands ont été exclues du calcul ; en 2007, elles représentent en tout 7 726 km² protégés supplémentaires, dont 683 km² en ex-RDA.

Source : Europarc/ministères de l'environnement, 2007.

Dans ce total, l'essentiel des parcs centre-européens couvre des milieux de moyenne montagne et des collines forestières (57 % des superficies terrestres protégées), à quoi il faut ajouter 8 % des surfaces des parcs constitués de forêts de plaine, entrecoupées de marécages, sur les modelés glaciaires des plaines d'Europe du nord. La haute montagne carpatique ne concerne guère que 8 % des surfaces, le littoral terrestre – dunes, polders, marais maritimes – encore moins (5 %). Reste un peu moins du quart des surfaces des parcs protégeant des zones humides intérieures : plaines marécageuses, vallées fluviales.

Si l'on raisonne sur l'ensemble des surfaces protégées, les trois grands écosystèmes privilégiés par les parcs d'Europe centrale sont avant tout les forêts (40 %), puis les espaces littoraux ou maritimes (39 %), et les zones humides continentales (20 %).

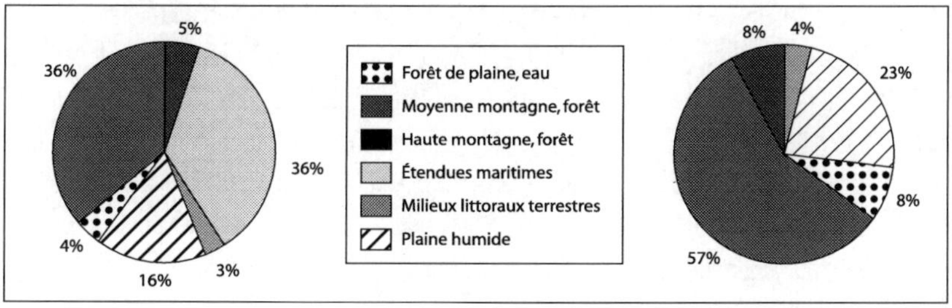

Figure 4. répartition des milieux naturels protégés par les parcs nationaux d'Europe centrale : superficies totales (gauche) et superficies terrestres (droite).

La prégnance de chacun de ces milieux n'est cependant pas forcément représentative de la conformation physique des territoires centre-européens. Plaines, marécages et forêts constituent certes l'essentiel des territoires d'Europe du nord, un espace marqué par l'empreinte des grandes glaciations du quaternaire. Mais il est aussi possible d'affirmer qu'un certain nombre de parcs relèvent ici d'une approche naturaliste et sensible du territoire, c'est-à-dire d'une vision de la nature fortement imprégnée des idées du romantisme ainsi que de l'héritage de la botanique et de la biologie du XIXe siècle.

Ainsi, la plupart des parcs de moyenne montagne allemands couvrent des espaces forestiers accidentés, parfois caractérisés par des chaos de blocs gréseux au milieu desquels l'aristocratie wilhelminienne, éprise de romantisme, aimait à se promener, contemplant les rochers ruiniformes et composant des poèmes sur la finitude humaine.

La valeur de ces territoires protégés est ainsi tout autant scientifique que symbolique. Le lien de la forêt avec la mythologie germanique et l'héritage des contes oraux n'est plus à démontrer (Harrison, 1992). De même, les premiers écologues et protecteurs de la nature allemande, comme Hugo Conwentz, phytopaléontologue de formation, Robert Caspary, systématicien de renom, ou Wilhelm Wetekamp, biologiste et botaniste, ont été sensibles aux espèces emblématiques des forêts et aux altérations de la nature par l'action anthropique (Schoenichen, 1954). Ils furent aussi, tels Ernst Rudorff, musicien et esthète, héritiers de l'esprit romantique national et porteurs d'un idéal de nature sauvage et de forêt des origines (*Urwald*). Les premières mesures de mise en protection du territoire national, à la fin du XIXe siècle en Allemagne, ont donc été sélectives pour concerner d'abord les arbres remarquables, les forêts et les « monuments de la nature » les plus pittoresques.

En Hongrie, c'est d'abord l'espace steppique de la Grande Plaine, symbole de l'identité nationale des cavaliers nomades magyars (Albert, 1999), qui a été valorisé par les premiers parcs nationaux. Certes, il y avait là des milieux humides reconnus au plan international pour leur richesse naturelle, mais leur inventaire botanique détaillé dès le XVIIIe siècle ainsi que l'investissement social historique sur ces espaces de sables et de marécages (folklore équestre, idéal de la *tanya*, petite ferme isolée dans la plaine) ont également participé de la promotion de ces espaces dans les politiques de protection de la nature.

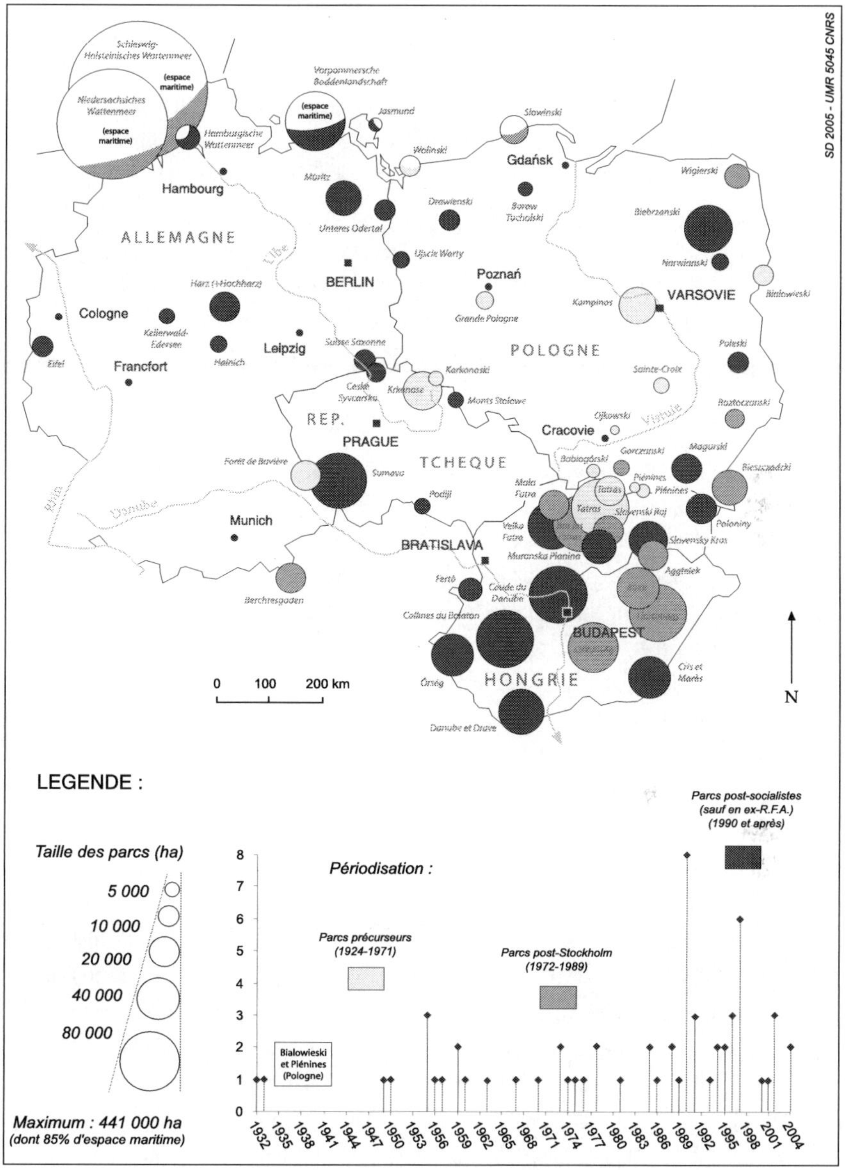

Carte 9. Caractéristiques des parcs nationaux d'Europe centrale.

En Pologne, en Slovaquie comme en République tchèque, l'on retrouve cette attention au territoire national avec des protections précoces des hauts reliefs des Tatras (1949 en Tchécoslovaquie), des forêts dites « primaires » (dès 1921 en Pologne, Parc de Bialowieski) et des reliefs pittoresques (1933, Piénines tchécoslovaques).

Le second tournant dans la création de parcs nationaux en Europe centrale date des années soixante, et fut symboliquement souligné par la première conférence internationale sur l'environnement de 1972, à Stockholm. Les parcs nationaux d'Europe centrale relevant de cette période sont plus nombreux ; ils concernent cette fois la protection des milieux humides et du littoral et répondent ainsi mieux aux orientations internationales sur la protection de la nature, comme en témoigne la convention *Ramsar* sur les zones humides, signée en 1971 et ratifiée par exemple par la Hongrie dès 1979 : le socialisme n'a en effet pas fait obstacle à la diffusion de certaines priorités de l'écologie scientifique.

De même, la mise en œuvre du programme *Man and Biosphère* de l'UNESCO (1970), a permis la création dès avant 1989 de « Réserves de la Biosphère » dans certains pays satellites. Ces espaces représentent, selon les principes du programme *MaB*, des territoires de conciliation réussie entre des objectifs de protection de la nature et de conservation du patrimoine et de l'activité rurale. Or certaines de ces réserves de la biosphère reprennent le périmètre de parcs nationaux (Hongrie) : il y a donc eu, en Europe centrale, reconnaissance précoce de certains parcs pour leur valeur patrimoniale et culturelle, ménageant ainsi une ouverture potentielle vers le développement rural et le tourisme vert.

Retenons toutefois cette dimension générale des parcs centre-européens : ils demeurent fortement imprégnés d'une dimension esthétique et symbolique, tandis qu'ils concernent par priorité des espaces ruraux de plaines, de forêts et de collines proches des espaces de l'agriculture et de la ville. Peu de pittoresque ou de grandiose dans ces parcs : la pression touristique à leurs abords n'a rien à voir avec celle des parcs américains ou canadiens, voire celle des parcs de haute montagne français (Héritier, 2004 ; Laslaz, 2006). Elle tourne entre 200 000 et 1 million de visiteurs par an en moyenne[1]. Leur impact est de ce fait plus régional qu'international et concerne autant la culture locale que l'écologie. En Allemagne, cette intrication forte entre le naturel et le culturel, ce lien nécessaire entre l'action des sociétés rurales et le paysage, protégé parce qu'il a été produit autant par la nature que par l'homme et qu'il a été historiquement investi de nombreuses représentations, a d'ailleurs donné le

1. Exception faite il est vrai du parc périurbain du Kampinos, près de Varsovie, ou bien des montagnes des Tatras polono-slovaques, seuls véritables parcs nationaux soumis à une forte pression touristique estivale et hivernale. Cf. l'étude du tourisme dans les parcs centre-européens in Richez, 1992.

concept de *Kulturlandschaft* (littéralement « *le paysage culturel* »). C'est sans aucun doute cette dimension sociale qui imprègne majoritairement les parcs nationaux centre-européens.

B. Un modèle de gestion centre-européen ?

Il n'existe cependant pas réellement de « modèle de parc » centre-européen. La cartographie des parcs nationaux met en évidence leur grande hétérogénéité, à la fois dans leur situation, dans leur taille et dans les modalités de leur instauration. Outre la variété des milieux couverts par ce statut de protection, les politiques nationales sont aussi restées très différentes les unes des autres en Europe centrale. Les parcs nationaux polonais sont parmi les plus anciens, mais sont également de taille très réduite (12 400 ha en moyenne). Leur gestion, assez stricte, est confiée à l'Office polonais des parcs nationaux, le *Krajowy Zarząd Parków Narodowych*, dépendant du ministère de l'environnement.

Les parcs slovaques sont également anciens. Ils s'étendent pour l'essentiel sur les espaces montagneux du cœur du pays (38 000 ha en moyenne). En République tchèque, ils sont sensiblement de même taille (30 000 ha en moyenne) ; par contre, et à l'inverse du cas slovaque, ils restent confinés dans les marges peu habitées des massifs forestiers qui forment les franges montagneuses de la Bohême. Cette situation limitrophe des parcs tchèques permet toutefois des continuités internationales et des échanges avec l'Allemagne, respectivement entre les parcs nationaux de Sumava et de forêt de Bavière, de Česke Svikarsko et de Suisse Saxonne, tout comme avec la Pologne, entre les deux parcs du plateau de Krkonose/Karkonoski.

Au total, dans les trois premiers pays évoqués, les parcs nationaux restent petits par la taille, correspondent surtout à une sélection de sites peu ou pas peuplés et jugés de valeur par l'écologie scientifique, avec une gestion assez stricte de leurs territoires – d'ailleurs, 84 % des parcs tchèques et slovaques ainsi que 88 % des parcs polonais apparaissent dans la catégorie II des définitions de l'UICN, signe de leur adéquation avec une conception assez radicale de la protection de la nature.

Il n'en va pas de même en Allemagne ni en Hongrie. Chacun de ces deux pays se caractérise en effet par des implantations de parcs dans des secteurs relativement peuplés, voire franchement denses en Allemagne, au regard des critères permettant *a priori* la création de parcs nationaux : l'Eifel est ainsi limitrophe de Nideggen (10 700 habitants), le parc de Müritz passe sur le finage de la ville de Waren (50 000 habitants) tandis que celui de la mer des Wadden de Hambourg jouxte les terminaux à conteneurs ainsi que les centrales nucléaires de la métropole nord allemande ! Peu de pittoresque et de paysages sauvages dans ces conditions de forte promiscuité entre les activités économiques et les milieux protégés. En Hongrie, les périmètres protégés sont particulièrement vastes (40 000 à 50 000 ha en moyenne). Ce sont d'ailleurs des parcs souvent habités, ou bien comprenant des enclaves, voire des parties éclatées, pour contourner les zones d'habitat, démultipliant ainsi les effets de frontière et les coupures au sein des espaces soumis à un régime de protection.

Ainsi, dans ces deux pays, les gestionnaires des parcs ne peuvent absolument pas faire abstraction des interactions permanentes entre les terrains protégés et les activités anthropiques environnantes. Le lancement des parcs a d'ailleurs été particulièrement tardif (1972 en Hongrie, 1974 en Allemagne de l'Ouest), stimulé surtout par l'aiguillon environnemental de la décennie soixante-dix. L'Allemagne de l'Est s'est quant à elle refusée à créer toute structure protégée de grande taille, s'en tenant à des réserves naturelles ponctuelles jusqu'à son terme, en 1990. On notera aussi que huit parcs nationaux hongrois sur dix, et la même proportion des parcs allemands relèvent de la catégorie V, plus légère, dite des « réserves paysagères » selon l'UICN, et non de celle des « parcs nationaux » proprement dits. L'UICN a ainsi mis en évidence le contexte rural et l'intensité relative des activités économiques autour des parcs nationaux de ces deux pays.

En somme il n'y a pas eu, en matière de protection de la nature, de vision homogène et partagée en Europe centrale ; le socialisme n'a imposé aucune norme ni aucun rythme dans la création des parcs nationaux. Autant les choix politiques de la Pologne et, dans une moindre mesure, de l'ex-Tchécoslovaquie semblent relever d'une vision assez radicale de la protection de la nature et s'appliquent à des espaces ruraux relativement isolés, autant Hongrie et Allemagne ont soit retardé la création de parcs nationaux dans un contexte rural jugé peu favorable, soit créé des structures plus légères dans un contexte physique fortement marqué par l'empreinte anthropique, comme au cœur de la Grande Plaine hongroise par exemple, dont les milieux « naturels » sont issus d'un patient travail d'aménagement par les sociétés rurales (travaux hydrauliques, défrichements puis afforestation en essences allochtones, fixation des sables et bonification des terres, etc.). Les parcs ainsi formés sont souvent habités et autorisent la chasse ou certaines circulations motorisées dérogatoires, moyennant des plans de gestion et des contrôles réguliers.

II. Une forte reprise de la politique de création des parcs

A. Une convergence en faveur d'un modèle environnemental européen

La transformation systémique de 1989 a eu une conséquence commune pour tous les pays anciennement sous tutelle soviétique : partout a pu être observée une reprise très nette des politiques de protection de la nature. Ainsi, lorsque bien des pays de l'Europe anciennement « de l'Ouest » ont ralenti, voire stoppé leur politique de création de parcs nationaux sous l'effet de multiples contraintes (multiplication des oppositions locales et des procédures juridiques, faible disponibilité en surfaces considérées comme éligibles, développement de structures alternatives comme les parcs naturels régionaux, moins contraignants), les pays centre-européens ont quant à eux établi plus de 30 nouveaux parcs nationaux en moins de 20 ans, certes de plus petite taille que les premiers parcs créés, mais faisant plus que doubler les superficies protégées jusqu'alors.

Quels sont les motifs profonds de ce virage politique commun ? L'on y voit surtout une volonté de rupture franche avec l'ancien système, conjuguée aux effets d'un puissant modèle d'européanisation, c'est-à-dire d'une même volonté de se conformer aux cadres politiques et sociaux établis plus à l'Ouest du continent lors de l'intégration des pays centre-européens à l'Union européenne.

Or l'un des pans majeurs des politiques européennes, inscrit officiellement depuis 1992 par l'Acte unique européen dans le titre VII du Traité de Rome, repose sur une pression environnementale forte appliquée à tous les champs de l'action publique. Sur les quelque 22 000 textes juridiques formant aujourd'hui l'« acquis communautaire » de l'Union, plus de 300 concernent directement l'environnement, dont les célèbres Directives « Oiseaux » (1979) et « Habitats » (1992), avec le programme *Natura 2000* d'identification et de protection des sites naturels sensibles. Les lobbies écologistes sont également forts et ont constitué dès avant 1989 des réseaux paneuropéens entre Est et Ouest (cf. le réseau « *Eeconet* » d'acquisition foncière des sites menacés, ou le réseau « *Eurosites* » d'échanges entre gestionnaires d'espaces naturels protégés).

L'Union européenne elle-même dispose d'outils financiers en rapport avec la protection de la nature, qu'il s'agisse de financements directs, comme le programme *Life*, ou indirects, comme le programme LEADER+ de développement rural, fortement tourné vers la durabilité des projets et la valorisation des espaces naturels protégés. La nouvelle Politique Agricole Commune (PAC) de l'Union, définie pour la période 2007-2013, a d'ailleurs désormais pleinement intégré dans son second pilier, consacré au développement rural, un axe intitulé

« *améliorer l'environnement et l'espace rural* » et qui prévoit « *des mesures visant à protéger et à améliorer les ressources naturelles, ainsi qu'à préserver les systèmes agricoles et sylvicoles à haute valeur naturelle et les paysages culturels des zones rurales d'Europe*[1] ». L'inventaire des espaces naturels protégés est donc systématiquement inscrit dans les rapports d'analyse de la PAC ; les parcs et participent de la sorte d'une activité économique rurale considérée comme multifonctionnelle et qui doit aussi assurer aujourd'hui la gestion écologique des territoires dans une perspective « durable ».

De ce fait, la création de parcs nationaux, plus encore que d'autres types d'espaces naturels protégés, vient attester visiblement de la réorientation des politiques environnementales d'Europe centrale en faveur du modèle européen.

Cependant, un parc national est également la marque symbolique de la reconstruction identitaire d'une nation : après quarante années de domination soviétique, chaque pays centre-européen peut réaffirmer sa spécificité au travers d'une image archétypale de ses paysages. Le parc national renvoie une image flatteuse et valorisée de la nation ; c'est un outil politique qui s'avère très opportun pour stabiliser l'identité d'un peuple dans une période de changements sociaux accélérés.

B. Une réorientation des fonctions des parcs vers le développement durable

Le postulat posé par les textes européens a donc entraîné une inflexion sensible des politiques de protection de la nature. Le modèle d'européanisation évoqué plus haut propose une vision très précise de la protection de la nature : ce n'est pas une écologie radicale, où tout espace protégé est géré en rupture avec le territoire qu'il concerne. Ce n'est pas non plus une stricte sensibilité au pittoresque, à l'esthétique des espaces naturels en vue de leur seule mise en valeur touristique. Il y a dans le discours européen une volonté d'*intégration* des principes de l'écologie scientifique aux objectifs de gestion et de développement des territoires ruraux tout entiers : l'on peut ainsi parler d'un « *paradigme intégrateur* » (Rodary, Castellanet, 2003) au sujet de ce modèle.

Les espaces naturels protégés ont en effet une fonction sociale ; ils sont désormais *intégrés* à la plupart des projets de développement rural, à la fois en tant que « caution environnementale » permettant de justifier de la durabilité des choix concernant l'espace rural, mais aussi en tant que ressource poten-

1. Décision du Conseil du 20 février 2006 « *relative aux orientations stratégiques de la Communauté pour le développement rural (période de programmation 2007-2013)* », document n° 2006/144 CE.

tielle pour les campagnes environnantes : ils sont susceptibles de promouvoir le tourisme de nature, des projets écologiques et scientifiques tout comme la qualité du cadre de vie.

Les Directions des parcs nationaux, tout en maintenant de fortes exigences écologiques conformément à la *doxa* de l'Union européenne, doivent donc intégrer d'une manière ou d'une autre les sociétés locales et leurs projets à leur planification territoriale. De même, elles doivent participer aux projets de développement des espaces ruraux environnants : ces Directions sont donc supposées s'ouvrir aux principes de la politique participative chers aux politiques régionales européennes, c'est-à-dire faire l'apprentissage du développement local. C'est, en somme, la garantie d'une diffusion des exigences environnementales en dehors des seuls espaces protégés ; c'est aussi un moyen de « faire passer » un état d'esprit permettant de garantir, voire de pérenniser la durabilité des projets de développement dans l'espace rural. Et c'est aussi la recherche d'un équilibre idéal entre des exigences écologiques et sociales *a priori* peu compatibles entre elles.

Un tel discours est aujourd'hui assez connu dans la plupart des pays européens, mais sa diffusion est récente en Europe centrale et constitue un nouvel horizon théorique qui réoriente progressivement les modes de gestion des parcs nationaux.

Suivons l'exemple de la Hongrie. Ses 4 premiers parcs, créés avant 1989, ont d'abord concerné la Grande Plaine et ses steppes marécageuses (Hortobágy, Kiskunság) ainsi que les collines parmi les plus élevées du pays, avec leurs forêts (Bükk) ou leur modelé karstique (Aggtelek). Ces parcs ont été prioritairement dévolus à la recherche en écologie, constituant des terrains d'expérience pour les biologistes de Budapest et des villes universitaires voisines des parcs. Les parcs assumaient également un rôle éducatif à l'échelon local, les Directions organisant des séjours pédagogiques pour les scolaires.

Photo 8. Parc national du Kiskunság (Hongrie)
équipements pour l'observation des oiseaux au bord de la puszta marécageuse
d'Apaj, (© S. Depraz, mars 2000).

Quant au reste, le mode de gestion des parcs pouvait être considéré comme autarcique, sans grand rapport avec l'économie rurale environnante ni ouverture touristique notable (Depraz, Kertész, 2002 ; Depraz, 2003). Cette fonction touristique déficiente des régions des parcs nationaux peut tout de même s'expliquer par la faible mobilité individuelle des populations et par le peu d'offre commerciale du tourisme, le secteur étant concentré dans des structures de masse gérées par l'État. La pratique touristique restait ainsi surtout familiale et locale, dans des résidences d'été assez sommaires (Ditter, Natowicz, 1995). En outre, l'inscription spatiale des parcs nationaux restait confidentielle, avec une quasi-absence de signalétique sur le terrain, tandis que les politiques de communication auprès du grand public restaient symboliques.

Cependant, au-delà de tout argument financier, ceci traduit aussi le *cloisonnement sectoriel et spatial* des champs de l'action publique sous le socialisme, le territoire du parc n'étant ainsi pas pensé ni géré au-delà de sa stricte fonction écologique ou culturelle.

Il en va autrement depuis 1990. Certains parcs ont été établis dans des secteurs hautement touristiques du pays, comme ce fut d'abord le cas pour le lac Fertõ (Neusiedler See), au contact avec Vienne, puis pour le coude du Danube, au nord de Budapest, ou les collines du lac Balaton. Le rôle affiché de ces nouveaux parcs nationaux consiste ainsi à contrôler la pression touristique sur des espaces naturels sensibles, mais aussi à rendre ces espaces touristiques plus visibles au plan international en leur conférant une garantie de qualité environnementale. De ce fait, les Directions des parcs nationaux ont intégré à leur gestion quelques stratégies touristiques en matière d'équipement, de signalétique, et de marketing – souvent en coopération avec des ONG écologistes internationales et/ou la participation des fonds européens de pré-adhésion (programme PHARE).

Plus encore, les Directions de tous les parcs interviennent aujourd'hui ponctuellement sur l'économie locale en proposant des terres en fermage réduit ou des aides à l'agriculture, sous la condition de respecter des normes de production écologiques. Les directions peuvent aussi soutenir des projets locaux de développement : des écomusées, des fermes biologiques ou des Groupes d'Action Locaux dans le cadre du programme LEADER+ de l'Union européenne. Les moyens restant limités, cette réorientation demeure timide mais le discours officiel a changé.

En ex-RDA, dont les parcs nationaux sont tous postérieurs à 1990, le mode de gestion des territoires protégés s'est d'emblée inspiré de l'expérience acquise à l'Ouest et a été directement pensé selon une approche « intégrée ». Les parcs nationaux reposent ainsi sur une forte exigence écologique, avec une volonté de restaurer l'état de nature de certains secteurs dégradés en supprimant peu à peu toute activité en leur sein[1]. Mais cet objectif est un terme à atteindre très progressivement, tandis qu'il est accompagné d'un effort d'information et de soutien aux populations riveraines avec une participation à l'économie locale. Là encore, les parcs proposent des mesures agri-environnementales, soutiennent des projets de développement local compatibles avec leurs objectifs et mènent des actions de marketing territorial très visibles.

Enfin, les parcs allemands sont conçus, comme en France, selon un zonage concentrique. Certains secteurs, qui sont inclus dans le périmètre protégé mais extérieurs aux zones centrales, sont ainsi ouverts à une activité économique ou touristique soutenue par le parc (agriculture biologique, maisons d'information, centre d'activités sur la nature) ; leur gestion peut faire l'objet de compromis.

Le « *paradigme intégrateur* », visible dans les postulats posés par le modèle européen de gestion des espaces naturels protégés, semble donc mis en pratique dans les discours. Il s'avère également particulièrement pertinent

1. On parle à ce sujet de *Renaturierung* (« renaturation »), un processus qui consiste à supprimer jusqu'aux traces visibles de l'activité anthropique dans les parcs pour retrouver l'aspect d'une nature sauvage. Ceci suppose par exemple l'arasement de bâtiments militaires désaffectés et la remise en herbe des surfaces revêtues, l'arrêt de l'exploitation forestière ou des labours sur certains secteurs, etc. Le slogan des parcs nationaux allemands est d'ailleurs : *die Natur natur sein lassen* (« *laisser la nature être naturelle* »).

pour les espaces ruraux centre-européens, qui sont des territoires relativement peuplés où les interactions restent fortes entre les milieux protégés et l'action anthropique.

III. Une reformulation des tensions territoriales

A. Le contexte spécifique du post-socialisme

L'opposition aux politiques de protection de la nature n'est pas chose nouvelle ; elle peut même être considérée comme une dimension inhérente à la création d'espaces protégés, lesquels viennent en général répondre à une tension préexistante qu'ils révèlent, voire qu'ils exacerbent. Les premières réserves naturelles, au XIXe siècle, peuvent en effet déjà être vues, en Europe, comme une partition territoriale destinée à protéger les intérêts d'un groupe social particulier (biologistes, esthètes, bourgeoisie urbaine) face à un autre groupe social dont l'action territoriale est désavouée (agriculteurs, habitants locaux, promoteurs). Le conflit préexistant est ainsi inscrit sur le terrain par une limite définissant l'influence respective de chaque groupe de pouvoir.

Tableau 6. La variation de l'intensité des conflits d'usage autour des espaces protégés en fonction des contextes politiques d'Europe centrale – conception de l'auteur.

	Avant 1989	depuis 1989
Respect de la démocratie locale	Faible, voire inexistant *(centralisme et forte contrainte politique et morale)*	Fort *(réaffirmation claire dès 1990 du rôle des collectivités et des acteurs locaux)*
Respect de la propriété privée	Faible *(socialisation de la plupart des moyens de production)*	Fort *(décollectivisation et privatisation des moyens de production)*
Types de politiques de protection de la nature	Sectorielles *(sans incidence au-delà des espaces protégés)*	Intégrées *(volonté d'interaction avec la société rurale, « durabilité » des projets)*
Intensité résultante	Faible	Élevée

Ceci étant, l'intensité du conflit d'usage ainsi révélé n'est pas toujours la même selon les contextes historiques et spatiaux. Pour en comprendre les variations, il est possible de figurer le conflit autour des espaces protégés comme une équation à trois termes. Il dépend ainsi (a) de la vigueur de démocratie locale et des possibilités d'expression politique de chaque groupe social ; (b) du degré de respect de la propriété privée, qui fonde la légitimité des revendications territoriales de chacun ; et (c) de la forme et de l'intensité des politiques de protection de la nature, c'est-à-dire des contraintes apportées à l'activité productive et au *modus vivendi* d'une société locale.

La rupture, à cet égard, est profonde en Europe centrale puisqu'elle affecte les trois composantes de l'équation à la fois. Le contexte du socialisme, avant 1989, était celui d'une démocratie locale factice, avec un fort contrôle social des populations qui empêchait pratiquement l'expression des revendications de groupe. La collectivisation des moyens de production avait également réduit les titres de propriété à de simples documents d'archive, annihilant ainsi *de facto* toute revendication fondée sur une assise territoriale privée. Enfin, le mode de gestion des parcs, relativement autarcique, avait somme toute peu d'incidences sur les sociétés locales. Les conflits autour des parcs nationaux, dans ce cadre, étaient donc rares.

Après 1989, à la fois la gouvernance locale et la propriété privée sont restaurées comme principes fondateurs des démocraties centre-européennes. Or c'est précisément à cette occasion que sont relancées les politiques de protection de la nature et la création de parcs nationaux. C'est ainsi que les acteurs locaux, légitimés par le nouveau régime, peuvent se sentir paradoxalement bridés dans leurs prérogatives par l'imposition de nouvelles structures de protection de la nature. Nous avons déjà défini par ailleurs les formes que peut prendre un tel sentiment de « *dépossession territoriale* » (Depraz, 2005), éprouvé à la fois par certains élus locaux, par les acteurs économiques directement affectés par la création des parcs – agriculteurs, forestiers, pêcheurs, entrepreneurs – voire par certains habitants, contraints dans leur mode de vie par les interdictions de prélèvement ou de circulation que suppose généralement un parc. Ironie de l'histoire, les parcs viennent prolonger l'héritage autoritaire du socialisme défunt...

Ceci est d'autant plus sensible que les populations d'Europe centrale se sont, comme dans la plupart des pays développés, largement imprégnées des discours théoriques sur l'écologie et le développement durable. Les grands enjeux environnementaux sont connus et acceptés, tout comme la nécessité de protéger la nature. Mais cette acceptation de principe ne signifie pas pour autant une adhésion sans réserve aux principes fondateurs des parcs, ce que révèlent de nombreuses critiques implicites ou indirectes envers les parcs. Des conflits très concrets autour des espaces protégés, souvent de type

NIMBY[1], « permettent » en fait de mettre à jour de véritables divergences de fond qui remettent même en question l'idée de protection de la nature. S'il y a « acceptation » des parcs, c'est en fait plutôt une *tolérance passive* envers ces structures ; mais il n'y a pas « acceptance » (Rentsch, 1988 ; Depraz, 2005), pour reprendre un néologisme fondé sur l'allemand (*Akzeptanz*), au sens où il n'y a pas passage à un degré supérieur de l'acceptation qui impliquerait une adhésion totale aux valeurs portées par les parcs nationaux. La conversion des populations rurales d'Europe centrale au discours environnemental apparaît, sur ce plan, encore bien trop récente et superficielle.

B. Les difficultés de la gestion participative

Toute la difficulté est alors d'intégrer autant que possible les parcs nationaux aux structures délibératives locales, c'est-à-dire de les associer à la concertation démocratique promue par la plupart des programmes européens de développement local, mais ceci en préservant le modèle de gestion territoriale que supposent les parcs nationaux, c'est-à-dire un modèle qui respecte les impératifs écologiques. La marge de compromis est donc étroite, les Directions devant s'associer au fonctionnement des territoires sans pour autant dénaturer leur propos ni se départir de leurs objectifs de gestion.

Sur l'exemple de la plupart des pays ouest-européens, les instances de réflexion sur le développement des territoires se sont démultipliées depuis 1990 en Europe centrale. Ces structures, qu'elles soient contractuelles ou paritaires, peuvent être des associations intercommunales, des conseils de développement régional ou d'autres groupes d'acteurs formés *ad hoc* par les programmes de développement rural. S'il est vrai que ces structures supplémentaires alourdissent sensiblement le fonctionnement des institutions politiques et administratives locales par une inflation permanente du nombre de réunions et de conseils ayant trait à la gestion des territoires, elles constituent à tout le moins la garantie d'une possibilité d'échange entre acteurs ruraux et, peut-être, d'une convergence de vues.

Il n'est donc pas tant question de co-gestion des parcs dans des structures officielles communes, que de structures semi-formelles voire *informelles* pour permettre aux acteurs de mieux se connaître et de rapprocher leurs conceptions du territoire. C'est en tout cas en leur sein que se font préférentiellement les recherches de compromis entre acteurs locaux et Directions des parcs

1. NIMBY : de l'anglais « *Not in my backyard* », cette expression désigne des conflits d'usage fondés sur la défense des intérêts de particuliers affectés par une contrainte d'aménagement. Sans remettre forcément en cause le projet, les riverains chercheront à le déporter au-delà des emplacements qui les concernent directement.

nationaux : en Allemagne, certaines Directions ont même encouragé la création de syndicats intercommunaux associant toutes les communes concernées par le parc national, et elles seules, afin de structurer efficacement les acteurs ruraux et d'avoir un interlocuteur clair dans la résolution des conflits d'usage.

Plus informel encore, mais tout aussi efficace, le corps des gardes du parc national peut constituer un atout dans l'intégration des parcs à la vie rurale lorsque ces gardes sont originaires des villages riverains et savent négocier et transiger en cas de conflit. Il apparaît souvent que la personnalité d'un garde peut influer sensiblement sur le degré d'acceptation locale d'un parc, voire sur l'existence de projets communs de développement entre la communauté rurale et le parc national. Ce sont les relations interpersonnelles, amicales voire familiales, ou l'aptitude à l'écoute qui aident à faire tomber les barrières sociales dans la discussion. Le recrutement récent des personnels de direction et d'animation du parc peut suivre ainsi un profil moins scientifique ou administratif, et plus tourné vers les sciences sociales et l'aménagement. Mais cette évolution n'est pas partout entérinée dans les parcs centre-européens, loin s'en faut.

Conclusion

Ce qui est ici en jeu dépasse, de fait, la seule question des parcs nationaux. Il n'est pas évident de passer en quelques années d'un productivisme agricole militant, tel qu'il était conçu sous le socialisme, à une gestion intégrée et durable du territoire appuyée sur la multifonctionnalité nouvelle de l'espace rural. S'il y a bien, avec le déclin brutal de l'emploi agricole, essor de fonctions productives non-agricoles, apparition de logiques résidentielles et de loisirs et création de parcs naturels, le chômage et la précarité rurale suscitent plutôt des comportements nostalgiques et conservateurs qui mettent en exergue des traits paysans et un repli sur le local. Ainsi, les politiques environnementales et la protection de la nature apparaissent surtout comme des idées exogènes qui déstructurent les normes sociales « traditionnelles » de la ruralité – quand bien même cet imaginaire paysan relève avant tout d'une reconstruction utopique contemporaine.

Les Directions des parcs nationaux sont donc confrontées à un double enjeu : il s'agit, d'une part, de faire comprendre aux riverains des parcs le mode de gestion des espaces protégés et de tenter, ainsi, de faire accepter le parc comme une composante à part entière de l'organisation territoriale contemporaine de l'espace rural. Cependant les parcs participent aussi d'un changement d'ensemble du modèle de société des campagnes européennes, tel que cela est ressenti par exemple en France avec l'essor de la multifonctionnalité rurale

(Perrier-Cornet, 2003). Il s'agit donc aussi de faire comprendre, au risque de divergences de fond et de conflits récurrents, que cette intégration des parcs à la vie rurale procède d'un changement plus global de l'identité même du monde rural autour du concept de durabilité des campagnes européennes.

Bibliographie

- Albert R., 1999 : « La Grande Plaine hongroise, symbole national ; genèse d'un imaginaire XVIIIe-XXe siècle », in *Les cahiers de l'Atelier/Atelier Füzetek* n° 1 : « Villes et campagnes en Hongrie XVIe-XXe siècles », Atelier franco-hongrois en sciences sociales, p. 11-35.
- Bochniarz Z., Bolan R., Kerekes S., Kindler J., Vargha J. et Von Witzke H., 1992 : *Environment and Development in Hungary, a Blueprint for transition*, université des Sciences économiques de Budapest, 88 p.
- Depraz S., 2005 : « Le concept d'Akzeptanz et son utilité en géographie sociale – exemple de l'acceptation locale des parcs nationaux allemands », in *L'Espace géographique*, tome 34, n° 1, p. 1-16.
- Depraz S., 2003 : « Les parcs naturels en Hongrie, protection de la nature et développement local », in *Le Courrier des Pays de l'Est* n° 1035, p. 71-79.
- Depraz S. et Kertész A., 2002 : « Évolution de la notion de protection de l'environnement en Hongrie, analyse géographique et sociale à travers l'exemple des parcs nationaux », in *Annales de Géographie* n° 626, p. 426-438.
- Ditter J-G. et Natowicz I., 1995 : « Le tourisme en Europe centrale et orientale : développement et obstacles », in *Courrier des pays de l'Est* n° 396, p. 11-43.
- Guermond Y. et Mathieu N., 1991 : « La question de l'environnement, naissance d'un débat en Pologne », in *Strates* n° 6, université Paris I, p. 3-100.
- Harrison R., 1992 : *Forêts. Essai sur l'imaginaire occidental*, Flammarion, coll. « Champs », 401 p.
- Hêritier S., 2004 : « Les dynamiques spatiales dans les parcs nationaux des montagnes canadiennes », in *Mappemonde* n° 74, http://mappemonde.mgm.fr/articles/art04202.html
- Lacquement G., 2005 : « Les changements fonctionnels dans les territoires ruraux des nouveaux Länder allemands », in *Bulletin de l'Association de géographes français*, vol. 82, n° 2 : « Les territoires ruraux centre-européens face aux enjeux de l'intégration », p. 156-167.
- Laslaz L.,2006 : « Les zones centrales des parcs nationaux alpins français, des conflits au consensus social ? Contribution critique à l'analyse des processus territoriaux d'admission des espaces protégés et des rapports entre sociétés et politiques d'aménagement en milieu montagnards », in *Ruralia* n° 16-17, http://ruralia.revues.org/document1094.html
- Leynaud E., 1985 : « Les parcs nationaux, territoires des autres », in *l'Espace géographique* vol. 14, n° 2, p. 127-138.
- Perrier-Cornet P. (coord.), 2002 : *Repenser les campagnes*, DATAR, éditions de l'Aube, coll. « Bibliothèque des territoires », 280 p.
- Rakics R. et Kovács Á. (coord.), 1996 : *Data on Human Environment*, Office hongrois pour la protection de la nature (OKTH), 46 p.
- Rentsch G., 1988 : « Die Akzeptanz eines Schutzgebietes untersucht am Beispiel der Einstellung der lokalen Bevölkerung zum Nationalpark Bayerischer Wald », in *Münchener Geographische Hefte* n° 57, 87 p.

- Richez G., 1992 : *Parcs nationaux et tourisme en Europe*, l'Harmattan, collection « Tourisme et sociétés », 278 p.
- Rodary E., Castellanet C., 2003 : « Les trois temps de la conservation », in id., *Conservation de la nature et développement, l'intégration impossible ?*, GRET – Karthala, p. 5-44.
- Schoenichen W., 1954 : *Naturschutz, Heimatschutz, ihre Begründung durch Ernst Rudorff, Hugo Conwentz und ihre Vorläufer*, Wissenschaftliche Verlagsgesellschaft GmbH, 312 p.
- Vinaver K. (coord.), 1993 : *La crise de l'environnement à l'Est*, l'Harmattan, coll. « Pays de l'Est », Paris, 190 p.

Dossier n° 7

Le mode de gouvernance des parcs nationaux en Chine

Guillaume Giroir

Introduction

En 1978, la Chine ne possédait que deux parcs nationaux – en chinois : « *guojiaji ziranbaohuqu* », littéralement « *zone de protection naturelle de rang d'État* » – (Dinghushan, 1956 ; Wolong, 1974) sur une superficie totale de 201 133 ha. À la fin 2003, elle en compte 226 pour une surface cumulée de plus de 88 millions d'ha. La période récente (1998-2003) a montré une accélération considérable avec la création de pas moins de 119 nouveaux parcs ; quatre d'entre eux totalisent 45 millions d'ha, soit plus de la moitié de la superficie totale des parcs nationaux chinois depuis leur création. Cette expansion territoriale exceptionnelle en Chine s'est opérée dans un contexte humain très particulier où les parcs nationaux ont été amenés à intégrer dans leur périmètre des populations souvent importantes et non chinoises. De plus, elle ne s'est pas accompagnée de moyens correspondants en matière de financement, de gestion administrative et de personnel ; domaines rassemblés ici sous le terme de gouvernance (les aspects financiers ne seront pas abordés dans le cadre de cette étude). La *State Environmental Protection Administration* (SEPA) a ainsi dénoncé le « *développement aveugle* » des réserves naturelles en souhaitant que leur développement passe désormais d'une logique quantitative à une logique plus qualitative.

L'objectif du présent dossier consiste, à partir de sources chinoises, à identifier et analyser les spécificités des parcs nationaux chinois en matière de gouvernance. Il insistera plus particulièrement sur la dimension spatiale de la question en mettant au jour la diversité et la complexité des situations observables à l'échelle fine des 226 parcs nationaux chinois. Seront ainsi analysés successivement les problèmes induits par l'importance du peuplement compris à l'intérieur des parcs, les carences de ces aires protégées en matière institutionnelle, juridique et administrative, ainsi que les limites de leurs ressources humaines.

I. Gérer des parcs nationaux peuplés : défis, pratiques et enjeux

La gouvernance des aires protégées en Chine est rendue particulièrement difficile pour plusieurs raisons : fort peuplement, pauvreté de la population et dépendance à l'égard des ressources naturelles, prédominance des minorités ethniques au sein des communautés résidentes locales.

A. Le paradigme des parcs nationaux chinois : beaucoup d'hommes, beaucoup de pauvres et beaucoup de populations non chinoises

Compte tenu des fortes densités de population de la Chine et du caractère récent des aires protégées, la plupart des parcs nationaux englobent un nombre important de résidents permanents. Le parc national de Xishuangbanna (province du Yunnan) englobe ainsi une population de 880 000 personnes. Dans la Réserve de biosphère MAB de Bogeda (Xinjiang), plus de 134 000 personnes résidaient en permanence en 2001 (UNESCO, 2002). La plupart des réserves de biosphère MAB renferment elles-mêmes en général quelques milliers d'habitants, mais celles de Yancheng (province du Jiangsu) et de Xilin Gol (Mongolie intérieure) possèdent respectivement plus de 90 000 et de 125 000 résidents. Une minorité de résidents occupe les zones centrales elles-mêmes : le Parc Bogeda compte 4 000 personnes dans la zone centrale, 10 000 dans la zone tampon et 120 000 dans la zone de transition. Dans le parc national de Fanjingshan (province du Guizhou), 118 foyers vivent au cœur de la zone centrale, territoire privilégié des singes dorés (Gong, 2003) ; 3 152 se trouvent quant à eux dans la zone tampon, tandis que dans la Réserve de biosphère de Xilin Gol (Mongolie intérieure), 1 850 occupent la zone centrale.

Souvent, la population présente au sein des parcs nationaux connaît un fort accroissement démographique : depuis 1975, la population résidente au sein du parc national Wolong a ainsi augmenté de 66 % pour atteindre plus de 4 000 personnes. Une partie de la croissance démographique est imputable au fort taux d'accroissement naturel des minorités ethniques exemptées de la politique de l'enfant unique. Mais elle est due également à l'essor touristique de Wolong qui attire des migrants à la recherche d'emplois. La pression anthropique est d'autant plus intense que la plupart des communautés locales sont constituées de paysans pauvres fortement dépendants des ressources naturelles. Parfois le cheptel d'animaux domestiques s'ajoute à la pression humaine : ainsi, dans le parc national Xianghai (province du Jilin), ensemble de zones humides et de prairies de 1 000 km^2, célèbre pour ses grues à crête rouge, ne résident pas moins de 20000 personnes, auxquelles s'ajoutent 300000 animaux domestiques.

La pression anthropique rend d'autant plus douloureuse, voire traumatisante, la mise en place des parcs nationaux. L'interdiction d'exploiter les ressources naturelles protégées prive brutalement et définitivement les populations locales de la majeure, voire de la seule, source de leurs revenus. Cette paupérisation crée des conflits, parfois violents, entre les communautés locales et les autorités du parc (Lewis, 1996). Ces tensions sont d'autant plus vives qu'elles se greffent souvent sur des clivages interethniques car la majeure partie des parcs nationaux en Chine sont gérés principalement par des Han mais sont implantés dans des régions à minorités nationales. Par exemple, le parc national de Fanjingshan (province du Guizhou) a été créé pour protéger une population de 750 à 800 singes dorés. Traditionnellement, les minorités Miao et Tujia exploitaient la forêt pour confectionner du charbon de bois ; les Miao pratiquaient la collecte de plantes médicinales, tandis que les Tujia faisaient une forte consommation de bois pour construire de grandes maisons. Tous chassaient les animaux sauvages en recourant à des pièges. Désormais, toutes ces pratiques sont devenues illégales ; il est par exemple strictement interdit de couper des arbres pouvant servir d'habitat au singe doré ; de même, la pose de pièges est prohibée car elle peut entraîner la capture des singes. Les populations se plaignent ainsi qu'aucune compensation financière ne leur ait été octroyée pour la création du parc national, alors même qu'elle a occasionné pour eux des pertes considérables de revenus et de moyens de subsistance.

Le cas du parc national Caohai (province du Guizhou) est encore plus caractéristique. De la fin des années 1950 à 1972, le lac a été progressivement asséché et mis en culture, entraînant la disparition des oiseaux pour qui l'espace lacustre servait de base d'hivernage. En 1982, le gouvernement a décidé de le remettre en eau. En 1985, le lac ainsi recréé a été protégé grâce à la mise en place du parc national de Caohai. Cette remise en eau a permis le retour des oiseaux migrateurs mais a privé les 20000 paysans locaux de leurs champs de maïs et de pommes de terre, entraînant des incidents violents avec les responsables et le personnel du parc. Les filets de pêche des villageois ont été saisis et détruits ; certains travailleurs du parc ont été quant à eux jetés dans le lac. Pour essayer de résoudre ces contradictions, les autorités ont recouru à plusieurs méthodes, dont il s'agit de préciser la validité mais aussi les limites.

B. La stratégie de déplacement de population

Le déplacement et le relogement des populations locales en dehors des limites du parc sont une pratique fréquente. Dans le contexte chinois, séparer l'homme et la nature peut apparaître la seule solution pour préserver la biodiversité. Elle vise à réduire, voire à supprimer, la pression des communautés sur les ressources naturelles en les éloignant des zones potentielles de collecte ou de braconnage (cf. photos 9 et 10). De fait, la plupart des zones centrales dans les parcs nationaux chinois ne sont plus occupées que par des populations résiduelles, appelées le plus souvent à être transférées dans les autres zones du parc. Compte tenu des effectifs et des montants financiers en jeu, il est en revanche inenvisageable de déplacer et de reloger la totalité des résidents permanents des zones de transition et expérimentales. Il s'agit plutôt de transferts partiels.

Photo 9. Village de déplacés Tujia hors du parc national de Fanjingshan (province du Guizhou). Maisons en bois et pont couvert, (© G. Giroir, septembre 2005).

Photo 10. Plaque apposée sur une maison du village de déplacés Tujia. Traduction : « *Famille de déplacés* » (*Yimin anzhi hu*). En haut : « *Travaux de l'État pour sauver le parc national et les pauvres* » (*Guojia yi gong dai zhenyidi fupin gongcheng*). En bas : « *gouvernement populaire* » du district de Yinjiang, (© G. Giroir, septembre 2005).

Il arrive que les populations résidant au sein des parcs nationaux décident de quitter spontanément l'aire protégée où ils habitaient : c'est notamment le cas lorsque la mise en réserve se traduit par une prolifération des animaux sauvages, et donc une pression accrue sur les paysans locaux. Ainsi, après la création du parc national de Shennongjia (province du Hubei) en 1986, toute activité de chasse, de cueillette ou d'abattage d'arbres a été prohibée dans un périmètre de 70 000 ha. La mise en réserve s'est traduite par l'augmentation du nombre des animaux sauvages, mais aussi le ravage croissant de cultures et la perte d'animaux domestiques. Dans un premier temps, les 5 000 villageois se sont défendus en dressant des clôtures et en frappant le gong. Puis, ils auraient choisi de se reloger en dehors de la montagne pour faire de la place au territoire animal. Dans bien des cas néanmoins, les autorités imposent le déplacement de population, même si la gestion autoritaire est de moins en moins employée. Pour stopper le processus de détérioration du Parc de Xianghai (province du Jilin), l'une des principales zones humides de Chine, il est ainsi prévu de déplacer 4 800 personnes, soit un quart de la population totale. À une autre échelle, pour pallier le surpâturage, l'une des causes de la désertification, il est prévu de faire partir 40 250 pasteurs mongols de la ligue de Xilin Gol où se trouve le parc national du même nom.

Qu'ils soient volontaires ou imposés, ces déplacements semblent représenter une solution certes radicale mais efficace. La réalité est plus complexe et la stratégie comporte divers effets secondaires, comme le montrent par exemple les enquêtes menées dans divers villages autour du parc national de Daweishan (province du Yunnan). Les difficultés d'adaptation rendent parfois la vie des populations encore plus difficile qu'auparavant. Alors même que les déplacés ne peuvent plus prélever de ressources de la nature, les nouvelles sources de revenus requièrent du temps pour se développer et restent aléatoires. Autour du parc national de Fanjingshan (province du Guizhou), des villages de bois ont été ainsi construits mais les populations sont désormais dépendantes de l'essor du tourisme. La plupart des hommes jeunes proposent leurs services pour transporter les touristes en palanche de bambou ; extrême pénibilité, risque de blessure, hyperconcurrence entre les porteurs, caractère saisonnier de la demande touristique laissent à penser que la condition des paysans a eu plutôt tendance à se dégrader. De plus, le développement de l'artisanat et d'animations (chants, danses) pour les touristes dans les villages de déplacés engage ces minorités Tujia dans une logique évidente d'acculturation et de folklorisation.

Souvent, les résistances au départ sont plus marquées chez les personnes âgées. L'un des motifs de refus tient à la présence des tombes des ancêtres autour des anciens villages (information recueillie auprès de M. Yang Yeqin, directeur du parc national de Fanjingshan, Guizhou, septembre 2005). L'un des objectifs de cette politique vise en réalité à faire partir les jeunes non seulement vers les marges des aires protégées mais aussi en dehors de la région elle-même pour alimenter le flux de migrants temporaires ou non.

C. Des pandas et des hommes : le cas emblématique du parc de Wolong

Le cas du Parc Wolong (province du Sichuan) est, à bien des égards, emblématique. Compte tenu de son statut de plus grande réserve de pandas géants en Chine, il a fait l'objet de recherches particulièrement denses. Il montre que, même dans un contexte non-démocratique tel que celui de la Chine, le déplacement autoritaire des populations n'est pas toujours aisé. Le nombre de résidents au sein de la Réserve de biosphère de Wolong est passé de 2 560 en 1975 à 4 260 en 1995. De 1975 à nos jours, il a fait plus que doubler. Principalement d'origine tibétaine, les communautés locales échappent à la politique de l'enfant unique. Les recherches de Liu Jianguo ont montré que la pression anthropique sur le

Parc de Wolong était imputable non seulement à la croissance de la population mais aussi à l'accroissement encore plus rapide du nombre de ménages : alors que la population a été multipliée par 1,6, le nombre des foyers est passé de 421 à 904, soit 2,1 fois plus. Cette dynamique démographique s'accompagne d'une demande accrue de bois de feu, l'électricité et le charbon étant trop chers pour la population. Une partie du bois de feu sert à cuisiner du porc fumé, l'une des spécialités les plus prisées des touristes.

Au début des années 1980, les autorités ont essayé de procéder à des déplacements forcés de la population habitant au sein de la réserve. Mais un certain nombre des déplacés revirent dans leur village d'origine faute d'avoir pu s'adapter à leur nouveau cadre de vie. Pour essayer de vaincre leur résistance, les pouvoirs publics ont fait construire un vaste complexe d'appartements au sein de la réserve, dans une zone inadaptée aux pandas ; mais personne n'accepta d'y habiter (Liu, 2000). Des enquêtes directes auprès de la population donnent des résultats plus nuancés. Si la majorité de la population considère le déplacement comme inacceptable, les personnes résidant jusqu'alors loin des routes principales n'y seraient pas opposées (Xu, 2006). Le gain d'accessibilité est ainsi perçu comme compensant les inconvénients du changement de site. D'autres enquêtes montrent un net clivage générationnel en matière de déplacement : autant les personnes âgées sont réticentes au changement de leur cadre de vie, autant la plupart des jeunes envisagent de quitter volontairement Wolong pour trouver un emploi en ville. Certains considèrent ainsi qu'il serait préférable de dépenser l'argent consacré au relogement plutôt dans l'amélioration du niveau éducatif des jeunes, pour mieux favoriser leur départ.

D. De la gestion autoritaire à la gestion participative

Dans la plupart des cas néanmoins, l'essentiel de la population résidente reste dans les zones non centrales (zone tampon, zone de transition, zone expérimentale) du parc et est soumis à de multiples restrictions d'usage des ressources naturelles auxquelles elle avait recours souvent depuis longtemps. Dans les années 1980, les modes de gouvernance autoritaire prévalaient. Par zèle écologique, par méconnaissance ou sous-estimation des effets socio-économiques de la création d'une aire protégée, mais aussi par difficulté à concevoir et mettre en œuvre des stratégies de développement innovantes et appropriées, les responsables des parcs mettaient en application aveugle et quasi militaire des principes de la conservation. Le mépris à l'égard de minorités ethniques considérées comme « *arriérées* » (*luowu*), voire la volonté des autorités de les assimiler, ne favorisait pas non plus les politiques partenariales.

Depuis le début des années 1990, le concept de gestion participative (en anglais : « *co-management* », « *participatory management* », « *collaborative management* », « *facilitated management* », « *partnership management* ») a commencé à être pris en compte dans la gestion des parcs naturels en Chine. L'idée est qu'il est essentiel de prendre en considération les besoins des populations vivant à l'intérieur et autour des aires protégées pour mieux atteindre les objectifs de conservation. Nombre de parcs nationaux appliquent ainsi désormais les programmes de développement alternatif ou intégré (en anglais : *Integrated Conservation and Development Project,* ICDP). Dans les plans de gestion des parcs nationaux, les autorités du parc proposent désormais aux populations des sources alternatives de revenus, c'est-à-dire non dépendantes des ressources naturelles et sans impact sur l'environnement. Dans le cadre d'une véritable cogestion, elles mettent en place des plans de développement permettant aux communautés locales de s'affranchir de l'exploitation traditionnelle des ressources naturelles. Par exemple, dans le parc national de Hupingshan (Hunan), la construction de micro-centrales hydroélectriques et de cuves à biogaz réduira les prélèvements de bois de feu dans la forêt locale de la part des populations résidentes. L'exemple de Caohai (province du Guizhou) montre également le développement d'activités alternatives grâce au microcrédit. Pour essayer de sortir des violents conflits affectant le parc national, les autorités ont établi en 1993 un programme associant le gouvernement et deux ONG américaines, l'ICF (*International Crane Foundation*) et *Trickle up Program* fondé sur l'octroi de microcrédit pour lancer des activités écocompatibles. De fait, certains villageois mirent sur pied des activités telles que l'élevage de volaille, la réparation de vélos ou l'organisation de croisières sur le lac. Au départ destiné à des groupes de 3 à 5 personnes, le programme a changé d'échelle à partir de 1995 en s'appuyant sur des groupes de 10 à 15 familles. Le succès relatif de cette stratégie a valu à Caohai d'être considéré comme un modèle. En réalité, une enquête menée auprès de 200 villageois montre que, si cette méthode a permis d'apaiser le conflit entre le parc et la communauté locale, elle comporte aussi des échecs. La communauté villageoise dans son ensemble est loin d'en profiter de manière égale ; les bénéfices économiques de cette stratégie ne sont pas non plus à surestimer.

II. Les faiblesses juridique, institutionnelle et administrative des parcs nationaux chinois

Si la gestion des parcs nationaux chinois est rendue malaisée par de lourds enjeux et contraintes ethnodémographiques, elle l'est également par sa complexité institutionnelle et administrative. Le cadre juridique lui-même n'est pas suffisamment rationnel et contraignant pour mettre fin à des pratiques illégales. Le mode de gouvernance des parcs nationaux chinois est encore loin d'atteindre le standard des pays développés.

A. Les lacunes, failles et dysfonctionnements du système actuel

L'expansion accélérée et considérable des aires protégées s'est opérée sur des bases institutionnelles et juridiques insuffisantes. Jusqu'en 1998 en effet, l'organisme de tutelle des aires protégées, intitulé NEPA (*National Environmental Protection Agency*) n'avait que le rang de sous-ministère. Les catégories chinoises relatives aux aires protégées sont restées longtemps dérogatoires par rapport aux standards de l'IUCN, ce qui ne facilite pas le transfert d'expérience et d'expertise. De même, les parcs naturels chinois étaient régis par un ensemble disparate de règlements.

Pendant longtemps, l'application des règlements concernant les parcs nationaux a ainsi été souvent laxiste. En septembre 2006, les résultats d'une enquête menée dans les 226 parcs nationaux ont fait apparaître que 82 d'entre eux, soit plus d'un tiers, étaient engagés dans des activités illégales, qu'il s'agisse de tourisme, d'extraction minière ou forestière, de chantiers de construction ou d'infrastructures, ou de centrales hydroélectriques. Les gestionnaires n'ont pas de véritable pouvoir coercitif car ils ne disposent pas d'autonomie financière par rapport aux autorités locales. Ainsi, le Parc Lianhuadong, situé dans le mont Lushan a été classé patrimoine naturel et héritage culturel mondial. La coupe de branches d'arbres par les paysans y est considérée comme un acte criminel. Or, depuis trois ans, certains cadres et hauts dirigeants locaux y font construire leur villa (*bieshu*), occasionnant un véritable mitage de cet espace naturel. Les membres du bureau de gestion ont rendu compte à leur supérieur de ces atteintes, mais sans réponse. Le Parc Qi Ao Hongshulin où se trouve la ville de Zhuhai du Guangdong, a été créé en 1999, mais dépourvu de « *règlement de gestion* ». La frontière des trois zones (zone centrale, zone de transition, zone périphérique) n'est pas claire, permettant à des pratiques illégales de se développer : ainsi, dans la zone centrale, quelqu'un a créé un restaurant, d'autres chassent les oiseaux ou pratiquent la pêche (Lin, 2004).

En raison du mode de constitution progressif du système des aires protégées et des négociations entre les acteurs concernés (État central, gouvernements locaux, communautés locales...), les parcs nationaux chinois dépendent d'administrations différentes, et aux logiques parfois concurrentes en matière de protection de la biodiversité. La grande majorité d'entre eux (71 %) relève de l'Administration des Forêts (*Linye bumen*) ; environ 17 % appartiennent au département de l'Environnement (*Huanjing bumen*). Les 12 % restants se distribuent entre les départements de l'Agriculture, de la Mer et du Sol. Les parcs nationaux, par leur statut, relèvent de l'État, mais ils sont inclus dans des circonscriptions administratives qui veulent aussi avoir leur mot à dire sur la gestion de ces aires protégées ; d'autant qu'elles fournissent parfois la majeure partie des financements, y compris dans certains cas les salaires des employé ; d'où de fréquents conflits d'acteurs.

Un même écosystème peut aussi faire l'objet de niveaux de protection différents. Ainsi, les monts Wuling sont coupés en deux : à l'est, dans la province du Hebei, ils sont intégrés dans un parc national ; à l'ouest, dans la municipalité de Pékin, il s'agit d'une aire protégée de niveau provincial. Parfois, une zone humide peut aussi être divisée en deux par une rivière, avec d'un côté un parc national et de l'autre côté un parc provincial. Nombre de parcs nationaux relèvent de plusieurs circonscriptions administratives : ainsi, le Parc de Zhalong (province du Heilongjiang) s'étend sur des parties de cinq districts : Tiefeng (570 ha), Fuyu (170), Tailai (160), Lindian (500) et Du'erbote (700 ha) ; certains d'entre eux appartiennent à la municipalité de Qiqiha'er, tandis que d'autres relèvent de celle de Daqing.

La gestion est encore plus malaisée dans le cas des parcs nationaux transprovinciaux : ainsi, la partie orientale du mont Helan (Parc Helan shan) relève de la région autonome Hui du Ningxia, tandis que sa partie occidentale (Parc Neimenggu Helanshan) appartient à la région autonome de Mongolie intérieure. Il en va de même pour le mont Wuyi, dont le versant oriental est situé au Fujian, et le versant occidental au Jiangxi. Les deux parties n'ont pas été créées au même moment et ont des superficies très inégales : le Parc du mont Wuyi a été créé dès 1979 et s'étend sur plus de 56 000 ha, tandis que le Parc du mont Jiangxi Wuyi date seulement de 2002 et ne dépasse pas 16 000 ha. De même, la lutte contre les braconniers est rendue plus difficile quand cette activité se pratique à cheval sur deux frontières provinciales comme au Qinghai : la poursuite devient alors très difficile.

Dans nombre de cas, les parcs nationaux relèvent d'un système de cogestion à acteurs multiples. Ainsi, le parc national de Hupingshan (province du Hunan) est géré par le bureau administratif du parc national et le gouvernement du bourg de Hupingshan, et supervisé par le département de la Forêt de la province du Hunan et le gouvernement du canton de Shimen. Le bureau administratif assure la gestion du parc grâce à quatre sous-divisions (*branch managerial offices*) dans les villages de Jiangping, Nanping, Nisha et Zhongling, dix stations d'inspection et 62 sites de patrouille. Le gouvernement du bourg exerce la gestion administrative.

Il arrive que les trois zones composant les parcs nationaux ne relèvent pas, au moins pour partie, de la même autorité. Ainsi, dans la Réserve de biosphère de Yancheng (province du Jiangsu), plus grande zone humide littorale de Chine, la zone centrale (*zhongxinqu*) (17400 ha) est gérée directement par le bureau du parc national, tandis que les gouvernements locaux détiennent les droits de gestion sur la zone tampon (*huanchongqu*) et la zone expérimentale (*shiyanqu*). Le sol occupé par le parc national est, quant à lui, la propriété du gouvernement de la ville de Yancheng. Tout se passe comme si s'était instaurée une division du travail selon laquelle la zone inhabitée était du ressort des acteurs conservationnistes du parc, alors que les zones non-centrales plus peuplées étaient intégrées dans les stratégies de développement des gouvernements locaux.

B. Manque de clarté du droit de propriété et conflits juridiques : cogestion

En théorie, la question du droit foncier ne devrait pas se poser pour les aires protégées dans un pays tel que la Chine, où la Constitution stipule que l'ensemble des espaces continentaux et maritimes appartient à l'État. Dans le décret « *Les méthodes de gestion du sol dans les parcs naturels* » (*Ziran baohuqu tudi guanli banfa*) promulgué en mai 1995 par le Bureau de l'environnement et le Bureau du sol, l'article 7 précise que « *le sol des parcs naturels appartient à l'État et à la collectivité..., il ne faut pas changer sa propriété du fait des nouvelles limites créées par les parcs naturels* ». L'article 12 indique que « *pour construire ou reconstruire un parc naturel, et distinguer une zone centrale et une zone tampon, il faut d'abord réquisitionner le sol collectif et le transférer à l'État* » (Xie, *coord.*, 2004). Mais, en Chine, divers individus, collectivités et communautés peuvent détenir des droits sur l'utilisation du sol et des ressources. La création d'une aire protégée a ainsi souvent entraîné la surimposition d'un espace régi par l'État sur une mosaïque de droits d'usage préexistants, sorte de propriété coutumière.

Une telle situation aurait dû être évitée, mais dans nombre de parcs naturels créés il y a longtemps, les problèmes financiers ont empêché que la procédure d'expropriation des terres collectives et le transfert des terres à l'État aient pu être menés à leur terme. Il est donc inévitable que le manque de clarté du droit de propriété entraîne des conflits entre le bureau de gestion du parc et les paysans locaux. Ce conflit d'intérêts s'avère maximal dans certaines régions à minorités nationales. La remise en cause de ces droits coutumiers débouche ainsi sur un enjeu plus large, celui des relations interethniques. Elle est susceptible d'alimenter ou de ranimer des conflits et des revendications. Par exemple, dans le Parc naturel Mengla (une partie du parc national Xishuangbanna, province du Yunnan), l'organisme de gestion a été obligé de renoncer à diriger ce parc à cause de manifestations armées des paysans. Dans d'autres cas, des parties entières de parcs échappent au contrôle juridique effectif du bureau de gestion ou sont régies par des arrangements informels.

C. Inadéquation entre limites des parcs nationaux et écosystèmes

Le manque de coïncidence entre les limites des parcs nationaux et celles des aires biologiques est également fréquent dans les parcs nationaux. Les modalités spatiales de cette dichotomie revêtent plusieurs formes. Il arrive que seule une petite partie d'un même écosystème soit mise en réserve : c'est le cas du parc national du lac Poyang (province du Jiangxi), base d'hivernage d'importance mondiale pour de nombreux oiseaux menacés (grues de Sibérie, cygnes, cigognes...) qui ne représente que 4,1 % de la superficie totale du lac Poyang. Une telle situation rend difficile une gestion intégrée des milieux et compromet l'objectif de protection.

Ailleurs, une même unité géographique peut se trouver divisée en réserves distinctes. Une telle fragmentation territoriale est en contradiction avec le principe de la continuité biologique. C'est le cas dans les monts Min (province du Sichuan). Les trois Réserves de biosphère MAB de Wanglang, Jiuzhaigou et Huanglong, toutes trois inscrites au patrimoine naturel de l'UNESCO, se trouvent dissociées malgré leur proximité et leurs caractéristiques communes. Des projets visent à créer une zone protégée à l'échelle de l'ensemble du massif pour mieux sauvegarder le panda géant.

D. Vers l'émergence d'un mode de gouvernance moderne

Depuis une dizaine d'années, certains outils sont mis en place pour conférer une plus grande cohérence et renforcer le niveau de protection des parcs naturels. La création de la SEPA (*State Environmental Protection Administration*) en mars 1998 répond à cet objectif et constitue une étape majeure dans l'édification d'un véritable système moderne d'aires protégées. Désormais, l'accès de la SEPA au rang de ministère témoigne du caractère prioritaire de la protection de l'environnement au sein de la politique chinoise.

Surtout, l'élaboration en cours d'une véritable loi sur les réserves naturelles va dans le même sens, et marquera un véritable tournant pour l'ensemble des aires protégées, y compris les parcs nationaux. La superficie, le nombre et la diversité des parcs naturels en Chine rendent en effet urgente la mise en place d'un cadre législatif adéquat. Dès 2004, le Comité pour la conservation des ressources et la protection de l'environnement (*Environmental Protection and Resources Conservation Committee*, EPRCC) relevant du Congrès national du peuple, avec l'aide de la Banque de développement asiatique (BAD) et surtout l'IUCN, a été le moteur de ce processus. Un groupe de travail national et international a été constitué pour aider l'EPRCC dans son action. L'un des axes sera la mise en conformité des catégories d'aires protégées avec le classement de l'IUCN. On a là l'une des nombreuses manifestations de la mondialisation de la Chine. Un projet de loi a été proposé fin 2006 aux membres du Congrès national du peuple pour évaluation. La loi précisera les procédures légales et les critères d'établissement des divers types de parcs naturels, leurs modalités de gestion et d'évaluation, ainsi que les méthodes de financement et les formes de participation. Cette loi mettra fin au flou et à l'arbitraire qui règnent actuellement parmi les aires protégées en Chine et les dotera d'un système nettement plus moderne et cohérent.

Récemment, on observe une nette volonté des autorités de reprendre en main la gestion des parcs nationaux et de mettre fin à certaines dérives. De nouveaux règlements précisent que la zone centrale ne peut plus être utilisée pour des activités touristiques non autorisées ou des installations productives. Tout nouveau projet de construction devra faire l'objet d'une autorisation préalable du Conseil des Affaires d'État. Il est prévu également que la gestion des parcs nationaux soit évaluée désormais au moins une fois tous les cinq ans par le Conseil des Affaires d'État. En cas de constat de changement illégal de l'occupation du sol et des activités, le statut sera rétrogradé et les responsables du parc punis. Il est à noter toutefois que ce rappel à l'ordre ne représente que la mise en application des règlements de 1994 relatifs aux parcs naturels. Ce durcissement de la politique des aires protégées n'est pas étranger à la polémique née autour du film « *The Promise* » de Chen Kaige. Tourné dans le Parc naturel de Shangrila (Yunnan) en 2004, il aurait provoqué de nombreux dégâts à la végétation. La province a puni la production d'une amende de 90 000 yuans (11 000 $) et certains responsables locaux ont été mis à pied, mais des scientifiques ont accusé le gouvernement local d'avoir prononcé une amende dérisoire.

III. Des structures d'encadrement humain inadéquates

A. Des structures de gestion très inégales

La majorité des parcs nationaux chinois bénéficient de structures de gestion ; mais une minorité n'en a aucune. En Chine, une expression a été forgée pour qualifier les problèmes de gestion des parcs naturels : « *Pi er bu jian, jian er bu guan* » (« *On est d'accord pour créer un parc naturel mais on ne le crée pas, on crée un parc naturel mais on ne le gère pas* »). Le second constat est loin d'être anecdotique. Globalement, sur les 2 194 parcs naturels existant en Chine, 58,6 % disposent d'un bureau de gestion, ce qui signifie que plus de 40 % en sont dépourvus. Parmi les 226 parcs nationaux eux-mêmes, quatre ne disposent pas d'organisme de gestion (*meiyou guanli bumen de guojiaji ziran baohu qu*). Deux sont situés au Tibet, un au Liaoning et un autre au Heilongjiang. Ainsi, le parc national Honghe, dans la province du Heilongjiang, s'étend sur près de 22 000 ha et représente l'une des zones humides les plus remarquables de Chine ; or, avant sa promotion en tant que site Ramsar (c'est-à-dire « *zone humide d'importance internationale* », selon les termes de la Convention sur les zones humides, signée à Ramsar, en Iran, en 1971) en février 2002, sa protection n'était assurée depuis une douzaine d'années que par un seul garde.

Tableau 7. Données relatives à la gestion
et au personnel des parcs nationaux de Chine.

Régions	Nombre de parcs nationaux	Parcs nationaux sans gestion	Personnel de gestion (nombre de personnes)	dont : personnel spécialisé
Pékin	1		42	15
Tianjin	3		119	28
Hebei	7		277	113
Shanxi	4		188	72
Neimenggu	18		372	151
Liaoning	10	1	617	142
Jilin	7		765	202
Heilongjiang	14	1	638	228
Shanghai	0		0	0
Jiangsu	2		60	25
Zhejiang	8		315	148
Anhui	5		159	58
Fujian	9		323	158
Jiangxi	5		253	82
Shandong	4		294	84
Henan	8		1 160	304
Hubei	7		226	24
Hunan	8		467	209
Guangdong	9		236	48
Guangxi	11		435	53
Hainan	8		176	21
Chongqing	3		249	124

Régions	Nombre de parcs nationaux	Parcs nationaux sans gestion	Personnel de gestion (nombre de personnes)	dont : personnel spécialisé
Sichuan	18		839	144
Guizhou	7		237	86
Yunnan	13		1 337	279
Xizang (Tibet)	7	2	133	0
Shaanxi	5		450	229
Gansu	8		504	155
Qinghai	5		114	0
Ningxia	5		1 126	171
Xinjiang	7		151	30
Total	226		12 262	3 383

NB :
- personnel de gestion (*guanli renyuan*) : correspond au personnel administratif, technique et scientifique travaillant dans le bureau de gestion des parcs nationaux ;
- personnel spécialisé (*zhuanye renyuan*).

Source : Anonyme (2004) Quanguo ziranbaohuqu minglu (Liste des parcs nationaux de Chine) *(2003), Pékin : Zhongguo huanjing kexue chubanshe, 116 p.*

De plus, bien souvent, il y a dissociation spatiale entre les bureaux de gestion et le parc lui-même. Pour favoriser la vie des salariés du parc (accès au système scolaire ou médical), les bureaux et les logements ont été implantés dans les chefs-lieux de canton, plutôt qu'à l'intérieur ou à proximité des parcs (Li, 2002). La médiocrité de la desserte routière rend la liaison entre les deux lente et incertaine. La surveillance des parcs et la lutte contre le braconnage en sont d'autant plus difficiles.

B. L'insuffisance quantitative et qualitative du personnel

L'encadrement humain des parcs nationaux chinois est généralement très insuffisant (cf. cartes 10 et 11). D'après la SEPA, l'ensemble des 226 parcs nationaux chinois existants en 2003 étaient gérés par seulement 12 262 personnes (*guanli renyuan*), soit en moyenne 54,99 employés par parc. Rapportés à la superficie totale des parcs à la fin 2003, soit 88 712 982 ha, cela signifie que, si les salariés des parcs nationaux étaient tous en permanence sur le terrain, chacun d'entre eux devrait contrôler théoriquement un territoire de plus de 72 km^2 en moyenne. Parmi les 12 262 salariés des parcs nationaux, 3 383 correspondent à des personnels techniques spécialisés (*zhuanye jishu renyuan*), soit à peine 27,59 % de l'ensemble du personnel des parcs nationaux et seulement 15,17 par parc.

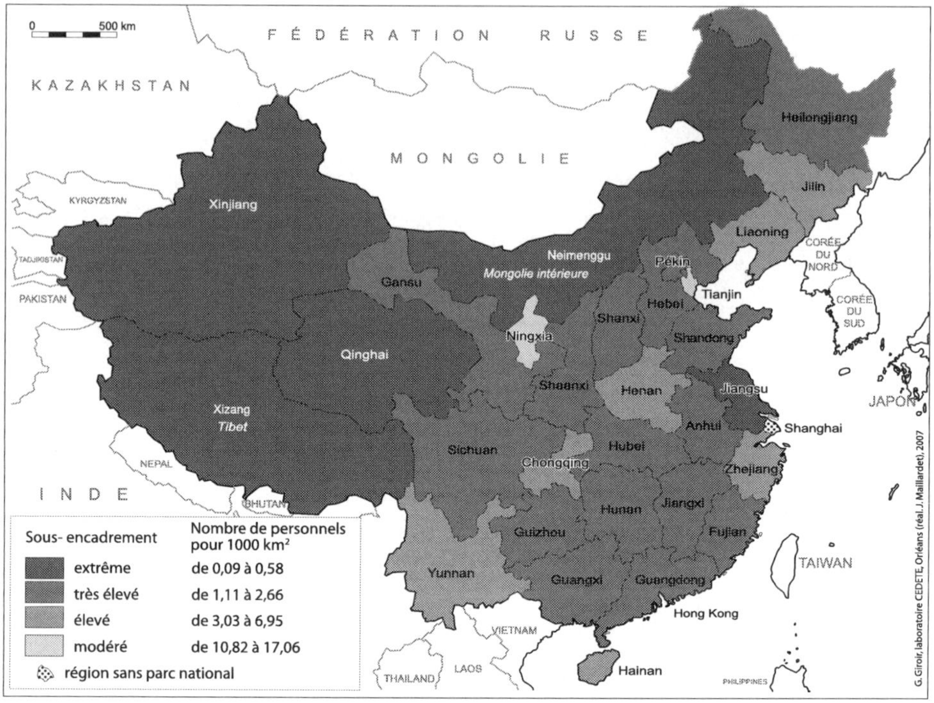

Carte 10. Les niveaux de sous-encadrement des parcs nationaux chinois à l'échelle régionale. Source : calculé d'après les données de Anonyme (2004) *Quanguo ziranbaohuqu minglu (Liste des parcs nationaux de Chine) (2003)*, Pékin : Zhongguo huanjing kexue chubanshe.

Parfois, les parcs nationaux chinois disposent d'effectifs conséquents, voire pléthoriques. Ainsi, la gestion du Parc de Wolong, principal centre de sauvegarde des pandas géants dans le monde étendu sur 200 000 ha, est assurée par pas moins de mille personnes. D'autres parcs sont également bien encadrés comme Changbaishan (Jilin) ou Xishuangbanna (Yunnan). Le sous-encadrement est, en revanche, particulièrement profond dans certains parcs, notamment certains méga-parcs de l'Ouest chinois, où le plus souvent quelques dizaines de gardes sont censées contrôler d'immenses territoires arides ou de haute altitude. Dans le Parc Qinghaihu niaodao, 35 personnes sont censées contrôler un territoire de 495 200 ha. La part du personnel spécialisé y est également très faible : au Tibet (Xizang), aucun membre du personnel des parcs n'est considéré comme un technicien spécialisé.

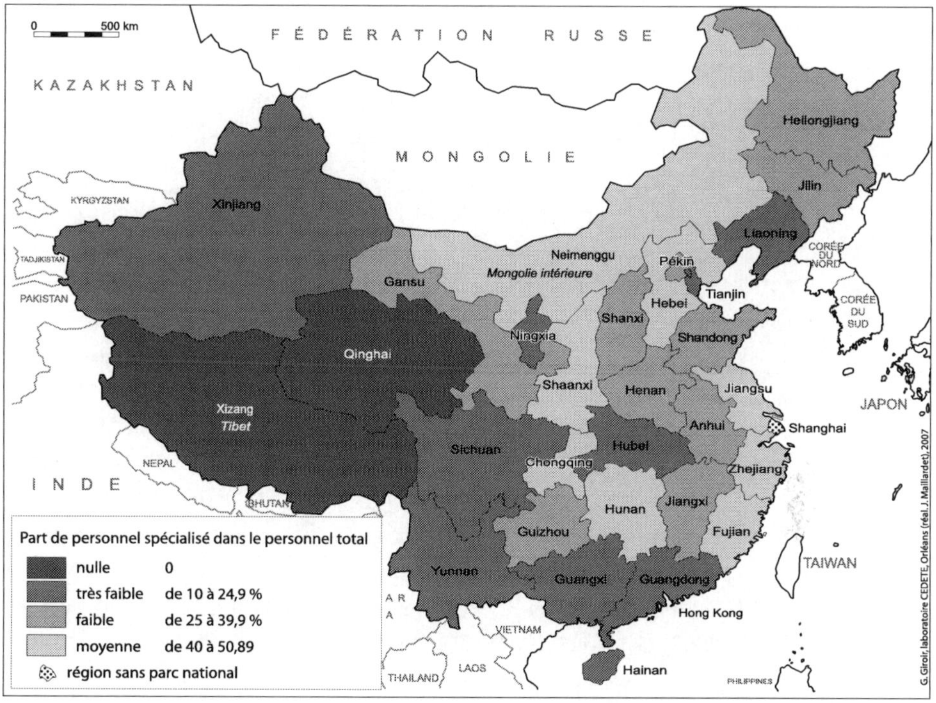

Carte 11. Variations régionales de la part de personnel spécialisé du personnel total des parcs nationaux chinois.

Pour désamorcer les tensions nées de la création des parcs nationaux, nombre d'entre eux emploient à titre temporaire des personnes issues des communautés locales : ainsi, dans le parc national de Hupingshan (Hunan), 86 personnes ont été engagées pour faire des patrouilles, et viennent s'ajouter aux 85 salariés permanents du parc. Certains parcs nationaux fonctionnent en partie grâce au renfort bénévole des retraités. Dans le Parc Liangshui (Heilongjiang), également réserve de biosphère depuis 1997, possède 96 employés mais aussi 44 retraités. Certains parcs lancent des campagnes de recrutement de gardes volontaires pour venir appuyer l'équipe du personnel en place. Ainsi, le parc national Hoh Xil (Kekexili), une dizaine de volontaires, en général des jeunes issus de la mouvance de la protection de l'environnement, effectuent une mission d'un mois dans une grande tente commune où cohabitent le personnel de la station de protection et les volontaires à 4 790 m d'altitude. Les conditions de vie sont souvent très difficiles : le ravitaillement provient de la ville de Golmud à 430 km de là, tandis que l'eau est fournie par la rivière proche. Les campagnes d'appel à volontaires visent à la fois à dissuader les braconniers mais aussi à sensibiliser l'opinion publique, voire à justifier des demandes d'investissements supplémentaires auprès du gouvernement. Mais, le recours à ce type de personnel comporte aussi ses limites : manque de professionnalisme, rotation trop rapide des effectifs, difficultés d'adaptation aux conditions du milieu pour de jeunes citadins, risques personnels élevés.

Au-delà des chiffres, la dure réalité de terrain du personnel de surveillance est montrée à travers certains films. C'est le cas de « *Hoh Xil: Mountain Patrol* », film du réalisateur Lu Chuan qui décrit la lutte entre une équipe de gardes et des bandes organisées de braconniers dans le parc national de Hoh Xil (Kekexili), créé dans les hauts plateaux tibétains (province du Qinghai) pour sauvegarder l'antilope du Tibet. L'histoire de la brigade *The Wild Yak Brigade* (*Yemaoniu dui*), cas unique d'équipe armée en charge de la lutte contre le braconnage de l'antilope du Tibet, est instructive à tous égards. Créée en 1992 dans la province du Qinghai, elle témoigne des difficultés pratiques et des risques de la lutte anti-braconnage mais aussi des enjeux et des conflits d'acteurs. Elle a obtenu de nombreux résultats (saisie de peaux d'antilope, arrestation de braconniers) mais plusieurs cas de gardes tués sont à signaler, soit lors d'affrontements armés avec des braconniers, soit dans des accidents de voiture.

La question des ressources humaines dans les parcs nationaux chinois comporte également des enjeux importants en matière de géopolitique interne, et en particulier de relations interethniques. Nombre de parcs nationaux, et souvent les plus vastes, sont situés dans des régions à minorités nationales. D'un côté, les autorités sont très réticentes à confier la surveillance des aires protégées à des ressortissants de minorités locales, en raison des difficultés qu'elles peuvent avoir à imposer des règlements contraignants à leurs congénères, ou au contraire du risque qu'elles ferment les yeux sur leurs éventuels trafics. De l'autre, elles ne peuvent pas non plus imposer des équipes exclusivement Han qui pourraient éprouver des difficultés à obtenir une attitude coopérative de la part des minorités ethniques locales. Les parcs nationaux des marges de la Chine font ainsi l'objet d'une gestion interethnique complexe des ressources humaines.

Conclusion

Depuis quelques années, le système des parcs nationaux chinois est engagé dans un lourd processus de transition. Il s'est bâti en une trentaine d'années selon une logique essentiellement extensive donnant lieu à un système territorial puissant mais peu cohérent, sous-encadré, sous-financé et souvent incapable de remplir véritablement ses objectifs de conservation de la biodiversité. Après une phase accélérée de construction du système, la superficie totale des parcs nationaux est appelée à connaître un accroissement plus modéré. Il est désormais question non plus d'augmenter fortement le périmètre du système, mais d'améliorer sa gestion. Depuis le début des années 2000, les autorités de tutelle des parcs ont pris conscience des faiblesses du système et ont commencé à mettre en place un certain nombre d'outils administratif, institutionnel et législatif pour faire émerger un nouveau type de gouvernance. Mais, le passage dans les faits de ces réformes suppose une augmentation substantielle des moyens humains et financiers. De plus, compte tenu de la multiplicité des parcs nationaux, la diffusion de ce nouveau type de gouvernance prendra nécessairement du temps et les disparités des structures et modes de gouvernance risquent d'être durables.

Mais, les parcs nationaux ne sont pas des territoires isolés. Ils constituent un élément d'un système territorial et une partie des solutions concernant les parcs nationaux se trouve en dehors des parcs eux-mêmes, et ce à plusieurs échelles. Une partie des questions posées aux parcs nationaux en matière de gouvernance dépasse donc largement le cadre des seuls parcs. Depuis que les zones centrales ont été quasiment vidées de leurs habitants, la question de la gestion des parcs nationaux concerne principalement les zones tampon et les zones expérimentales. Le détachement des populations locales à l'égard des ressources naturelles locales et l'amélioration de leur niveau de vie dépendent de multiples facteurs tels que l'essor du tourisme ou d'activités non-agricoles, elles-mêmes conditionnées par le niveau d'accessibilité de la région ou des interactions avec les villes. La sanctuarisation d'espaces immenses riches en ressources et occupant une partie importante du territoire est-elle possible dans le contexte d'un pays en plein miracle économique? Si l'on observe la situation des parcs nationaux aux États-Unis, il apparaît évident que l'un des défis majeurs en termes de gouvernance sera la mise en tourisme. L'une des questions centrales de la gouvernance des parcs nationaux chinois est celle des relations entre Han et minorités nationales. À cet égard, la gestion participative, pour ne pas se réduire à un slogan vidé de son contenu, suppose de la part des Han une remise en cause au moins partielle non seulement de leur mode de développement intensif, mais aussi une certaine révision de leur schéma culturel.

Bibliographie

- Anonyme, 2005 : « Buliangxingwei jubao » (Dénonciation de mauvaises pratiques), *Zhongguo qingnianbao (Journal de la jeunesse de Chine)*; http://news.163.com.
- Anonyme, 2004 :« 2003 Quanguo ziran baohuqu tongji fenxi baogao » (Analyse statistique sur les aires protégées de Chine »), Guojia huanjing baohu zongju (State Environmental Protection Administration of China, SEPA).
- Anonyme, 2004 : *Quanguo ziranbaohuqu minglu (Liste des parcs nationaux de Chine) (2003)*, Pékin : Zhongguo huanjing kexue chubanshe, 116 p.
- Anonyme : chinabiodiversity.com.
- Giroir G., 2007, à paraître : « Les impacts anthropiques dans les parcs nationaux chinois : approche géographique », *GéoCarrefour*, vol. 82, n° 4, p. 187-197.
- Giroir G., 2008, à paraître : « Cinquante ans de parcs nationaux en Chine (1956-2006) », in *Hommage à Pierre Trolliet.*
- Giroir G., 2006 : « La mise en réserve de la biodiversité en Chine : le cas des parcs nationaux », *Lettre InterGéo*, n° 1, p. 14-16.
- Gong Y., 2003 : *Opportunity Cost of Local People and Wtp of Off-Site Residents for Biodiversity Conservation in Fanjingshan National Nature Reserve in China*, CCAP, Working paper 04-E1.
- Han Nianyong, Ren Zhuge, 2001 : « Ecotourism in China's Nature Reserves : Opportunities and Challenges », *Journal of Sustainable Tourism*, vol. 9, n° 8, p. 228-242.
- Herrold M., 2006 : « Integrating Conservation and Development. What We Can Learn From Caohai, China », *The Journal of Environment et Development*, vol. 15, n° 4, p. 382-406.
- Herrold M., 1999 : « The Cranes of Caohai and Other Incidents of Fieldwork in Southwestern China », *Geographical Review*, vol. 89, n° 3, p. 440-448.
- Lewis C., 1996 : *Managing Conflicts in Protected Areas*, IUCN, Gland (Suisse).
- Li J., 2002 : « Development and Challenges to the Protected Areas of the Mainland China », *Proceedings of IUCN/WCPA-EA-4*, conférence de Taipei, 18-23 mars, 2002, p. 507-519.
- Lin D., 2004 : « Kuqide hongshulin » (La mangrove qui pleure), *Yangcheng wanbao (Journal du soir de Yangcheng)*, citant un reportage de *Jinyangwang (Site web Mouton d'or)*, www.ycwb.com.
- Liu J. (coord.), 2000 : *Changes in Human Population Structure and Implications for Biodiversity Conservation*, Occasional Paper n° 2, Program on Population and Sustainable Development (PSD), American Association for the Advancement of Science (AAAS).
- Xie Yan W. S. et Schei P., 2004 : *Zhongguo de baohu di (China's Protected Areas)*, Pékin : Qinghua daxue chubanshe, 604 p.
- Xu J. (coord.), 2006 : « Local people's perceptions as decision support for protected area management in Wolong Biosphere Reserve, China », *Journal of Environmental Management*, vol. 78, n° 4, p. 362-372.
- Xu Z., 2001 : « Chiru's Guardian Angels Shedding Blood, Tears », CIIC (China Internet Information Center).
- Zhang T., 2002 : « Scholars Call for More Input in Nature Reserves », *China.org.cn.*

Troisième partie

Des territoires appropriés : les modalités de gestion politique des populations locales

Dossier n° 8

Les parcs nationaux africains, une crise durable

Estienne Rodary

Introduction

L'Afrique est très probablement le continent qui a été le plus marqué par les parcs nationaux, à la fois par l'importance spatiale de ces outils de gestion de la nature et par les difficultés politiques, écologiques et sociales qu'ils ont induites. Deuxième continent après l'Amérique du Nord à avoir créé un réseau de parcs dans la première moitié du XXe siècle, l'Afrique reste aujourd'hui le second ensemble régional par l'étendue de ses parcs. Mais loin des conditions des parcs nord-américains, la conservation en Afrique a été confrontée de manière récurrente à des problèmes économiques et politiques qui, à quelques exceptions près, ont structurellement entaché le fonctionnement des parcs et leur inscription dans la société. L'élitisme autoritaire des colonies, le centralisme marchand des gouvernements indépendants, les expériences de décentralisation et les tentatives de retour aux barrières n'ont jamais réussi à surmonter les principaux obstacles posés aux politiques de conservation. Cette crise durable n'est pas une conséquence des oppositions ente la protection de la nature et les dynamiques sociales. Au contraire, elle illustre la profonde imbrication qui existe entre la conservation et les politiques de développement. C'est donc un constat de dépendance qui s'impose : les parcs, conçus comme des États dans l'État, ont toujours étroitement suivi les politiques de développement qu'ils étaient censés contrebalancer[1].

1. Pour une analyse plus générale sur les aires protégées en Afrique, voir Giraut, Guyot et Houssay-Holzschuch, (2004).

I. Quelques données spatiales

Les 309 parcs nationaux d'Afrique occupent une superficie totale de 1 036 594 km², soit 3,42 % du continent. Cela représente des parcs d'une surface moyenne de 3 355 km², la plus grande étendue moyenne après celle des parcs d'Amérique du Nord. De fait, les parcs africains sont parfois de très grande taille. L'Afrique abrite les deuxième et troisième plus grands parcs au monde : en Algérie (le parc national Tassili N'Ajjer de 72 000 km²) et en Namibie (le parc national du Namib-Naukluft de 50 706 km²). 23 parcs font plus d'un million d'hectares, situation qui est sans équivalent sur aucun autre continent (carte 12).

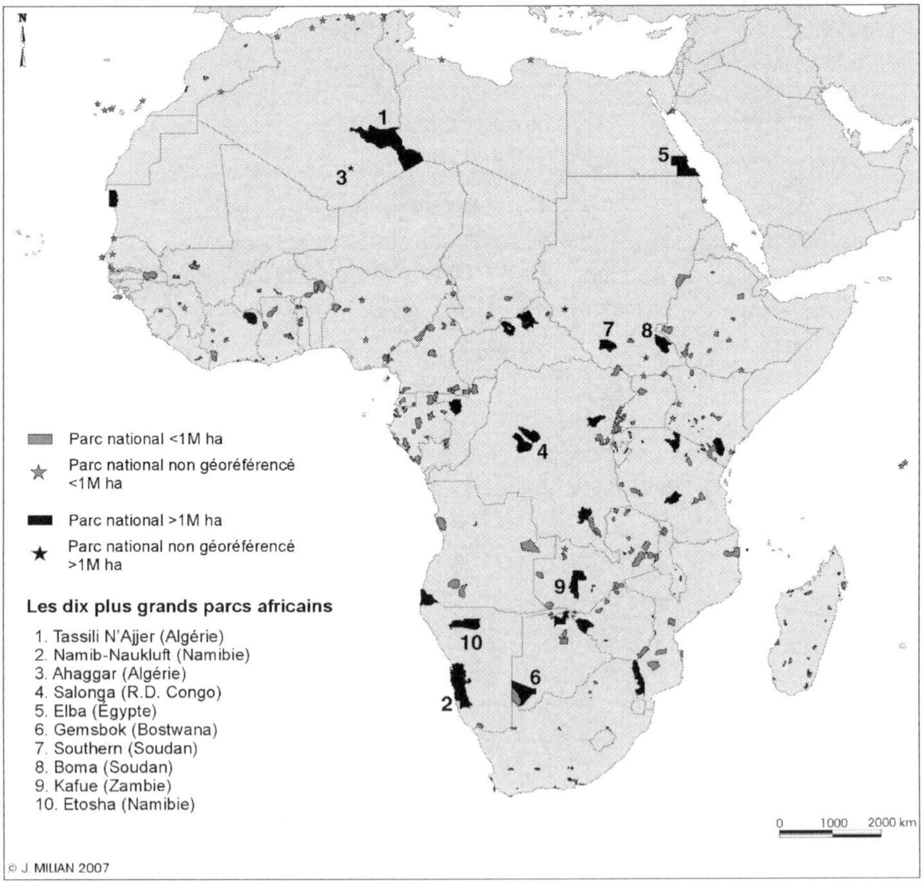

Carte 12. Les parcs africains.

La carte 13 présente la proportion des territoires nationaux classée en parc national. Il ressort en première analyse que les différents pays du continent ont des surfaces mises en protection relativement réduites. Huit pays n'ont aucun parc (dont quatre États îliens). La moitié des États ont entre 3 et 9 % de leur superficie consacrés aux parcs. Et seuls trois pays ont plus de 10 % (dont 22 % pour les Seychelles).

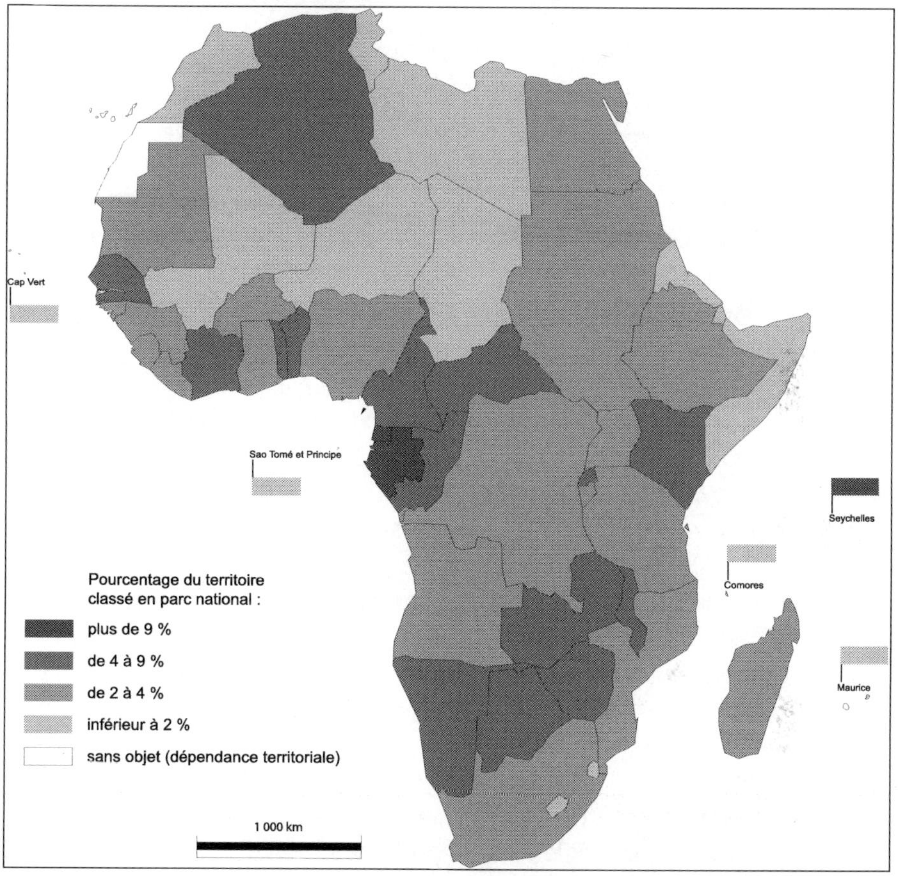

Carte 13. Superficie des parcs nationaux (en pourcentage du territoire).

En Afrique, les parcs nationaux sont principalement situés dans les écosystèmes de savane : en zone soudano-guinéenne, mais surtout dans les savanes d'Afrique orientale. La bande qui s'étend du sud du Soudan au Botswana présente une des plus fortes concentrations de parcs au monde, qui s'explique par l'importance historique accordée aux grands mammifères. Les espaces désertiques et steppiques (Sahara, Namib et Kalahari) possèdent quelques très grands parcs, mais la majorité des États désertiques n'ont pas de parc (Somalie, Érythrée, Djibouti) ou des surfaces réduites (Libye, Niger, Mali, Tunisie). Le Soudan et l'Égypte ont des proportions préservées plus importantes, mais ce sont surtout de très vastes parcs situés hors des zones désertiques (en savane pour le Soudan et sur le littoral pour l'Égypte). La forêt équatoriale est moins bien représentée, à l'exception des forêts du Gabon et de Guinée-Équatoriale. Enfin, les parcs marins sont encore très peu répandus : 167 357 km^2 (soit 16 % du total) sont classés en parcs littoraux avec une partie marine.

II. La mise en place des parcs nationaux

Ces répartitions géographiques s'expliquent largement par l'histoire de la conservation en Afrique. Celle-ci peut être divisée schématiquement en cinq phases, au cours desquelles la diffusion des parcs nationaux a représenté une étape importante d'institutionnalisation des politiques de la nature.

La conservation de la nature sur le continent africain a été en premier lieu une conséquence directe des très grands prélèvements faits à l'occasion de l'exploration des terres par les colons européens. Face aux destructions qui ont lieu dans différentes régions du continent, les premières mesures de protection sont prises entre les années 1880 et les années 1920. D'une part, pour limiter les massacres perpétrés sur la grande faune et, d'autre part, pour protéger les zones forestières les plus intéressantes. La conférence de Londres de 1900, qui réunit les différentes puissances coloniales, marque le début des politiques concertées de protection, principalement centrées sur la mise en place de réserves de chasse et de réserves forestières[1]. Ce type d'aires protégées limitait le nombre d'espèces animales ou végétales susceptibles d'être prélevées, mais il contrôlait surtout les acteurs autorisés à pénétrer sur ces zones. En ce sens, les réserves étaient des outils sélectifs à la fois sur les espèces animales ou végétales (espèces protégées contre espèces nuisibles) et entre acteurs. Une élite blanche se réservait le droit d'accéder aux ressources naturelles en excluant la majorité des habitants de la colonie : les populations noires, mais également une large part de la population blanche. D'un point de vue cynégétique, ces mesures restèrent néanmoins de faible portée : sur la période, les administrations en charge de la protection de la faune étaient souvent inexistantes, rattachées à d'autres administrations et sans réels moyens propres. Le secteur forestier ne se trouvait pas exactement dans la même situation : le discours sur la désertification qui s'y était

1. *Convention pour la préservation des animaux sauvages, des oiseaux et des poissons en Afrique* (Londres, 19 mai 1900). On notera l'utilisation du terme « préservation ». Historiquement, la préservation a donc correspondu à une utilisation ciblée d'espèces animales ou végétales, quand la conservation (voir plus bas), correspondait à une protection totale. L'utilisation actuelle de ces deux mots, influencée par les « conservationnistes », tend à inverser les sens historiques.

développé dès la seconde moitié du XIXe siècle a renforcé l'administration en charge des forêts dans certaines régions (notamment en Algérie), qui a pris des mesures de mise en défens de zones forestières jugées importantes dès le tournant du siècle (Bergeret, 1993 ; Davis, 2007).

La seconde convention relative à la conservation de la flore et de la faune à l'état naturel, signée également à Londres en 1933, prolonge le mouvement de protection en renforçant les administrations en charge de la protection et en instituant un nouvel outil, le « parc national ». Selon les termes de la conférence, un parc national désigne :

« une aire

(a) placée sous le contrôle public, dont les limites ne seront pas changées et dont aucune partie ne sera capable d'être transférée sauf par l'autorité législative compétente,

(b) mise à part pour la propagation, la protection et la conservation de la vie animale sauvage et de la végétation sauvage, et pour la conservation d'objets d'intérêt esthétique, géologique, préhistorique, historique, archéologique, et d'autres intérêts scientifiques, au profit, à l'avantage et pour la récréation du public en général,

(c) dans laquelle la chasse, l'abattage ou la capture de la faune et la destruction ou collection de la flore est interdite sauf par l'entreprise de ou sous la direction ou le contrôle des autorités du parc[1]. »

Les principales caractéristiques qui définissent encore aujourd'hui un parc national sont ainsi déjà énoncées dans ce texte, puisqu'y figurent la notion d'intangibilité des frontières des parcs dont la délimitation est une compétence strictement étatique ; la mise en valeur touristique ; et l'interdiction de tout type d'utilisation directe des ressources naturelles. Mais si le cadre théorique qui organise les parcs est posé à l'occasion de cette conférence, les modalités d'application sur le terrain vont être sensiblement différentes selon les contextes historiques et géographiques.

En Afrique anglophone, le mouvement en faveur des politiques de conservation de la faune a été très important dès le début du XXe siècle. Il a été largement porté par l'aristocratie britannique, pour laquelle le rapport à la nature constituait un marqueur important de sa position sociale et de la grandeur de l'Empire. Dans ce contexte, les mêmes acteurs ont participé aux destructions de masse de la grande faune africaine, puis à la création des réserves de chasse et enfin à la mise en place de parcs nationaux, se réservant progressi-

1. *Convention relative à la conservation de la flore et de la faune à l'état naturel*, art. 1, alinéa 1. Repris dans Anonyme, (1953).

vement le droit exclusif d'usage des espaces protégés et construisant autour de l'activité cynégétique puis de la conservation un discours élitiste, dénigrant aux Noirs comme aux Blancs les moins fortunés la possibilité d'accéder aux ressources naturelles (MacKenzie, 1988).

Dans les territoires coloniaux français, les conditions d'émergence des parcs nationaux n'ont pas suivi exactement les mêmes voies (Ford, 2004). Au début du siècle, l'empire français était assez peu engagé dans la protection de la nature et se consacrait plus largement à la mise en défens de forêts à des fins principalement patrimoniales (c'est-à-dire une préservation pour une utilisation économique future). Il a été dit que les forêts classées ont été transformées en parcs nationaux dans les années 1920 et 1930, suite à la prise en compte progressive des préoccupations environnementales (Calandra, 2000 ; Ibo, 1993). Cette analyse est partiellement fausse : la conservation de la nature n'a pas pénétré le monde forestier. Il s'est davantage agi d'un double parcours, l'un forestier, l'autre principalement concerné par la faune et très influencé par les expériences britanniques. On trouve de nombreuses sources d'archives indiquant clairement que la comparaison entre les conditions de protection des colonies françaises et des territoires anglo-saxons vise à instituer un secteur du tourisme et des parcs dans les territoires français qui n'en ont pas. Ainsi, en 1927, la section du tourisme et de la propagande coloniale du Conseil supérieur des colonies fait la déclaration suivante :

> « *Considérant que l'AOF* [Afrique orientale française] *et l'AEF* [Afrique équatoriale française] *sont restées, jusqu'à présent, en dehors du mouvement touristique, mais pourraient y entrer grâce à des modalités judicieuses exclusives de complications de transports et de séjour dans l'intérieur,*
>
> *Considérant que nos colonies, cependant si riches en faune, qu'il s'agisse de l'Indochine, de l'AOF ou de l'AEF sont restées jusqu'ici à l'écart de la grande industrie cynégétique internationale.*
>
> *Émet le vœu :*
>
> *Que des pourparlers conçus vers des fins pratiques soient entamés avec les grandes firmes détentrices de cette industrie [cynégétique] en vue de l'accession de nos territoires coloniaux, qualifiés pour une telle exploitation, à ce mouvement qui a largement contribué à l'extension et à la prospérité des colonies étrangères et Est Africaines.*
>
> Ces vœux sont adoptés à l'unanimité[1]. »

1. Conseil supérieur des colonies, secrétariat général, conseil économique, section du tourisme et de la propagande coloniale. Procès-verbal de la séance du 2 juin 1927.

Dans ce contexte, les premiers décrets de création de parcs sont pris dès 1923 en Algérie, en 1925 dans l'AOF et en 1929 pour l'AEF[1], mais le mouvement d'institutionnalisation des parcs en zones francophones peine à s'amorcer. En 1936, un rapport souligne le retard français en termes de politiques de conservation et compare encore la situation aux colonies anglophones[2]. En Afrique du Nord particulièrement, les parcs sont marginaux : les 13 parcs algériens sont de taille réduite et servent surtout comme lieux de villégiature ; au Maroc, les deux premiers parcs du pays sont créés dans les années 1940. En 1954, un autre rapport note que si les parcs existent sur les territoires français, la législation ne prévoit rien quant aux mesures de gestion et de protection. Le rapport rend alors compte de la décision du gouvernement français de clarifier la situation des réserves et parcs des colonies, en soulignant qu'ils seront gérés par le service des Eaux et Forêts mais de manière autonome[3].

Une enquête menée à l'échelle continentale sur l'état de la conservation de la nature en 1953 fait ressortir de profondes disparités entre zones anglophone et francophone. Alors qu'aucunes données sur le budget ou sur le tourisme n'ont pu être fournies par les administrations françaises, plusieurs colonies britanniques et l'Union sud-africaine montrent qu'elles connaissent déjà de très fortes fréquentations touristiques (tableau 8).

Tableau 8. Fréquentation touristique et budgets des parcs nationaux dans certains pays d'Afrique en 1952.

Pays	Touristes	Recettes touristiques	Autres revenus	Budget total
Kenya	103 700	197 144	1 210 464	1 407 608
Tanganyika	non précisé	7 592	637 892	645 484
Rhodésie du Sud	140 000	219 115	non précisé	non précisé
Union Sud-africaine	89 393	3 824 255	1 259 643	5 083 898

Source : Anonyme, 1953. Les budgets sont donnés en euros 2006.

1. À Madagascar, la filiation avec la législation forestière est plus forte. Un décret réglementant l'exercice de la chasse dans la colonie de Madagascar et dépendances est pris en 1931, mais il n'y a pas de création de parcs, alors que des réserves naturelles ont été instituées par un décret de 1927 sur les Eaux et Forêts.
2. R. Malbrant, « Extrait du rapport sur la protection de la faune et la mise en valeur cynégétique en divers pays de l'Est, du Centre et du Sud africain. Enseignements à tirer pour l'AEF », *Bulletin de la société des recherches congolaises*, n° 22, 1936, p. 125-146.
3. Rapport sur la protection de la nature dans les territoires de la France d'outre-mer en 1954, ministère de la France d'outre-mer, Direction de l'agriculture, de l'élevage et des forêts, rapport rédigé par A. Aubréville.

Le milieu du XXe siècle voit donc se constituer une industrie touristique qui va agir comme incitateur pour les dirigeants, même quand ceux-ci n'étaient pas foncièrement convaincus des bienfaits de la protection. En ce sens, l'attrait économique a joué un rôle indéniable dans la diffusion des parcs nationaux en Afrique dès les années 1930.

Mais l'intérêt économique n'a pas été le seul catalyseur des politiques de création de parcs. Pour les administrations coloniales comme pour les spécialistes de la conservation (tour-opérateurs, sociétés de protection, etc.), l'établissement d'un parc représentait une assurance supplémentaire que les mesures de protection n'allaient pas être remises en cause à l'occasion des changements politiques provoqués par les indépendances. Le parc constituait en effet un espace défini par une législation contraignante et était géré par des agents de l'État spécifiquement assignés au contrôle de ces territoires. Les parcs représentaient dans ce cadre des « États dans l'État » peu sensibles aux aléas politiques ou économiques que les élites européennes pouvaient craindre avec le développement des mouvements d'opposition aux pouvoirs coloniaux.

III. L'âge d'or des parcs africains : l'affermissement territorial

La période des indépendances a donc coïncidé avec une intense activité de lobbying des spécialistes européens de la conservation auprès des nouveaux dirigeants africains. La création du *World Wildlife Fund* (WWF[1]) en 1961 et la convention africaine sur la conservation de la nature et des ressources naturelles, signée à Alger en 1968 à l'initiative des grandes ONG de conservation, doivent être vues dans une stratégie où les appareils d'État se trouvaient remplacés par des ONG, potentiellement plus légitimes et plus à même d'intervenir dans des États africains indépendants et où l'argumentaire économique devait être suffisamment fort pour convaincre les gouvernements de la nécessité de conserver intact les réseaux déjà existants de parcs nationaux[2]. Ce travail a largement porté ses fruits en termes de pérennisation des actions de conservation. La période 1960-1970 correspond à une phase de très forte croissance des parcs nationaux en Afrique. Comme le montre la figure 5, la diffusion des parcs, enclenchée dans les années 1930, avait connu un ralentissement lié à la Seconde Guerre mondiale et aux mouvements d'indépendances. Mais elle reprend de plus belle dès le milieu des années 1960. Sur cette décennie et la suivante, quelques-uns des plus grands complexes

1. Aujourd'hui rebaptisé *World Wide Fund for nature*.
2. Voir par exemple l'ouvrage de J. Huxley, alors président de l'UNESCO : (Huxley, 1961).

de parcs nationaux au monde sont formés en Afrique : près de six millions d'hectares sont créés en Zambie entre 1972 et 1975 ; et sept millions d'hectares sont établis au Zaïre au cours de la décennie 1970. Et c'est seulement sur la décennie 1980 que l'Afrique du Nord développe un réseau de parcs nationaux (surtout l'Algérie, qui avait délaissé ses parcs coloniaux, la Tunisie et l'Égypte).

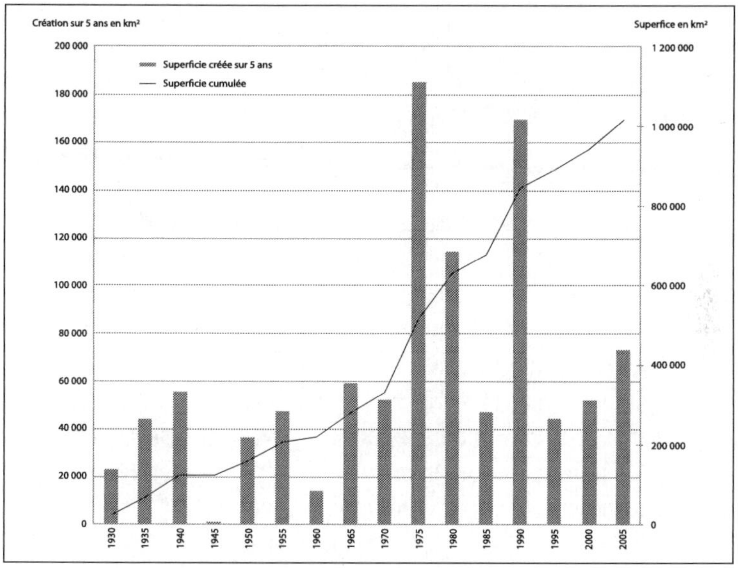

Figure 5. Évolution de la superficie des parcs nationaux en Afrique (1925-2005).

Mais cette vague de création ne s'est pas accompagnée d'un accroissement équivalent des moyens nécessaires pour gérer ces espaces, alors que les problèmes de gestion se multipliaient. La continuité des politiques coloniales et post-coloniales se fondait sur le fait étatique comme appareil exclusif de gestion de l'espace. À la fois dans leur dimension politique de contrôle des populations et dans leur dimension économique de marchandisation des ressources, les parcs nationaux représentaient un archétype d'outil étatique de gestion des hommes et de l'espace. Ces politiques impliquaient donc un versant proprement social de ségrégation dans l'accès et l'usage des parcs nationaux. La mainmise des chasseurs et des forestiers sur les espaces protégés, puis, plus tard, avec la diffusion des parcs, le développement d'un tourisme international très largement tourné vers un public aisé, ont systématiquement marginalisé les populations les plus pauvres (Constantin, 1988). Les populations noires ont été les plus touchées par ces mesures, en particulier dans le contexte de dénégation des pratiques et des savoirs indigènes (Anderson et Grove, 1987 ; Neumann, 1998). Mais dans le cas précis des parcs, les politiques mises en place touchèrent également durement certaines populations blanches, notamment les agriculteurs dans les colonies de peuplement (Kenya, les deux Rhodésie, Union Sud-africaine), où la proximité entre bétail et cultures d'une part et faune sauvage de l'autre a constitué un conflit récurrent au XXe siècle et a justifié que coexistent des politiques de création de parcs et des mesures d'extermination des espèces « nuisibles » ou dangereuses pour l'agriculture (Mutwira, 1989).

Ces politiques élitistes et répressives se sont avérées être globalement un échec. Les parcs nationaux ne purent jamais bloquer définitivement la frontière entre les hommes et la nature. D'une part, ce modèle de gestion était économiquement peu rentable : le contrôle des parcs nécessitait d'énormes moyens, souvent supérieurs à leurs revenus (voir infra). Seuls quelques pays ont eu historiquement des revenus suffisants pour couvrir les frais liés au contrôle et à la gestion des espaces naturels. D'autre part, la dimension économique n'a jamais pu fonder seule le bon fonctionnement des parcs. L'accaparement par l'État d'espaces parqués a engendré à la fois des politiques répressives pour les paysans et des procédures de détournement de la rente conservationniste aux plus hauts niveaux de la société. Qu'il s'agisse du développement du braconnage par les classes dirigeantes (Gibson, 1999), de l'utilisation des parcs comme « *zones refuge* » pour des militaires et comme zones de prélèvement des ressources destinées à financer des conflits armés (Ellis, 1992), les parcs ont généré une économie politique bien éloignée des préoccupations environnementales. L'ivoire en particulier, dont on considère qu'il fut – avec l'or – une des premières marchandises globalisées, connectant l'Afrique aux autres régions du monde, a généré tout au long du XXe siècle un braconnage extrêmement important, malgré la présence des parcs (Naylor, 2005). Au cours des années 1980 par exemple, avec l'augmentation du prix de l'ivoire, le braconnage provoqua la destruction de 400 000 éléphants sur les 550 000 que comptait l'Afrique de l'Est au début de la décennie, sans que les fortes proportions d'aires protégées ne puissent stopper ces exterminations.

L'enjeu n'était donc pas uniquement écologique. Par-delà la formation précoce d'une action publique consacrée aux « espaces naturels », le parc fut avant tout un instrument d'appropriation de l'espace par les puissances coloniales et de pérennisation de ce contrôle par les gouvernements qui ont suivi. Cet affermissement passait par un contrôle interne des frontières de ces parcs vis-à-vis des citoyens, mais également par une inscription dans un cadre international contraignant où l'affirmation du fait étatique s'inscrivait dans un rapport de dépendance économique et politique vis-à-vis d'institutions étrangères. La crise écologique que connaissait l'Afrique, mais aussi la crise institutionnelle que traversaient les administrations en charge des parcs, permettait tout à la fois de justifier le recours répété aux structures internationales (ONG et agences de développement) et de répondre aux besoins des gouvernements, soucieux de paraître souscrire aux attentes mondiales de gestion de l'environnement tout en assurant un prélèvement des revenus que la conservation générait.

IV. L'approche communautaire : dépassement ou extension des parcs ?

C'est dans ces conditions que le monde africain de la conservation s'est trouvé dans les années 1970 très fortement critiqué dans son incapacité à gérer correctement, d'un point de vue strictement écologique, des espaces « naturels » et dans son inaptitude à faire face aux enjeux de conciliation entre souci de protection et besoins sociaux qui émergeaient à cette période. Les décennies 1980 et 1990 ont ainsi vu se diffuser des politiques de décentralisation et de participation dans presque tous les pays du continent. Devenue une norme de l'action publique, la « participation locale » s'est imposée comme un opérateur central du monde de la conservation. Les parcs nationaux n'ont pas été à proprement parler associés à ce renouvellement des horizons de la protection de la nature. Leurs structures rigides, excluant en particulier toute notion de gestion sociale de la nature, les a marginalisés dans les expériences communautaires. Ces espaces ont néanmoins continué à jouer un rôle non négligeable en Afrique. Déjà parce que leur présence n'a quasiment jamais été remise en cause : plus qu'une transformation complète des modes opératoires de la conservation, la vague participationniste est venue renforcer l'appareil conservationniste, en s'appliquant sur des espaces périphériques aux parcs, que ces espaces soient eux-mêmes classés en zones protégées ou non. Les parcs jouaient un rôle structurel, en tant que zones refuges ou réservoirs écologiques pour les territoires où se déroulaient les politiques participatives. Au Zimbabwe par exemple, où le programme *Campfire* a constitué un exemple phare de la gestion participative dans les années 1990, 64 % des revenus provenaient de la chasse à l'éléphant, alors que seuls 14 % de ces animaux se trouvaient sur les zones du programme, le reste des 80 000 proboscidiens vivant dans les parcs et les zones de safaris (Rodary, 2003). Plus généralement, la figure 5 montre que la phase d'institutionnalisation des mesures participatives a coïncidé avec une nouvelle période de création de parcs. Il faut donc voir la juxtaposition de ces deux types de gestion comme l'établissement d'un double niveau de conservation, conjuguant zones centrales et zones d'interfaces. Cette organisation spatiale étant elle-même partie d'une construction politique où la rhétorique participative ne visait pas à remplacer les parcs en pratique mais plutôt à dissimuler les limites des parcs de manière discursive.

V. Le retour aux barrières : prégnance territoriale des parcs

L'Afrique a donc été au cœur des politiques communautaires autour de la conservation, notamment de la faune sauvage. Mais elle l'a été de manière un peu particulière, au sens où la forte prégnance des parcs nationaux en termes d'occupation spatiale et de perspectives financières n'a pas permis que ces politiques se déconnectent tout à fait des parcs. De fait, l'analyse de John MacKenzie sur la pérennité des acteurs à l'époque coloniale peut s'appliquer à la période contemporaine. Dans la grande majorité des cas, ce sont les mêmes administrations, les mêmes professionnels de la chasse et les mêmes organisations internationales qui étaient au centre de la gestion des parcs et qui se sont engagés dans les politiques participatives (Schroeder, 1999). Cette constance historique s'articule à une proximité géographique dépassant largement les frontières nationales (Dumoulin et Rodary, 2005), avec des connexions à la fois intercontinentale (en particulier entre l'Afrique et les experts occidentaux des quelques grosses structures conservationnistes) et internes à l'Afrique (par exemple avec le *College of African Wildlife Management* en Tanzanie qui a formé des gestionnaires de la conservation issus de toute l'Afrique depuis 1963).

Cet héritage et ces connexions communes n'ont pas empêché les divergences d'opinions entre acteurs. La phase participative avait été durement ressentie par une partie des conservationnistes historiques, principalement des biologistes, qui avaient vu leur rôle se marginaliser au profit des approches davantage sociales (Oates, 1999). Dans ce contexte, les critiques portées à l'encontre des politiques communautaires à la fin des années 1990, qu'elles soient d'ordre social ou écologique, ont permis aux orientations préservationnistes de retrouver une légitimité écornée (Hutton, Adams et Murombedzi, 2005).

À cela s'est ajouté un contexte géopolitique changeant qui a modifié en profondeur le monde de la conservation. Premièrement, avec la flambée des prix des matières premières, des zones autrefois délaissées retrouvent un intérêt stratégique évident, à l'image de la forêt tropicale dans laquelle les grandes manœuvres autour de l'exploitation du bois ou des ressources minières s'accompagnent de financements des parcs par des grands groupes conservationnistes. Ensuite, avec la montée en puissance des enjeux de sauvegarde de la biodiversité au cours des années 1990, les tentatives de conciliation locale des besoins sociaux et de la protection de la nature cèdent peu à peu le pas face à des approches globales se voulant écologiquement et économiquement plus efficaces : il est désormais envisagé de pouvoir conserver des zones d'importance écologique majeure avec des financements externes sans que ceux-ci servent nécessairement à construire une économie locale rentable (Spiteri et Nepal, 2006).

C'est dans ce cadre qu'il faut envisager la remontée des superficies classées en parc national depuis une dizaine d'années en Afrique (figure 5). En Afrique centrale, les chefs d'État du bassin du Congo se sont engagés, à la suite du sommet sur le développement durable de Johannesburg, à protéger 30 % de leurs territoires. Le président gabonais Omar Bongo a ainsi créé 13 parcs nationaux en 2002, avec l'appui de la *Wildlife Conservation Society* et du WWF. Ces parcs couvrent plus de 11 % du territoire national, soit désormais la plus forte proportion de parcs en Afrique continentale (carte 13). C'est dans ce mouvement qui cherche à « voir grand » que se développent également les parcs transfrontaliers, qui peuvent être de simples agrégations de parcs existants, mais aussi justifier la création de nouveaux parcs. L'établissement du *Great Limpopo Transfrontier Park* entre l'Afrique du Sud, le Zimbabwe et le Mozambique a par exemple entraîné le classement d'une ancienne zone de concession de chasse mozambicaine en parc national d'un million d'hectares en 2001.

Ces orientations préservationnistes recentrées sur les parcs se vérifient également en termes de gestion et de contrôle. En Afrique centrale, les politiques volontaristes de création ou de consolidation de parcs ont notamment pour effet de pérenniser les politiques d'expulsion des populations locales. Une étude régionale portant sur neuf parcs a récemment montré que 46 000 personnes avaient été déplacées ces dernières années (Cernea et Schmidt-Soltau, 2006). On assiste également à un durcissement des politiques anti-braconnage, notamment avec les directives de *shoot on sight* (tir à vue), qui ont sensiblement augmenté dans plusieurs pays d'Afrique orientale, provoquant la mort de plusieurs centaines de personnes dans les années 1990 (Neumann, 2004). La violence qui a historiquement caractérisé les parcs africains reste ainsi une réalité aujourd'hui, définissant les parcs comme des zones à part, dans lesquelles les règles morales qui régissent les sociétés contemporaines et guident les déclarations publiques des grandes institutions de conservation et de développement ne semblent pas toujours s'appliquer.

VI. Des ires économiques

La situation actuelle des parcs africains se caractérise donc par plusieurs dimensions. D'une part, une très forte prégnance des héritages historiques, marqués par la focalisation sur la grande faune. D'autre part, une certaine homogénéité des cadres d'action et de gestion, liée pour partie à l'outil spécifique qu'est le parc (en particulier en termes de modalité de contrôle des activités) et pour partie à l'influence d'un modèle continental suivi par tous les États, remontant à la conférence de Londres de 1933. Mais si les référentiels d'action qui guident les politiques sont comparables à l'échelle du continent, les modalités d'application sont très contrastées. Ceci se vérifie en particulier d'un point de vue économique. Si le tourisme de vision est la principale activité des parcs, la fréquentation – et donc les revenus disponibles –, varient considérablement d'un pays à l'autre. Malgré les difficultés à quantifier l'activité touristique sur le continent[1], on sait que la grande majorité des pays ont un tourisme des parcs extrêmement limité. Le parc du W du Niger (situé entre le Niger, le Burkina Faso et le Bénin), une des principales zones de conservation en Afrique de l'Ouest, n'accueille que quelques milliers de personnes chaque année. Le parc national de Simien en Éthiopie, premier site naturel classé patrimoine mondial de l'humanité en 1978 avec le parc du Yellowstone, n'a reçu que 1 000 visiteurs en 1995 et 6 000 en 2006 (Galvin et Haller, 2008). Il faut aller dans les pays d'Afrique anglophone pour trouver une véritable industrie du tourisme des parcs. L'Afrique du Sud a reçu en 2004 plus de six millions de visiteurs ; le Zimbabwe 1,8 million ; le Kenya plus d'un million, la Namibie et le Botswana s'approchaient du million de touristes. Dans ces pays, une grande partie des touristes vient pour visiter les parcs nationaux. Seuls les pays d'Afrique du Nord reçoivent sur le continent davantage de visiteurs, mais pour des activités touristiques différentes. Les chiffres fournis dans le tableau 9 fournissent une estimation des revenus générés par le tourisme dans quelques pays d'Afrique orientale.

1. Étant donné les enjeux d'image et la situation de crise qui caractérise une large partie des parcs africains, les données économiques précises manquent généralement. Au Zimbabwe par exemple, qui a constitué une des principales destinations touristiques du continent et jouit d'une notoriété certaine en termes de conservation, le département des parcs et de la faune n'a pas produit de rapport annuel depuis 1977 (Child, 2004)... Le tourisme, qui plus est, est une activité dont les retombées en termes économiques sont difficilement quantifiables.

Tableau 9. Tourisme de nature dans quelques pays d'Afrique orientale.

	Année	Kenya	Tanzanie	Ouganda
Nombre de touristes	1985	783 000	78 000	/
	1993	541 000	230 000	74 000
Revenus (millions de dollars américains)	1985	249	20	/
	1993	500	147	40

Source : Barrow, Gichohi et Infield, 2000.

La faiblesse des fréquentations dans de nombreux pays s'explique par différentes raisons. On a vu que l'histoire et la culture des parcs francophones avaient joué un rôle non négligeable dans la relative marginalisation des parcs dans les économies nationales. Ces facteurs seuls n'expliquent cependant pas tout. La densité de faune également – où sa visibilité pour un public non professionnel – peut influencer l'attrait d'un parc. Mais un pays comme la Zambie, dont les parcs abritent une des plus fortes diversités de grands mammifères d'Afrique, possède une industrie touristique très limitée, malgré une volonté politique affichée d'en faire une activité centrale pour l'économie du pays. Il faut donc également chercher dans les conditions macro-économiques de chaque pays pour comprendre les différences de développement du tourisme. En particulier, le manque d'infrastructure et la faiblesse des moyens de gestion des parcs peuvent limiter fortement ce type d'industrie.

C'est qu'effectivement, les parcs d'Afrique souffrent d'un manque chronique de moyens. Pour les aires protégées en général, on évalue à environ 200 dollars par km^2 les sommes annuelles nécessaires à une bonne gestion, tant en termes de management écologique que de contrôle des espaces et d'accueil du public (Child, 2004). Mais ces niveaux de financement sont rarement atteints. Une des très rares études globales sur les budgets des aires protégées évalue les dépenses annuelles par km^2 à 257 dollars par an en Afrique orientale et à 23 dollars en Afrique de l'Ouest et du centre. Le tableau 10 précise ces données, pour une sélection de pays dans lesquels la part de parcs nationaux par rapport aux autres types d'aires protégées est significative[1]. Ici encore on mesure les différences entre pays où l'industrie des parcs est développée

1. Proportion supérieure à 80 %. Ces chiffres sont à manier avec précaution, car les dates d'évaluation des budgets ne correspondent pas aux dates de calcul de cette proportion parc/aire protégée (d'où les pourcentages supérieurs à 100 % pour l'Afrique du Sud, la Tunisie et la RDC). Le tableau donne donc uniquement un ordre de grandeur. On doit néanmoins préciser que, dans la majorité des cas, les budgets sont consacrés aux parcs davantage qu'aux autres catégories d'aires protégées.

(principalement Afrique orientale, incluant Madagascar, mais plus largement Afrique anglophone avec des montants importants au Ghana par exemple) et les pays où la conservation reste marginale[1].

Tableau 10. Budget des parcs dans certains pays africains.

Pays	Année	Superficie totale des aires protégées	Budget total des aires protégées	Budget par km²	Pourcentage de parcs dans le système des aires protégées
Afrique du Sud	1996	34244	60866780	1777	108,88
Tunisie	1995	408	470526	1154	111,48
Zimbabwe	1997	30158	14695829	487	90,13
Burundi	1994	1135	226498	200	87,93
Tanzanie	1994	41131	7471760	182	99,68
Ghana	1993	12681	1985420	157	83,47
Madagascar	1996	13903	1914000	138	95,04
Nigeria	1993	34218	3671898	107	80,43
Kenya	1996	32726	3082070	94	88,50
Côte d'Ivoire	1991	19929	1522622	76	88,44
Sénégal	1993	10127	657903	65	99,98
Cameroun	1993	25948	343646	13	106,49
Zaïre	1992	100262	438714	4	91,30

Source : James, Green et Paine, 1999.

Au final, et si l'on excepte des pays comme l'Afrique du Sud (dont les ressources financières sont importantes) ou la Tunisie (qui possède une superficie de parcs extrêmement réduite), la situation financière des parcs africains est durable… ment critique. Plus qu'un jeu de mot, cet oxymore reflète des conditions spécifiques à la gestion de parcs africains, qui possèdent d'un côté des capacités financières et humaines réduites, mais de l'autre une pérennité évidente, principalement liée à l'importance qu'ils représentent en termes politique et médiatique pour les gouvernements et les institutions internatio-

1. Les différences seraient encore davantage marquées si tous les pays avaient répondu aux questionnaires envoyés par les auteurs de l'étude. Les pays ayant répondu sont en effet ceux dont la gestion des aires protégées est financièrement ou médiatiquement un enjeu important.

nales, et les revenus que cette importance génère. L'économie des parcs africains, avant d'être une économie du tourisme, est en ce sens une branche particulière du système de l'aide internationale.

Cette durabilité des parcs se traduit en termes de gestion. Contrairement à la théorie des parcs de papier qui voudrait qu'une large partie de ces territoires soit absolument dénuée de toute forme de gestion spécifique, des études récentes montrent que, même dans des situations budgétaires critiques, les parcs déterminent en partie les formes d'usage de l'espace qu'ils renferment (Bruner, *coord.*, 2001). Cela ne veut pourtant pas dire que les parcs ne soient pas soumis à des pressions extérieures. Entre le parc du Niokolo Koba au Sénégal, dans lequel on peut désormais trouver des zones de grande culture mais seulement un à dix éléphants, et le parc du W du Niger utilisé par certains pasteurs comme couloirs de transhumance, la durabilité de l'emprise territoriale des parcs est davantage marquée par des conflits répétés entre acteurs, que par la conséquence d'une légitimité établie.

VII. Des parcs contractuels ?

Face à ces conflits, la vague participationniste avait cherché des réponses en termes à la fois économiques et politiques. Les désillusions et le « retour aux barrières » qui ont suivi ont légèrement décalé les orientations du monde conservationniste, en limitant la recherche d'une légitimité sociale au profit d'une efficacité économique. L'utilisation de l'attrait économique comme justification des mesures de protection n'est pas nouvelle, mais elle a pris ces dernières années une force inédite.

En premier lieu, à travers la commercialisation et la privatisation des parcs qui se développent actuellement, notamment en Afrique australe. En Afrique du Sud, des concessions d'hébergement au sein même des parcs ont été attribuées au secteur privé. L'unique hôtel situé dans un parc sud-africain (le parc des Golden Gate Highlands) est lui aussi géré par un groupe privé. On espère que ces concessions rapporteront 90 millions de dollars en 20 ans (Emerton, Bishop et Thomas, 2006). Des exemples de privatisation des parcs existent également, même s'ils sont encore peu nombreux. En Afrique du Sud, le parc de Marakele est actuellement géré en deux parties, l'une par l'agence étatique et l'autre par une compagnie privée. En Zambie, différents exemples de commercialisation ou de privatisation sont développés depuis plusieurs années. Le petit parc de Kasanka a été privatisé depuis 1992 et le parc South Luangwa, premier parc du pays en terme de visiteurs, a donné en concession l'intégralité de son offre d'hébergement touristique. Plus généralement, les espoirs financiers soulevés par ces commercialisations justifient que les administrations des parcs soient progressivement remplacées par des agences paraétatiques, dont les budgets doivent officiellement être autonomes vis-à-vis des subventions d'État. On estime que la moitié des pays d'Afrique orientale ont désormais des agences de ce type (Child, 2004).

Mais ces commercialisations ne touchent pas uniquement les entreprises privées classiques. De plus en plus de « communautés locales » sont intégrées dans les institutions de gestion des parcs, non plus comme membres de structures administratives décentralisées, mais comme partenaires économiques. Le mouvement est particulièrement important en Afrique du Sud, où les lois permettant à des communautés de réclamer des terres dont elles avaient été exclues pendant la période d'apartheid ont entraîné plusieurs cas dans les parcs nationaux, où les communautés locales sont devenues propriétaires de larges parties de parcs sur la base d'un partenariat avec l'administration. D'autres revendications sont encore en cours de traitement. Le parc Kruger, principale destination touristique du pays, est actuellement revendiqué par des communautés locales sur 50 % de sa surface. Enfin, ce mouvement de contractualisation touche également les ONG transnationales de conservation. En abandonnant le modèle participatif et en proposant de payer des rentes de conservation en échange d'un arrêt des activités nuisibles à la biodiversité, les ONG se placent désormais non plus en facilitateurs de structures locales mais comme partenaires financiers directs, que les interlocuteurs soient gouvernementaux, privés ou communautaires.

Conclusion : les parcs, espaces de disjonction

Les récentes évolutions de parcs en direction d'un durcissement des contrôles territoriaux et d'une privatisation à la fois entrepreneuriale et communautaire, confirment donc les tendances observées sur le plus long terme. Si les parcs se présentent comme des objets destinés à pallier les déficiences écologiques du monde moderne, ils ne sont évidemment pas extérieurs à ce monde et en suivent au contraire les dynamiques profondes. En Afrique, l'idéologie du développement qui s'est déployée depuis plus d'un demi-siècle a délimité les modes d'action et les frontières, à la fois physiques et symboliques, des parcs nationaux. Réserves élitistes au temps des impérialismes, États dans l'État après les indépendances, réservoirs écologiques lors des décentralisations, espaces contractuels aujourd'hui, les parcs ont systématiquement été utilisés comme outils politiques aussi bien par les pouvoirs gouvernementaux, les acteurs transnationaux que, plus récemment, par les acteurs « locaux ». Cette récente implication des communautés présente une ambivalence évidente : elle constitue une avancée certaine en termes de capacité d'action politique pour des agents que les institutions des parcs ont historiquement marginalisés ; mais elle signifie également une inscription dans un cadre restreint de marchandisation des ressources « naturelles ». Elle établit à ce titre une libéralisation au double sens économique et politique du terme, qui insère les acteurs dans une sphère globale où le local perd de sa pertinence (Rodary, 2007). On pourrait imaginer que cette égalisation scalaire puisse finalement aider à surmonter les problèmes récurrents qu'ont connus les parcs. Mais la dimension contractuelle et coercitive des parcs contemporains laisse entrevoir d'autres formes de fractures, basées sur des critères économiques et de capacité d'inscription dans une logique marchande. Les parcs nationaux, autrefois enclaves spatiales, se constitueraient alors en enclaves socio-économiques. Pour certains espaces sauvages sans limites allant du Cap au Caire (Hughes, 2005), pour d'autres espaces trop onéreux pour être atteints. Ici encore, les parcs suivent le développement, qui, dans ses formes désormais globalisées, construit autant de disjonctions que de connexions (Appadurai, 1996).

Bibliographie

- Anderson D. et Grove R. (coord.), 1987 : *Conservation in Africa. People, policies, and practice*, Cambridge, Cambridge Univ. Press., 355 p.
- Anonyme, 1953 : *Comptes rendus de la troisième conférence internationale pour la protection de la faune et de la flore en Afrique, Bukavu, 26-31 octobre 1953, Congo Belge*, Bruxelles, Direction agriculture, forêts et élevage (ministère des colonies), UIPN, 571 p.
- Appadurai A., 1996 : *Modernity at large : cultural dimensions of globalization*, Minneapolis, Univ. of Minnesota Press, 229 p.
- Barrow E., Gichohi H. et Infield M., 2000 : *Rhetoric or reality ? A review of community conservation policy and practice in East Africa*, Londres, IIED, 192 p.
- Bergeret A., 1993 : « Discours et politiques forestières coloniales en Afrique et à Madagascar », *in* J. Pouchepadass (coord.), *Colonisations et environnement*, Paris, Société française d'histoire d'outre-mer, Bibliothèque d'histoire d'outre-mer, p. 23-47.
- Bruner A.G. (coord.), 2001 : « Effectiveness of parks in protecting tropical biodiversity », *Science*, 291, 5501, p. 125-128.
- Calandra L.-M., 2000 : « Protection de la nature et colonialisme : l'expérience de l'Afrique occidentale française », in V. Berdoulay et O. Soubeyran (coord.), *Milieu, colonisation et développement durable. Perspectives géographiques sur l'aménagement*, Paris – Montréal, L'Harmattan, coll. « Géographies en liberté », p. 139-153.
- Cernea M.M. et Schmidt-Soltau K., 2006 : « Poverty risks and national parks : policy issues in conservation and resettlement », *World Development*, 34, 10, p. 1808-1830.
- Child B.A. (coord.), 2004 : *Parks in transition. Biodiversity, development and the bottom line*, Londres, Earthscan, 267 p.
- Constantin F., 1988 : « La production sociale des espaces naturels protégés : Ossau-Tsavo mêmes combats ? », *in* F. Constantin (coord.), *Mélanges en l'honneur du professeur J. Aventur. Aux frontières de l'économie et du droit*, Pau, Univ. de Pau et des Pays de l'Adour, p. 153-182.
- Davis D.K., 2007 : *Resurrecting the granary of Rome. Environmental history and French colonial expansion in North Africa*, Athens, Ohio Univ. Press – Swallow, 312 p.

- Dumoulin D. et Rodary E., 2005 : « Les ONG, au centre du secteur mondial de la conservation de la biodiversité », in C. Aubertin (coord.), *Représenter la nature ? ONG et biodiversité*, Paris, Éditions de l'IRD, p. 59-98.
- Ellis S., 1992 : « Défense d'y voir : la politisation de la protection de la nature », *Politique Africaine*, 48, p. 7-21.
- Emerton L., Bishop J. et Thomas L., 2006 : *Sustainable financing of protected areas. A global review of challenges and options*, Gland – Cambridge, IUCN, 97 p.
- Ford C., 2004 : « Nature, culture and conservation in France and her colonies 1840-1940 », *Past et Present*, 183, 1, p. 173-198.
- Galvin M. et Haller T. (coord.), 2008 : *People, protected areas and global change*. Participatory conservation in Latin America, Africa, Asia ans Europe Berne, NCCR, North-South, 560 p.
- Gibson C.C., 1999 : *Politicians and poachers. The political economy of wildlife policy in Africa*, Cambridge, Cambridge Univ. Press, 244 p.
- Giraut F., Guyot S. et Houssay-Holzschuch M., 2004 : « Les aires protégées dans les recompositions territoriales africaines », *L'Information Géographique*, 68, décembre, p. 340-368.
- Hughes D.M., 2005 : « Third nature : making space and time in the Great Limpopo conservation area », *Cultural Anthropology*, 20, 2, p. 157-184.
- Hutton J., Adams W.M. et Murombedzi J.-C., 2005 : « Back to the barriers ? Changing narratives in biodiversity », *Forum for Development Studies*, 2, p. 341-370.
- Huxley J., 1961 : *The conservation of wildlife and natural habitats in Central and East Africa*, Paris, UNESCO, 112 p.
- Ibo G.J., 1993 : « La politique coloniale de la protection de la nature en Côte-d'Ivoire (1900-1958) », *in* J. Pouchepadass (coord.), *Colonisations et environnement*, Paris, Société française d'histoire d'outre-mer, Bibliothèque d'histoire d'outre-mer, p. 83-104.
- James A.N., Green M.J.B. et Paine J.-R., 1999 : *A global review of protected area budgets and staff*, Cambridge, WCMC – World Conservation Press, WCMC Biodiversity Series, n° 10, 55 p.
- MacKenzie J.-M., 1988 : *The empire of nature. Hunting, conservation and British imperialism*, Manchester, Manchester Univ. Press, Studies in imperialism, 340 p.
- Mutwira R., 1989 : « Southern Rhodesian wild life policy (1890-1953) : a question of condoning game slaughter ? » *Journal of Southern African Studies*, 15, 2, p. 250-263.
- Naylor R.T., 2005 : « The underworld of ivory », *Crime Law and Social Change*, 42, 4-5, p. 261-295.
- Neumann R.P., 1998 : *Imposing wilderness : struggles over livelihood and nature preservation in Africa*, Berkeley, Univ. of California Press, 256 p.
- Neumann R.P., 2004 : « Moral and discursive geographies in the war for biodiversity in Africa », *Political Geography*, 23, 7, p. 813-837.
- Oates J.-F., 1999 : *Myth and reality in the rain forest : How conservation strategies are failing in West Africa*, Berkeley, Univ. of California Press, 310 p.
- Rodary E., 2003 : « La conservation intégrée en Afrique australe : opportunité ou restriction au développement ? », *in* E. Rodary (coord.), *Conservation de la nature et développement. L'intégration impossible ?*, Paris, Karthala – GRET, coll. « Économie et développement », p. 121-142.
- Rodary E., 2007 : « Mobiliser pour la nature, ou la construction et la disparition du local », *L'Espace Géographique*, 36, 1, p. 65-78.
- Schroeder R. A., 1999 : « Geographies of environmental intervention in Africa », *Progress in Human Geography*, 23, 3, p. 359-378.
- Spiteri A. et Nepal S.K., 2006 : « Incentive-based conservation programs in developing countries : A review of some key issues and suggestions for improvements », *Environmental Management*, 37, 1, p. 1-14.

Dossier n° 9

Les parcs nationaux sud-africains, entre frontières raciales et « frontière environnementale ». Les nouveaux enjeux de la conservation de la nature sur la *Wild Coast*

Sylvain Guyot
Lizile Mniki

En Afrique du Sud, la conservation de la nature reste d'actualité, malgré la représentation de ségrégation raciale et de spoliation foncière qu'elle peut toujours véhiculer parmi les populations africaines. Un peu moins de 9 % de la superficie du pays est intégrée dans le système national d'aires protégées, chiffre qui reste en deçà de l'objectif des 10 % prôné par l'IUCN, objectif pourtant déjà dépassé à l'échelle mondiale. Si ce chiffre peut apparaître un peu faible, il ne minimise en rien l'excellente réputation internationale des parcs nationaux sud-africains, bien illustrée par le million de visiteurs annuels au Kruger Park, et confirmée en 2003 par l'organisation à Durban du congrès mondial de l'IUCN sur les aires protégées. Le déficit d'image des parcs nationaux sud-africains parmi la population africaine contraste avec le satisfecit général dont ils bénéficient aux niveaux national et international.

Cette frontière mentale entre deux conceptions d'un même objet oblige à repenser l'idée même de conservation de la nature et à recréer des parcs et des réserves beaucoup plus tournés vers leur voisinage immédiat. C'est le cas avec le parc national du Pondoland, sur la *Wild Coast* (ancien bantoustan du Transkei), officiellement créé en septembre 2005. Ce parc a pour mission d'inaugurer un nouveau style de conservation plus tourné vers des habitants qui ne seront pas expulsés. Cette nouvelle aire protégée symbolise aussi la conquête officielle par les Blancs (experts, ONG, touristes, etc.) d'une nouvelle « frontière environnementale », front pionnier peu accessible au paysage remarquable, jusque-là réservé aux Africains de l'ancien bantoustan. On retrouve aussi cette volonté d'ouverture et de transgression des frontières « lignes » avec la mise en place des parcs transfrontaliers de la paix, initiée depuis le début des années 1990. Ce sont des « super-parcs » établis aux frontières de l'Afrique du Sud avec ses États voisins pour transcender les héritages liés aux conflits du passé. Ici, le dépassement des frontières « lignes » nationales (*borders*) laisse la place à la consolidation de frontières « zones » environnementales eco-frontiers réservées aux touristes, et théoriquement co-gérées par les populations locales transfrontalières.

Nous assistons ainsi au passage d'une conservation de la nature vecteur de frontières raciales à une conservation de la nature créatrice de « frontières environnementales » – nouveaux objets de (re)conquête pour des Blancs en mal de territorialités perdues – et d'instrumentalisations politiques et économiques pour des pouvoirs noirs tout à fait conscients de l'effet d'aubaine internationale et de l'effet électoral de la participation au niveau local. L'objectif de ce dossier est donc de contextualiser et de problématiser l'émergence de la *Wild Coast* comme une nouvelle frontière de la conservation sud-africaine avec la création du parc national du Pondoland, en la replaçant dans une réflexion évolutive sur les aires protégées sud-africaines. Aujourd'hui, il est possible de constater que la conservation s'appuie sur la notion de frontière environnementale, faisant des aires protégées des zones stratégiques à contrôler et à instrumentaliser, par le biais d'acteurs mondialisés.

I. Les frontières raciales de « la mise en réserve »

La conservation de la nature peut être définie, à la suite de Ramuntsindela (2004), géographe sud-africain, comme une frontière entre nature et culture qui serait traversée de logiques contradictoires de domination (idée de réservation à une élite) aboutissant *in fine* à définir une *human gradation* (hiérarchie raciale) entre les hommes. La création des aires protégées en Afrique du Sud s'inscrit dans cette perspective et occupe une place centrale dans la politique colonialiste britannique de création de frontières foncières et territoriales entre les Blancs et les Noirs. La « mise en réserve » répond donc à des logiques coloniales ségrégatives qui seront renforcées lors de la création des parcs nationaux.

A. Le schéma colonial de la mise en réserve

La fin du XIXe siècle marque le début de la création de parcs et de réserves de faune et de flore dans l'ensemble des colonies de peuplement d'origine britannique : Yellowstone aux États-Unis en 1872, le *Royal National Park* dans les environs de Sydney en Australie en 1879 et les réserves de faune de Hluhluwe et Umfolozi au Zululand en 1895. Fonctionnalité, séparation et frontières internes marquent particulièrement les pratiques britanniques d'aménagement du territoire. Ces caractéristiques s'appliquent donc aussi au domaine de la conservation de la nature. C'est le début de l'instrumentalisation de la nature dans le projet politique et territorial colonial de la couronne britannique.

La délimitation de réserves de chasse en Afrique du Sud contribue par exemple à ce projet territorial. Elle ne se contente pas de recouvrir des fonctions cynégétiques et esthétiques. Elle participe d'une mutation économique majeure des campagnes sud-africaines. Les populations locales, privées de l'accès à des ressources en gibier, essentielles dans l'économie traditionnelle, sont poussées à aller travailler dans les mines (Dovers, *coord.*, 2002). La situation géographique de ces réserves est un élément supplémentaire pour expliquer ces conséquences sur les populations : il s'agit d'un ensemble d'isolats au sein de l'espace rural jouxtant de fortes concentrations de populations africaines (carte 4).

Ces réserves participent à un dispositif territorial plus vaste, qui comprend également les réserves indigènes (*Native Reserves*[1]) et le domaine approprié par les colons (*Crown Land*). Cette territorialisation spécifique est mise en place au fur et à mesure de la conquête de l'espace bantou. À ce titre, il est l'un des moyens du contrôle colonial. Au sein de ce dispositif, les *game reserves* sont des enclaves de nature qui sont soustraites à l'espace des Africains pour offrir à la colonie de peuplement des espaces de loisirs. La réserve de chasse de Hluhluwe, la plus ancienne d'Afrique australe, créée en 1895, est d'abord gérée par l'administration britannique du Zululand (situé à l'est de l'Afrique du Sud dans l'hinterland des rivages de l'océan Indien), puis directement par l'administration de la Colonie blanche du Natal à partir de 1897 (Giraut, *coord.*, 2005). Au XXe siècle, certaines réserves connaissent une certaine « émancipation territoriale » lors de leur transformation en parc national.

1. Le terme « réserve » est le même pour les espaces assignés aux « indigènes » et dévolus à la nature.

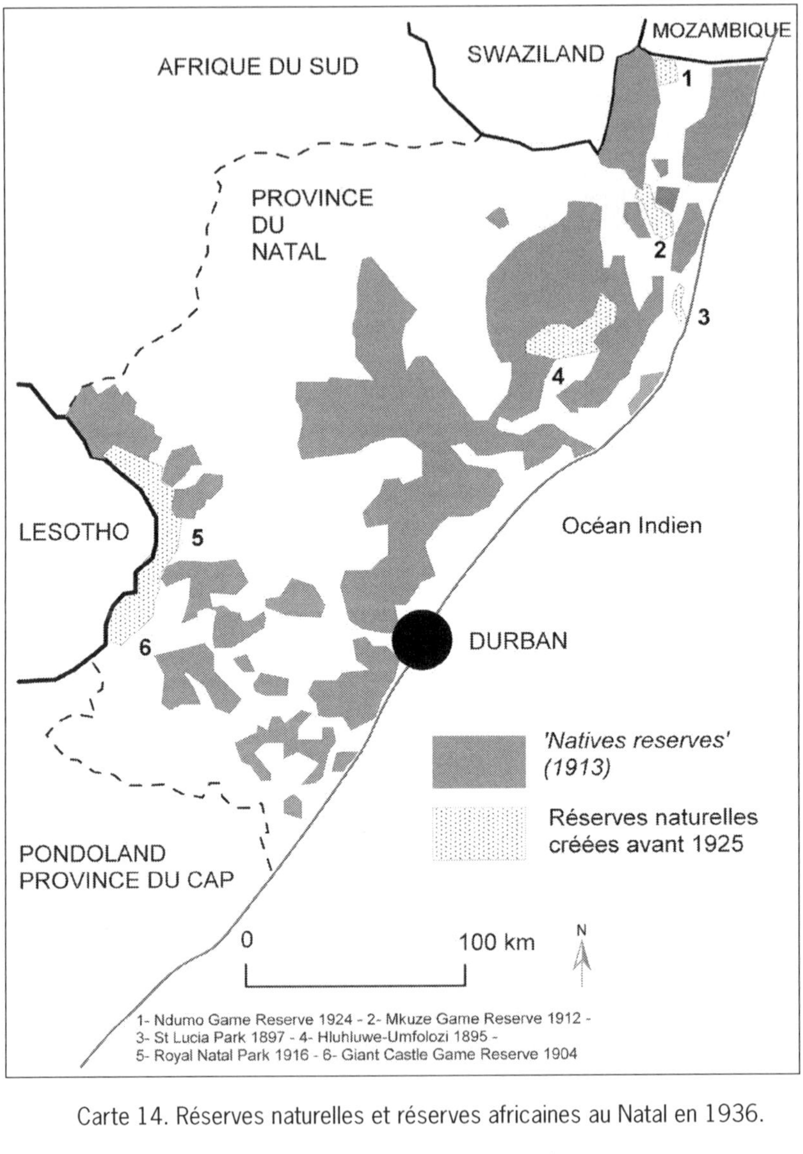

Carte 14. Réserves naturelles et réserves africaines au Natal en 1936.

B. Les parcs au service du développement séparé

En Afrique du Sud, l'émergence de la notion de parc national en tant que symbole de l'État-nation s'effectue dans les années 1920 avec la création du parc national Kruger et celle du *South African National Parks Board* chargé de la gestion de ces espaces. Suivront en 1931 : l'*Addo Elephant National Park*, le *Kalahari Gemsbok National Park* et le *Bontebok National Park*, puis en 1937 le *Moutain Zebra National Park*. Il s'agit pour cette seconde phase de protéger à chaque fois une espèce animale emblématique en lui délimitant un territoire (carte 15). Le parc national Kruger relève, lui, d'une logique différente, qui doit être rapprochée du contexte politique sud-africain. Les anglophones, qui le constituent à partir de deux *game reserves*, lui donnent le nom d'une grande figure afrikaner[1] pour affirmer la dimension nationale (blanche) de l'Union alors même qu'un nationalisme afrikaner émerge (Carruthers, 1995). Ce nationalisme afrikaner se met en place autour d'un certain nombre de représentations territoriales, et notamment une vision différente de l'espace sud-africain.

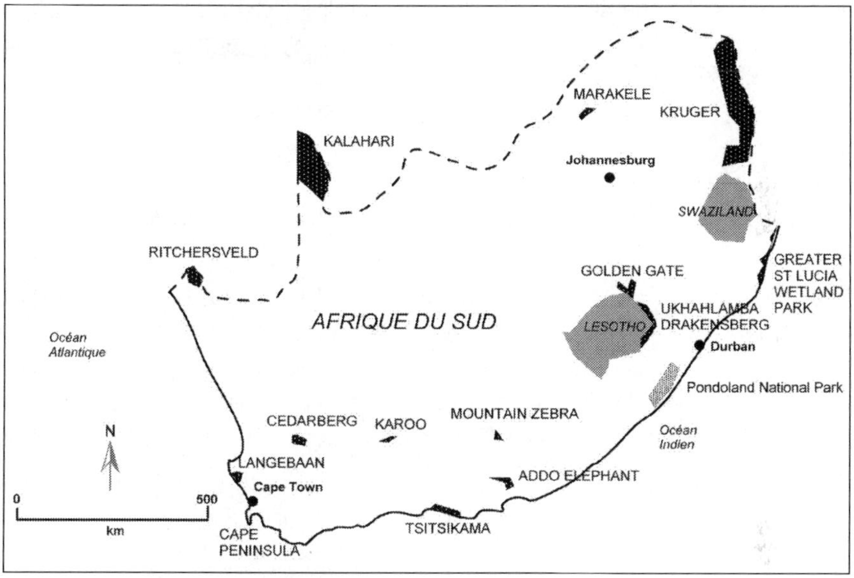

Carte 15. Les parcs nationaux d'Afrique du Sud en 2007.
Parc du Pondoland en voie de constitution.

C'est d'ailleurs cette conception de l'Afrique du Sud qui permettra aux Afrikaners d'accéder au pouvoir en 1948 pour mettre en place l'apartheid. Une fois au pouvoir, ils s'approprient symboliquement les parcs nationaux, attributs d'un État-nation qu'ils dirigent désormais. Au cours des décennies suivantes, le conservationnisme va s'arrimer à un ensemble idéologique conservateur, comprenant pêle-mêle le nationalisme, la domination masculine, le sentiment de supériorité – voire l'élitisme – la cause animale... En outre, cette approche

1. Paul Kruger (1825-1904), président de la République du Transvaal pendant la guerre des Boers contre les Anglais, qui ne s'est jamais, dit-on, intéressé à la faune sauvage autrement que sous la forme du *biltong* (viande séchée), proclama en 1898 une *game reserve* entre les rivières Sabie et Crocodile.

s'appuie sur un malthusianisme inspiré du Club de Rome : la nature doit être protégée de la « *prolifération* » humaine – un raisonnement prenant en Afrique du Sud une résonance particulière dans la mesure où le péril démographique *africain* est l'un des fondements de la politique d'apartheid (Giraut, *coord.*, 2005).

Cette union politique entre conservationnisme et conservatisme implique que le champ politique de la nature ait été repris plus largement dans les décennies suivantes du régime d'apartheid. Ainsi, le nationaliste zoulou à la tête de *l'Inkatha Freedom Party*, Mangosuthu Buthelezi, accorde beaucoup d'importance à la question de la nature qui, pour lui, fait référence à un passé glorieux : à la fois intimiste et élitiste (la réserve royale de faune) et collective (le territoire sauvage à protéger des envahisseurs). Ceci explique que Buthelezi a toujours été très proche des grands acteurs de la conservation au KwaZulu-Natal, comme Nick Steele[1], Ian Player[2] ou John Aspinall[3], lors de la création dans le début des années 1980 du *KwaZulu Bureau of Natural Resources*. Cette coalition peut être qualifiée de conservationniste et, *a fortiori*, de très conservatrice. C'est à l'extrême droite de l'échiquier politique que se nouent ces collusions entre Zoulous et Anglophones. Le Zululand doit être réservé à une « ethnie zouloue », tout comme les Afrikaners ont le droit à leur *Volkstaat* et les droits sacrés et territoires des animaux doivent être respectés avant tout (mouvements de protection de la faune et contre la cruauté animale). Certains acteurs environnementalistes au KwaZulu-Natal se réclament encore aujourd'hui de ce courant proche de celui des « écofascistes » (Guyot, 2006 a).

Le système national d'aires protégées, et notamment les parcs nationaux, veut disposer d'une institutionnalisation durable. Par conséquent, ils vont disposer de régimes territoriaux propres qui échappent aux pouvoirs locaux. Ils vont être gérés par des organismes nationaux ou provinciaux qui disposent d'une autonomie, voire d'une quasi-souveraineté sur leur domaine. Dans le cas de l'Afrique du Sud, un *National Parks Board* est ainsi créé en 1926[4]. Les aires protégées sud-africaines s'inscriront dans le dispositif toujours perfectionné de la ségrégation puis du « *développement séparé* » érigé en politique d'État à

1. 1933-1997, directeur du *KwaZulu Bureau of Natural Resources* de 1983 à 1994.
2. Né en 1927, ayant travaillé au *Natal Parks Board*, fondateur de la *Wilderness Foundation* (Draper, Maré, 1998).
3. Homme d'affaires britannique (1926-2000), aux conceptions eugénistes, propriétaire de zoo et de casinos, membre de l'IFP et ami de Margaret Thatcher (ex-premier ministre britannique).
4. Il n'aura jamais autorité sur la Province du Natal qui cultive ici aussi son particularisme et conserve ses prérogatives d'abord au sein de l'administration provinciale puis avec le *Natal Parks Game and Fish Preservation Board*, organisme indépendant créé en 1947.

partir de la victoire du Parti National aux élections de 1948. Ainsi les gouvernements d'apartheid, à partir de cette date, ont adapté l'usage des parcs à leurs propres intérêts (Giraut, *coord.*, 2005).

Plus tardivement, les parcs et réserves vont être utilisés pour la fabrication des bantoustans dans le cadre de la politique du Grand apartheid. Conçus à partir de la fin des années 1950, les bantoustans doivent transformer le dispositif éclaté des réserves indigènes en différents pseudo-cadres nationaux. Dans quelques cas, des « parcs nationaux » ou des réserves vont être créés comme fleurons de la souveraineté nationale. Deux principes différenciés peuvent être identifiés. D'abord, la création de nouvelles aires protégées permet d'étendre l'assise territoriale d'un bantoustan tout en introduisant une zone tampon à sa marge, et de contribuer à la mise en place d'une politique de développement spécifique en relation avec les populations rurales. C'est le cas du parc national du QwaQwa créé en 1991 et issu d'une expropriation de fermiers blancs en bordure du parc national du Golden Gate par les autorités sud-africaines dans les années 1980 ; c'est aussi le cas de la réserve de Manyeleti, créée dans les années 1960 aux portes du Kruger sur des terres acquises par le *South African Development Trust* pour créer le Gazankulu et le doter d'une *black game reserve* (Mahony et Van Zyl, 2002). Ensuite, la mise en place tardive (fin des années 1980) au KwaZulu d'un véritable complexe d'aires protégées (parcs d'Itala et de Tembe, réserve de Kosi Bay) doté d'une administration spécifique (le *KwaZulu Board of Natural Ressources* ou KBNR puis *KwaZulu Directorate of Nature Conservation*), à l'instar de celle du Natal avec laquelle les liens furent d'ailleurs étroits (Rey-Soulingeas, 2001).

La conservation de la nature a ainsi contribué au façonnement et à la légitimation des frontières raciales en Afrique du Sud, à tous les niveaux, de la province blanche au bantoustan. Tout l'enjeu de la période post-apartheid actuelle est de supprimer et de dépasser ces frontières raciales pour se focaliser sur la conquête, la gestion et la valorisation internationale d'aires protégées aux conceptions renouvelées. Ces espaces peuvent être caractérisés comme des « frontières environnementales », s'apparentant à des îlots de nature, d'innovation et de rayonnement au sein d'espaces ruraux en difficulté socio-économique. Cette « frontière environnementale » cherche à matérialiser des territoires pionniers de développement durable devant concilier durabilité environnementale (conservation et valorisation de la biodiversité), efficacité économique (tourisme) et équité sociale retrouvée (co-gestion et participation des « communautés » riveraines). Dans les faits, de nouveaux conflits et de nouvelles hiérarchies apparaissent.

II. Une conservation « au-delà des frontières »

Depuis l'avènement de la démocratie en 1994, le développement des aires protégées en Afrique du Sud reste un moyen privilégié du projet politique et social (Fritz, 1996 ; McDonald, 2002). Ces « frontières environnementales » sont définies par les nouveaux pouvoirs en place selon plusieurs conceptions interreliées. D'abord, l'environnement est une richesse à préserver, comme le préconise le discours écologiste international. Ensuite, l'aire protégée est perçue comme un lieu de pratiques ancestrales respectueuses, que de nombreuses ONG cherchent à reprendre dans un contexte de revalorisation des traditions africaines. Enfin, ces territoires de conservation doivent disposer de ressources à exploiter dans le cadre du développement durable – autre principe international très largement repris dans le contexte sud-africain.

Ainsi, les objectifs gouvernementaux de réduction des inégalités s'appuient sur la promotion d'une gestion participative des ressources environnementales, associée à quelques restitutions foncières symboliques, comme moyen privilégié de développement du monde rural. De plus, à l'échelle du sous-continent, l'ambition de dépasser les conflits récents et de constituer une entité régionale solidaire et prospère passe par la mise en place de parcs naturels transfrontaliers, les *Transfrontier Peace Parks* (TPP).

A. La réconciliation de la « nature » et des « *natives* » *via* les restitutions foncières et la participation ?

Les frontières raciales créées par la colonisation britannique et l'apartheid, la plupart du temps artificielles au regard des implantations historiques des populations, sont à l'origine d'un grand ressentiment chez les Noirs spoliés. Par conséquent, les revendications foncières (*land claims*) sont aujourd'hui très nombreuses et concernent notamment les parcs naturels[1]. Celles concernant des aires protégées connaissent des arbitrages plus fortement médiatisés que celles portant sur les terres agricoles. Le gouvernement utilise parfois ces revendications foncières pour exprimer sa solidarité avec la majorité de la population tout en gardant un contrôle territorial fort sur les zones de nature. En effet, les rétrocessions partielles de terre et les compensations financières permettent souvent d'apaiser les exigences émanant des « communautés » et de minimiser les conflits potentiels relatifs à une question foncière très sensible en Afrique australe (Giraut, *coord.*, 2005). On observe aussi un autre type de « réparation symbolique », celle concernant les changements de

1. Greater St Lucia, Wetland Park, Ndumo Game Reserve, Tembe Elephant Park, Kruger National Park, Richtersveld, etc.

dénomination des aires protégées (Umkhahlamba rajouté à Drakensberg Park ; Malakele en lieu et place du Pilanesberg ou encore *Kgalagadi Transfrontier Park* plutôt que Kalahari) et des organismes gestionnaires (*Natal Parks Board* devient *Ezemvelo KZN Wildlife*). Plus profondément, la question foncière peut faire l'objet de négociations sur des terrains du domaine public (étatiques ou provinciaux), sans en changer réellement l'usage. En effet, dans la plupart des cas, il s'agit d'offrir des compensations financières en associant les communautés spoliées aux bénéfices tirés de l'exploitation touristique. Sur un plan foncier, le transfert des droits, aux communautés riveraines sur tout ou partie de l'aire protégée, reste associé à une contrainte d'usage : elle doit rester un parc ou une réserve, avec obligation de protection selon les normes internationales et d'ouverture aux touristes. De plus, la répartition des aires protégées dans l'ensemble du pays permet d'opérer de telles redistributions symboliques dans toutes les provinces. Dans la province du KwaZulu-Natal, la communauté zouloue de Bhangazi au nord de St Lucia[1] a lancé une procédure de *land claim* résolue en 2000 par une commission d'arbitrage, moyennant une compensation financière de la part du *Department of Water Affairs and Forestry* ainsi que le legs de 4 ha du *World Heritage Site* du *Greater St Lucia Wetland Park*, près du *Lake Bhangazi*, pour y développer un *lodge*. Une cérémonie de commémoration à la gloire des ancêtres pourra ainsi avoir lieu chaque année, à la fois attraction touristique et symbole d'une réappropriation patrimoniale (Guyot, 2006 a).

Au-delà de ces restitutions « écran de fumée », l'Afrique du Sud post-apartheid s'associe aux pratiques en vigueur à l'échelle internationale, consistant à appliquer de nouveaux principes de gestion des aires protégées, préconisant la participation des peuples « indigènes et traditionnels » ; un thème devenu la priorité de l'UICN au cours des années 1990. Au KwaZulu-Natal, il s'agit d'utiliser ces directives internationales pour redéfinir la structure du gouvernement local pour y faire participer des communautés africaines longtemps exclues de la vie politique et les faire bénéficier des revenus générés par les aires protégées se trouvant juxtaposées ou superposées à leur territoire. Des institutions établies par l'administration provinciale des parcs, les *Local Boards*, vont dans ce sens. Ils mettent en place des comités de négociation entre chaque parc et les communautés environnantes. Ces conseils sont constitués d'un côté de

1. La plupart de ces espaces, composés de prairies ou de forêts, sont devenus entre 1956 et 1964 des *State Forest* (*Cape Vidal State Forest, Eastern Shores State Forest*) dédiés à l'exploitation forestière et non pas à la conservation de la nature. 5 000 personnes vivant dans les *Eastern Shores* furent alors expulsées, et une partie d'entre elles relogée à Mbazwana dans le futur bantoustan. Les membres de la communauté des *Eastern Shores* sont maintenant très dispersés et l'argent du dédommagement va profiter à des familles habitant à Durban ou à Johannesburg.

représentants du *Ezemvelo KZN Wildlife* et de l'autre de membres nommés par la Province et censés représenter : les autorités traditionnelles ; les secteurs de l'agriculture, du tourisme et du commerce ; les associations de défense de l'environnement ; le gouvernement local et tout « *groupe représentant des intérêts particuliers* ». Après quelques années de fonctionnement, le bilan est pour l'instant contrasté. Si une dynamique positive semble s'instaurer autour du parc de Hluhluwe via un collectif d'autorité tribale qui gère des revenus en augmentation pour promouvoir des infrastructures touristiques en cogestion, en revanche la situation dans les confins septentrionaux de la province (Kosi Bay ou Tembe) est nettement plus conflictuelle (Guyot, 2006 a). D'une part, on note l'attitude rentière de certains chefs qui sont rétifs à un changement de règle pour un usage plus collectif des fonds[1] issus des parcs et réserves ; d'autre part, on observe un manque évident de coordination entre ces nouveaux modes de gestion des parcs et des réserves, les nouvelles autorités municipales et les différents organismes nationaux (programmes de développement pilotés par les différents ministères, etc.) (Luckett, *coord.*, 2003).

Ce constat signale l'une des contradictions majeures de l'instauration de micro-structures participatives sur le pourtour des parcs, dans un contexte de promotion du gouvernement local qui s'appuie sur des légitimités politiques et spatiales liées à la démocratie représentative, mais qui doit tenir compte des héritages passés encore solidement ancrés dans l'espace et les représentations (Antheaume et Giraut, 2002). On retrouve ces dynamiques participatives, et certaines de ces contradictions, dans les nouveaux parcs transfrontaliers censés dépasser les frontières d'une Afrique du Sud pendant longtemps isolée.

B. Comment réconcilier au-delà des frontières ?

L'invention des *Transfrontier conservation areas*, appelés encore *Transfrontier Peace Parks* (TPP) en Afrique australe, émane de la *Peace Parks Fundation*. Anton Rupert, récemment décédé, ancien dirigeant controversé du WWF-Afrique du Sud pendant l'apartheid, est à l'origine de cette fondation qui prend acte de la réconciliation prônée par Nelson Mandela, entre les Blancs et les Africains, à tous les niveaux. Cette réconciliation doit profiter bien sûr aux Africains qui sont intégrés dans la gestion des TPP pour en bénéficier directement. Elle présente aussi un effet d'aubaine pour les Blancs qui peuvent ainsi étendre les superficies protégées et continuer à développer un secteur touristique qu'ils contrôlent largement. Le nouveau gouvernement sud-africain

---

1. *Community levies* dont une part était versée directement, et sans contrôle, aux chefs des autorités tribales riveraines.

démocratiquement élu en 1994 et présidé par Nelson Mandela, a compris combien ce concept de TPP pouvait aussi être bénéfique d'un point de vue géopolitique. Les parcs transfrontaliers sont donc un formidable moyen de réaliser un compromis écologique et politique historique dans le cadre d'un sous-continent divisé à tous les niveaux après de longues années de colonisation, d'apartheid voire de guerres civiles (Guyot, 2006 b). La mise en place de ces « super-parcs » naturels réunit les parcs préexistants de chaque côté des frontières nationales. Ainsi, le *Great Limpopo Transfrontier Park* réunit le parc Kruger sud-africain, le parc de Gaza au Mozambique et Gonarezhou au Zimbabwe.

Géopolitique des parcs de la paix transfrontaliers – *Transfrontier Peace Parks* (TPP) (d'après S. Guyot, 2006 b)

Des accords de coopération bi- ou multilatérale ont été signés entre les pays d'Afrique australe pour intégrer les TPP dans les politiques sous-continentales de développement du tourisme et de protection de l'environnement. L'Afrique du Sud et le Botswana ont signé un accord relatif à la création du TTP du Kgalagadi (dans la zone du Kalahari), l'Afrique du Sud et le Lesotho pour le TPP de Maloti-Drakensberg, l'Afrique du Sud et la Namibie pour le TPP d'Ais-Ais et l'Afrique du Sud et le Mozambique pour le TPP Lubombo plus le Zimbabwe pour le TPP du Great Limpopo. Actuellement seuls les TPP du Kgalagadi et du Great Limpopo semblent fonctionner mais de manière seulement partielle, car ces parcs ne permettent pas le passage de la frontière avec arrivée par un pays et départ par un autre.

De nombreux acteurs sont impliqués dans la construction des TPP (Giraut, *coord.*, 2005) :

- des acteurs supranationaux institutionnels : l'UICN a recommandé la mise en place de telles structures et identifié les zones potentiellement concernées en 1988 ;
- des acteurs supranationaux non gouvernementaux, comme le WWF, à partir de 1990, par la voix du président de WWF-Afrique du Sud, Anton Rupert, qui cherche à restaurer le fonctionnement « originel » – non gêné par l'activité humaine – de l'écosystème, et notamment des migrations des grands mammifères ;
- les États de la région.

Les TPP permettent de conforter l'image de l'Afrique du Sud comme pays majeur et innovant de la conservation de la nature dans le monde, parfois aux dépens des pays associés. Il est encore difficile de savoir si les populations locales bénéficient vraiment de cette initiative, tant les situations sont différentes.

Les projets de création d'aires protégées se font aussi en direction des anciens bantoustans pour tenter de matérialiser, sur la carte touristique d'Afrique du Sud, des espaces d'une grande beauté mais qui souffraient jusque-là d'un certain retard de développement.

III. Une conservation en quête de nouvelles frontières. « La *Wild Coast*, une nouvelle frontière environnementale à conquérir ? »

La Côte Sauvage (*Wild Coast*), ou Pondoland si l'on y inclut l'intérieur des terres, est située sur le littoral de l'océan Indien entre East London et Port Edward, dans la province du Cap de l'Est (carte 16). Partie intégrante du bantoustan « indépendant » du Transkei durant l'apartheid, cette région est une des plus rurales et des plus pauvres d'Afrique du Sud mais aussi certainement une des plus belles, en tant que retombée littorale subtropicale des montagnes du Drakensberg. Elle s'individualise comme une « frontière environnementale », nouveau territoire pionnier de conservation âprement disputé, entre autres, par des ONG locales, nationales et internationales en quête de nouvelle légitimité après des décennies d'apartheid.

A. Le Transkei, un nouveau territoire pionnier de conservation ?

Du fait de son exclusion du territoire sud-africain durant la colonisation (*Native Reserve*) et pendant l'apartheid (bantoustan), le Transkei constitue aujourd'hui un nouveau front pionnier pour la conservation de la nature et la mise en tourisme. Beaucoup d'acteurs environnementalistes sud-africains définissent d'ailleurs la Wild Coast comme « *the new conservationnist frontier* ». C'est donc un nouvel espace convoité pour une certaine frange de la minorité blanche, mais qui souffre encore généralement d'une mauvaise réputation aux yeux des Blancs en raison de son africanité et de sa pauvreté.

Une partie du Pondoland côtier (partie nord de la Wild Coast) a été identifiée pour créer un nouveau parc national, le Pondopark, géré par les *South Africa National Parks* (SANP). Ce parc se démarquerait *a priori* des modèles passés d'exclusion des populations locales. Ce projet de parc émane à l'origine du travail de terrain et de la volonté de grandes ONG sud-africaines (WWF, *Wilderness Foundation, Wildlife and Environmental Society of South Africa*-WESSA) et internationales (Conservation International). Puis le gouvernement sud-africain s'est totalement réapproprié cette initiative, allant jusqu'à officialiser la création de ce parc en septembre 2005 bien qu'il n'ait encore aucune existence concrète sur le terrain. Cette annonce précipitée a eu pour effet de renforcer plusieurs antagonismes locaux entre des acteurs aux motivations éclatées et contradictoires.

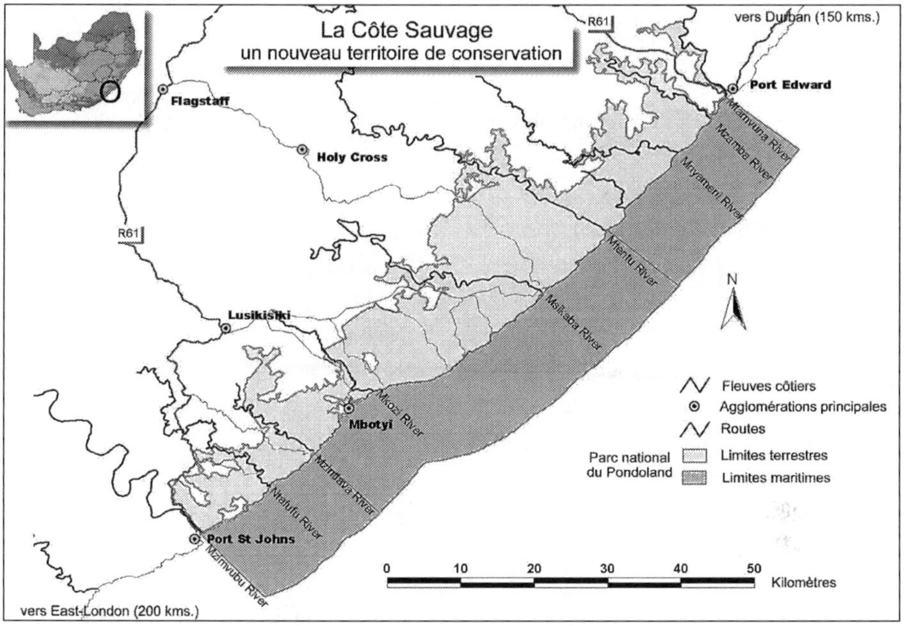

Carte 16. La Côte Sauvage sud-africaine,
un nouveau territoire de conservation.

En effet, l'ensemble de la *Wild Coast* est concerné par un SDI (*Spatial Development Initiative*) piloté par le gouvernement provincial dont le principal objectif est la construction d'une autoroute littorale pour rendre plus aisé le trajet Durban – East London. Le tracé retenu traverserait le futur parc. Il a été sévèrement remis en question par les ONG conservationnistes – comme la WESSA – qui se sont regroupés dans une campagne commune *Save The Wild Coast Campaign*, dans le même esprit qu'à St Lucia dans les années 1990 (Guyot, 2006 a). En outre, la plupart des zones côtières à inclure dans le parc sont soumises à des procédures de rétrocessions foncières (*land claims*) intentées par différentes « communautés villageoises », en particulier celles riveraines de la réserve naturelle déjà existante de Mkambati (à proximité de la localité de Mbotyi) et du casino « *Wild Coast Sun* ». Enfin, les nouvelles municipalités post-apartheid[1] ont peu de ressources pour fournir les services de base à la population et elles sont concurrencées par les chefs traditionnels, les services de l'État (SDI, ministères) et certaines ONG internationales pro-développement comme OXFAM. On le voit, parmi tous les acteurs en

1. L'ensemble de la *Wild Coast* correspond au territoire d'une municipalité de district « Olivier Tambo District Municipality », dont le chef-lieu se situe à Umtata.

jeu, les « véritables conquérants » de la Wild Coast sont donc bien des ONG aux orientations très diverses et qui, en faisant mine de dépasser certaines frontières idéologiques du passé, en recréent d'autres.

B. Les ONG, acteurs du dépassement ou du renouveau des frontières ?

Les ONG donnent un contenu politique, plus ou moins rénové, à la notion de « frontière environnementale ». En Afrique du Sud, en particulier, elles se positionnent par rapport aux notions de justice environnementale (environmental justice : voir Khan, 2002 ; Turner et Wu, 2002[1]) et de racisme environnemental (*environmental racism* : voir Kutner, 1994 ; Turner et Wu, 2002[2]). Certaines ONG prônent la justice environnementale : toute population, sans discrimination de couleur ou de statut social, peut profiter de l'environnement (pas d'exposition aux risques environnementaux et aux pollutions, accès aux parcs naturels, environnement comme ressource économique partagée...). Elles condamnent le racisme environnemental qui conduit à la situation inverse. Certaines ONG pro-justice environnementale (*Environmental Justice Networking Forum* ou encore TRALSO) militent en faveur des populations spoliées par le passé. D'autres ONG favorisent le racisme environnemental, même si elles prétendent souvent le contraire, en voulant préserver l'environnement pour le réserver à une élite.

Il faut comprendre que ces acteurs majeurs de la « mise en conservation » actuelle de l'Afrique du Sud sont les héritiers de positionnements passés difficiles à dépasser. Ces ONG ont la particularité d'avoir combattu[3] ou soutenu[4] dans le passé « la conservation conservative » qui consistait à exproprier les populations africaines pour créer les parcs. Il est donc parfois difficile pour elles de dépasser ces frontières idéologiques héritées.

La véritable capacité de dépassement des frontières raciales héritées réside pour ces ONG dans l'établissement de réseaux internationaux puissants,

---

1. *"The equitable treatment of all people, regardless of race, income, culture, or social class, with respect to the development, implementation, and enforcement of environmental laws, regulations, and policies"* (www.deq.state.la.us/evaluation/tri/glossary.htm).
2. *"Environmental racism is a form of environmental injustice in which the impacts are identified as falling primarily on people of color. The term was coined in a 1987 study drawing together US census data and government data on the location of toxic waste sites; the study documented clear patterns which show that communities with greater minority percentages of the population are more likely to be the sites of commercial hazardous waste facilities."* (www.eco-justice.org/lexicon.asp).
3. Cas de l'EJNF-*Environmental Justice Networking Forum* basé à Cape Town et qui en dénonçant le racisme environnemental a participé à la lutte contre l'apartheid.
4. Cas du *WWF-South Africa* basé à Stellenbosch et longtemps dirigé par Anton Rupert, homme d'affaires influent du temps de l'apartheid.

dans une capacité d'expertise locale certaine pouvant influencer les décideurs grâce à une solide connaissance du terrain, dans la création de liens et de réseaux entre différents types d'acteurs à différents niveaux territoriaux et de participation à la réputation actuelle de l'Afrique du Sud comme « référence » (ou même modèle) en matière de territoires de conservation. Cette capacité de dépassement d'une « vision anthropo-hiérarchisée » de la conservation de la nature pourra être évaluée en fonction de la réalité territoriale de la gestion environnementale du PondoPark qui, malgré l'annonce médiatisée de sa création en 2005, en est encore au stade de « parc de papier », projet doté d'autant de bonnes intentions que de contradictions patentes en raison du poids des héritages et des ambiguïtés réelles quant à la dimension sociale de la conservation de la nature devant être mise en place.

Conclusion

Les aires protégées sud-africaines ne sont plus aujourd'hui créatrices de frontières raciales, en raison de leur fréquentation – pouvant être multiraciale – et de leur intégration dans des systèmes territoriaux, locaux et provinciaux, maintenant dépourvus de toute référence raciale. Leur excellente réputation au niveau international ne se fait d'ailleurs pas du tout l'écho d'une telle idéologie de la séparation. Pourtant une représentation très négative sur les réserves et les parcs persiste encore parmi les populations africaines rurales. Ces habitants se sentent toujours spoliés de leurs terres ancestrales et ne se reconnaissent pas vraiment dans la conservation d'une nature, souvent perçue comme menaçante pour leurs activités agricoles journalières.

Cette représentation serait-elle en décalage avec la nouvelle réalité des aires protégées sud-africaines beaucoup plus tournée vers les « communautés locales » ? Les parcs nationaux sud-africains peuvent être maintenant considérés comme des « frontières environnementales » (*environmental frontiers*), territoires de « développement durable » ouverts sur les espaces riverains, les pays voisins, voire l'ensemble du monde via le tourisme et l'influence d'acteurs bien connectés comme les ONG. Pourtant, l'exemple de la création du nouveau parc national sur la Wild Coast montre comment, à travers l'action et le positionnement de diverses ONG, il est difficile de solder les héritages du passé, marqué par la prégnance des frontières raciales et des divisions idéologiques, pour mettre en pratique un nouveau concept de conservation de la nature. Nouvelles « frontières environnementales », les aires protégées de demain seront peut-être, en effet, des fronts pionniers du « développement durable » où l'environnement, l'économique et le social seront réconciliés, mais elles seront sans aucun doute aussi des zones de flou, où les nouvelles hiérarchies territoriales s'ajouteront aux structures passées sans vraiment les effacer.

Bibliographie

- Antheaume B., Giraut F., 2002 : « Les marges au cœur de l'innovation territoriale? Regards croisés sur les confins administratifs (Afrique du Sud, France, Maroc, Niger, Togo...) », *in* F. Bart, J. Bonvallot, R. Pourtier (coord.), *Historiens et géographes*, n° spécial : *Regards sur l'Afrique*, 2002, p. 39-58.
- Carruthers J., 1995 : *The Kruger National Park : a Social and Political History*, Pietermaritzburg : University of Natal Press, 200 p.
- Dovers S., Edgecombe R. et Guest B. (coord.), 2002 : *South Africa's Environmental History Cases and Comparisons*, Athens, Ohio University Press, coll. « Ecology and History », 326 p.
- Draper M., Maré G., 1998 : « Zen and the Art of Garden Province Maintenance : the Soft Intimacy of Hard Men in the Wilderness of KwaZulu-Natal, South Africa, 1952-1997 », *Journal of Southern African Studies*, vol. 24, n° 4, p. 801-828.
- Draper M., Wels, H., 2002 : Super African Dreams : The Mythology of Community Development in Transfrontier Conservation Areas in Southern Africa, Séminaire *Ecotourism and Nature Parks in East and Southern Africa*, African Studies Center, Leiden.
- Fritz J.-C., 1996 : « L'évolution des politiques de l'environnement en Afrique du Sud. Recomposition territoriale et protection de la nature », « *La nouvelle Afrique du Sud* », *Hérodote*, n° 82-83, p. 213-233.
- Giraut F., Guyot S., : Houssay-Holzschuch M., 2005, « La nature, les territoires et le politique en Afrique du Sud », *Annales HSS*, 60e année, n° 4, p. 695-717.
- Guyot S., 2006 a : *Rivages Zoulous : l'environnement au service du politique en Afrique du Sud*, Paris, Karthala et IRD, 252 p.
- Guyot S., 2006 b : « Géopolitique des parcs (trans)frontaliers en Afrique australe », *Cahiers d'outre-mer*, vol. 59, n° 234, p. 215-232.
- Khan F., 2002 : « The Roots of Environmental Racism and the Rise of Environmental Justice in the 1990s » *in* McDonald D.A. (coord.), *Environmental Justice in South Africa*, Athens/Cape Town, Ohio University Press/UCT Press, p. 15-48.
- Koch E., 1998 : « Nature has the power to heal old wounds : War, peace et changing patterns of Conservation in Southern Africa », in D. Simon (coord.), *South Africa in Southern Africa, Reconfiguring the Region*, David Philip, Cape Town, p. 54-71.
- Kutner L., 1994 : *Environmental discrimination : a bibliography*, Council of planning librarians, 25 p.
- Mahony K. et Van Zyl J., 2002 : « The impacts of tourism investment on rural communities : three case studies in South Africa », *Development Southern Africa*, vol. 19, n° 1, p. 83-103.
- McDonald D.A. (coord.), 2002, *Environmental Justice in South Africa*, Cape Town, UCT Press.
- Luckett S., Mkhize K., Potter D., 2003, "The experience of Local Boards in KwaZulu-Natal, South Africa", *Parks*, vol. 13, n° 1, p. 6-15.
- Ramutsindela M., 2004 : « Glocalisation and Nature Conservation Strategies in 21st Century Southern Africa », *Tijdschrift voor Economische en Sociale Geografie*, vol. 95, n° 1, p. 61-72.
- Rey-Soulingeas B., 2001 : *La redéfinition des interfaces des parcs naturels au KwaZulu-Natal, Afrique du Sud*, Mémoire de Maîtrise, université de Grenoble I, 130 p.
- Turner R.L., Wu D.P., 2002 : *Environmental justice and environmental racism, an annotated bibliography and general overview focusing on US literature*, 1996-2002, Berkeley : Institute of International Studies, University of California, 135 p.

Dossier n° 10

Les parcs nationaux alpins français ou les rattrapages de l'acceptation perdue

Lionel Laslaz

Introduction : Les modalités incertaines d'une « sudation environnementale »

Le 27 septembre 2007, le Président du Conseil d'Administration procédait à l'installation du Conseil économique, social et culturel du parc national de la Vanoise. Premier parc national français à s'engager dans cette voie rendue obligatoire par la nouvelle loi sur les parcs nationaux du 14 avril 2006, le parc national du département de la Savoie épaulait ainsi son Conseil Scientifique d'une nouvelle structure consultative de 42 membres, permettant au Conseil d'Administration (l'exécutif du Parc) de prendre les « bonnes » décisions. Cette nouveauté, bien que porteuse de lourdeurs dans le fonctionnement interne de l'Établissement Public, n'est pas moins révélatrice de l'évolution connue par les symboles de la protection de l'environnement en France depuis la loi de 1960 permettant la création des parcs nationaux. En intégrant des représentants associatifs départementaux, des usagers et des professionnels, ceux des chambres consulaires de la Savoie, l'Établissement Public affichait politiquement la prise en compte du fonctionnement local, du suivi de la politique contractuelle et de la mise en place de la Charte, en cours d'élaboration dans l'ensemble des parcs nationaux français (et nouveauté la plus emblématique de la loi de 2006).

Ainsi resterait-il aux parcs nationaux français à gagner la dernière bataille que leur réussite dans le domaine de la protection des milieux et des espèces, dans une moindre mesure dans l'éducation à l'environnement, laisserait en suspens : l'acceptation sociale.

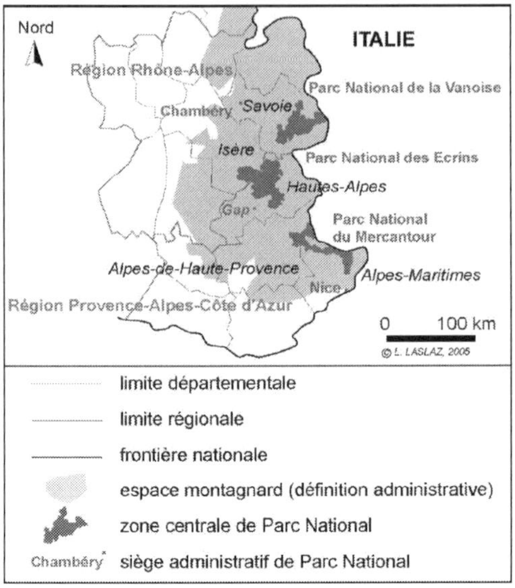

Carte 17. Localisation des parcs nationaux alpins français.

Effectivement, les parcs nationaux alpins français se sont implantés dans un contexte relativement tendu. Parcs de montagne (2681 m d'altitude moyenne dans le cœur de la Vanoise ; 2 429 m dans les Écrins ; 2 120 m dans le Mercantour) ayant connu une crise démographique et socio-économique majeure à la fin du XIXe siècle, ils ne doivent leur relatif dynamisme actuel qu'à l'essor du tourisme dès les années 1960. Ils ont le statut d'Établissement Public Administratif, sont subdivisés en secteurs, pilotés par des équipes de terrain constituées d'un chef de secteur et de gardes-moniteurs (ainsi que d'autres personnels). Le parc national de la Vanoise (carte 17 et tableau 11) est créé en 1963 ; situé entre les vallées de la Tarentaise au Nord et de la Maurienne au Sud, il compte 32 078 habitants (1999) dans une aire d'adhésion de 1 450 km^2, entourant un cœur de 528 km^2. Le parc national des Écrins (1973) abrite 30 280 habitants (1999) dans son aire d'adhésion de 61 communes des Hautes-Alpes et de l'Isère, alors que le cœur s'étend sur 918 km^2. Le parc national du Mercantour (1979) occupe le Haut Pays des Alpes Maritimes et le Nord-Est des Alpes-de-Haute-Provence, pour 18 000 habitants résidant dans l'aire d'adhésion (1 465 km^2), autour d'un cœur de 685 km^2. Ces trois Parcs ne sont pas habités dans leur cœur (exception faite des hameaux de Dormillouse et de Confolens, parc national des Écrins) et enregistrent dans leurs aires d'adhésion des densités faibles comparées à l'échelle nationale. Notamment par l'antériorité de celui de la Vanoise, ils font office de symboles et de laboratoires de la protection de l'environnement en France. Trois des six premiers parcs français, tous métropolitains, sont effectivement alpins. Par ailleurs, ce sont avec ceux des Pyrénées (Lahaye, 2006) et des Cévennes (Guerrini, 1995), ceux dans lesquels l'examen des processus d'acceptation sociale est le plus pertinent (Port-Cros, de petite taille, ne concerne qu'une seule commune ; dans les autres parcs, la pression touristique « extérieure » est moins forte).

Il importe de replacer ces structures de protection dans différents jeux d'échelle : les espaces protégés ne constituaient pas des « îles », mais bien des entités intégrées dans leur environnement, aussi bien biologique, que socio-économique et politique. Dans le cadre de ces glissements d'échelles, il convient de comparer et de différencier entre les dynamiques propres aux Alpes du Nord et à celles du Sud, les disparités interdépartementales, les comportements vis-à-vis des politiques de protection nuancées entre vallées et communes, les dissymétries d'aménagement infracommunales. Il n'existe pas dans l'absolu de réactions uniformes et normées des populations aux parcs nationaux, ni dans l'espace, ni dans le temps.

Promus au rang d'« édens » désincarnés, « incantations » d'urbains projetées dans l'espace d'une « nature » en partie recréée et coupée des hommes, les parcs nationaux alpins ont longtemps illustré la segmentation spatiale forte pratiquée en France entre développement (zone périphérique) et protection (zone centrale).

Ces trois parcs nationaux alpins français ne seront pas abordés sous l'angle d'une étude monographique ou historique des parcs déjà traitée (Laslaz, 2004 ; Laurens, coord., 1997 ; Mauz, 2003 et 2005 ; Merveilleux du Vignaux, 2003 ; Selmi, 2006 ; Zuanon, *coord.*, 1994). Nous insisterons principalement sur la dimension conflictuelle qui a animé les parcs depuis leur création (Laslaz, 2005 b) et sur la façon dont elle perdure, tout en laissant place à des pratiques de compromis et des recherches de consensus de plus en plus fréquentes. C'est l'idée de « *sudation environnementale* », qui implique l'atténuation ou la disparition des manifestations pathologiques de conflits environnementaux et de prises de position tranchées à l'encontre des espaces protégés (comme la transpiration fait baisser la fièvre). Ces derniers, comme des corps vivants, diffusent sur ce qui les entoure. Les structures de protection « contaminent » en quelque sorte les espaces alentour, soit en répandant des pratiques patrimoniales, soit en modifiant les comportements des habitants à l'égard des cœurs de parcs.

Ainsi, les politiques des parcs nationaux ont visé à atteindre progressivement une acceptation sociale, d'autant plus difficile à obtenir qu'elle était reléguée au second plan par leur mission première de protection de l'environnement. Or, toute action de préservation ne dure que si elle s'inscrit dans un processus socio-économique d'acceptation. Le terme d'acceptation sociale (« *fait d'accepter, consentement formel* », en fonction de critères fixés) qualifie ici les rapports entre une population et des espaces protégés, ceux-ci s'échelonnant entre des conflits permanents, des situations d'indifférence jusqu'au stade de l'assimilation. Des formes de recherche de consensus voient ainsi le jour, même si elles demeurent inégalement fructueuses selon l'échelle retenue.

Les parcs nationaux en France : une temporalité constitutive révélatrice des difficultés de la protection de l'environnement

Plusieurs auteurs ont commenté le retard de création des parcs nationaux en France (Viard, 1990), qui demeure très relatif (Zuanon, *coord.*, 1994 ; Laslaz, 2004). Certes, la France n'adopte qu'en 1960 la loi sur les parcs nationaux, utilisée en 1963 en Vanoise et à Port-Cros. Mais dès 1892, le terme est employé par les artistes militant pour la défense de la forêt de Fontainebleau, puis par E.-A. Martel (1913) pour l'Esterel ou les Cévennes. Il est usité pour le parc de la Bérarde (1913) devenu parc du Pelvoux (1924), déclassé au rang de « domanial » après 1960, mais qui servira de noyau au futur parc national des Écrins. En clair, en 1963, malgré des réticences fortes et une volonté fluctuante des pouvoirs publics, la France ne part pas de rien.

Au nombre de 9 depuis mars 2007, les parcs nationaux français n'ont pas connu un rythme de création régulier. Les derniers nés se sont fait attendre à la suite de la création du parc national de la Guadeloupe (1989). Le Parc amazonien de Guyane, voulu par F. Mitterrand lors du Sommet de la Terre (Rio de Janeiro, 1992), a été créé par le décret n° 2007-266 du 27 février 2007, suivi par le parc national des Hauts de la Réunion (décret n° 2007-296 du 5 mars 2007), en gestation depuis 1991, largement porté par les collectivités locales et dont le cœur concerne 23 des 24 communes de l'île.

Si l'on veut mesurer le poids des parcs nationaux sur le territoire français, il est commode de se référer à leur superficie. Néanmoins, celle-ci varie de manière considérable en fonction de la prise en compte ou non de l'outre mer, qui rassemble massivement l'essentiel des espaces ainsi protégés. Avec 3 538,25 km², la superficie des cœurs de parcs nationaux métropolitains ne représente que 0,65 % de la superficie de la métropole, quand ceux de l'outre mer (21 527,47 km², largement redevables au Parc de Guyane) totalisent 23,43 % de la superficie des DOM et 17,51 % de celle de l'outre mer (hors Terre Adélie). La superficie de tous les cœurs de parcs nationaux français (25 065,72 km²) ne représente que 3,71 % du territoire national total. Si l'on s'en tient à la surface métropolitaine, il est clair qu'elle se situe sous la moyenne européenne, mais là encore la nuance vient du fait que le système concentrique cœur/aire d'adhésion est peu fréquent sur le « vieux continent », et il serait alors plus pertinent de considérer la superficie des aires d'adhésion.

Tableau 11 : Les parcs nationaux français : superficies, populations et densités.

Parc national	Date de création	Superficie cœur (km^2)	Superficie aire d'adhésion (km^2)	Nombre communes cœur	Nombre communes aire d'adhésion	Pop. cœur (1999)	Pop. aire d'adhésion (1999)	**Densité aire d'adhésion (hab./km^2, 1999)**
Vanoise	6 juillet 1963	528,39	1 436,37	20	28	0	32 078	**22,33**
Port-Cros	14 décembre 1963	19 (+18 marins)	/	1	1	48	0	**2,52**
Pyrénées Occidentales	23 mars 1967	457,07	2 063,52	15	86	0	34 000	**16,48**
Cévennes	2 septembre 1970	912,79	2 297,26	52	117	591	40 875	**17,85**
Écrins	27 mars 1973	918	1 786,78	23	61	10	30 280	**16,94**
Mercantour	18 août 1979	685	1 465	27	28	0	17 835	**12,17**
Guadeloupe	20 février 1989	173,8	162	11	3	0	21 833	**134,77**
amazonien de Guyane	27 février 2007	20 300	33 900	4	5	0	7 000	**0,2**
Hauts de la Réunion	5 mars 2007	1 054,47 (42 % de l'île)	Limite administrative des Hauts	23	24	Cœur habité : 34 km^2 et 800 hab.	706 300	**0,73**

© Laslaz L., 2007, d'après INSEE et Atlas des parcs nationaux.

La nouvelle loi sur les parcs nationaux du 14 avril 2006

Votée à l'issue des propositions effectuées dans le rapport du député Giran (2003), la « *loi n° 2006-436 relative aux parcs nationaux, aux parcs naturels marins et aux parcs naturels régionaux* » a été approuvée par le Parlement le 14 avril 2006. Le texte modifie l'appellation des différentes « zones » concentriques qui caractérisent les Parcs français : des Réserves Intégrales[1] où toute pénétration humaine est interdite – hormis celle des scientifiques –, une zone centrale l'enveloppant qui devient « cœur[2] », une zone périphérique (qui se transforme en « aire d'adhésion[2] »), introduit l'exigence de « développement durable », impose la présidence d'un des élus, qui obtiennent la majorité dans le conseil d'administration. L'article 436 relatif à l'aire d'adhésion insiste sur le fait que les communes doivent « *concourir volontairement à cette protection* »... Ce qui risque de poser des problèmes dans l'élaboration de la charte du parc national (d'ici 2010-2011), rendue obligatoire par la loi et inspirée du modèle des Parcs naturels régionaux. Pour une analyse plus détaillée du contenu de la loi et de ses effets, voir L. Laslaz (2005 a et 2007 a).

I. Un contexte conflictuel longtemps prédominant...

« *Foi dans les retombées économiques, circonspection sur les finalités protectrices* », telle pourrait être la formule synthétisant les enjeux historiques des parcs nationaux. Critiques par rapport aux effets économiques ne correspondant pas à leurs attentes (hôtellerie-restauration, emplois induits), les populations rurales alpines, peu tournées vers la protection et ses modalités d'application, mettent en avant le déséquilibre entre les sacrifices consentis pour la création du parc (en échange de promesses déçues) et les bénéfices. Pour cette raison et diverses autres (historiques, culturelles, sociales...), les parcs nationaux constituent un terreau idéal à la polémogenèse (processus de création et de grossissement d'un conflit environnemental). Leurs zones centrales peuvent revêtir l'appellation de polémosphères (sphère d'un conflit), qui comporte :

- un équateur, l'équilibre du rapport de force entre acteurs,
- un méridien principal, l'argumentation déployée par chacun d'eux,
- et un horizon, l'issue potentielle du conflit (Laslaz, 2005).

Les deux premiers se recoupent en un point figurant une position, soit l'état de neutralisation du conflit. Le concept qualifie également le caractère fertile des

1. À ce jour, seules les Réserves intégrales du Fond du Lauvitel (Oisans ; parc national des Écrins ; 1995, 689 ha), et des îlots de Port-Cros (Bagaud, Gabinière et Rascas ; parc national de Port-Cros), classés en mai 2007 (62 ha pour les trois), disposent de ce statut très rigoureux.
2. Si cela ne change rien au contenu et aux missions, nous continuons à employer les deux termes retenus dans la loi de 1960 pour des phénomènes s'étant déroulés avant 2006.

espaces politiques et sociaux des zones centrales, propice au développement des conflits. Le mot sphère est aussi compris comme ce qui *est* au centre, d'un point de vue spatial (« zones » concentriques de protection) et social.

A. Les parcs nationaux alpins français, des territoires appropriés

Dans le cadre de l'aménagement du territoire des années 1960, la politique de préservation mise en œuvre reposait largement sur une vision biaisée du « vide », qui considérait la haute montagne comme espace support d'une politique d'équipement (stations de sports d'hiver) ou de conservation (espaces protégés, qui sont aussi une forme d'aménagement). Et sur l'idée que, dans les deux cas, les pratiques territoriales seraient suffisamment lâches pour ne pas freiner ces trajectoires de développement. Ce postulat selon lequel la marginalité occasionne une contestation limitée semble récurrent, comme le montre S. Ariano (2007) au sujet du Parc naturel Régional du delta du Pô, créé en 1997 sur 12000 ha d'espaces en eaux en Vénétie (le reste devant rester hors parc), mais fortement contesté.

Et pourtant, l'ancienneté de la mise en valeur des territoires permet de relativiser en premier lieu les discours récurrents sur la « nature alpine ». En Vanoise, le cœur englobe des alpages à hauteur de 61 %, principalement en raison de la part prépondérante de la tranche 1800 à 2600 m dans le massif, mais aussi du façonnement progressif et de l'entretien des prairies d'altitude, et ce dès le XIIe siècle. Une part non négligeable des forêts comprises dans les cœurs des Écrins ou du Mercantour résulte des opérations de reboisement des forestiers de la fin du XIXe siècle, pour lutter contre le surpâturage et les effets de la torrentialité.

En outre, le statut du foncier complique les politiques de protection : l'État ne possède que 0,02 % des terrains du cœur du parc national de la Vanoise (24 % dans les deux autres parcs) ; les communes disposent respectivement de 90 % des terres de ce parc, contre 73 % dans les Écrins et 60 % dans le Mercantour, quand les particuliers se partagent 9,8 %, 3 % et 16 %. La conflictualité induite par ces propriétés privées demeure la plus élevée : les constats de circulation en zone centrale (propriétaire accédant à une propriété privée) et de rénovation des chalets d'alpage (avec travaux effectués sans autorisation préalable du directeur du parc et donc sanctionnés) demeurent les deux infractions les plus signalées dans les trois parcs lors des sept dernières années. Pour les terrains communaux, l'émiettement de cet échelon territorial en France a conduit les parcs nationaux à travailler avec une multitude d'interlocuteurs, rendant les concertations d'autant plus complexes.

Cette appropriation se traduit aussi par la présence d'activités anciennement implantées. Par exemple, les politiques agricoles dans les parcs nationaux alpins français ont toujours été relativement ambiguës : elles visent de plus en plus à intégrer l'activité pastorale, voire à lui reconnaître des vertus (Laurens, 1995 ; Laslaz, 2007b) dans la gestion de la biodiversité (milieux ouverts, maintien des espèces), *a contrario* d'autres parcs dans le monde (voir les textes de Rodary et de Giroir dans le présent ouvrage). En 2006, le parc national du Mercantour a effectué treize expertises techniques sur des alpages et opéré deux héliportages de cabanes pastorales, alors que le parc national des Écrins (655 exploitations agricoles en 2000 – en recul du tiers par rapport à 1988 – et 67 000 ha d'alpages, pour l'essentiel dans le cœur) a mis en place de nombreux Contrats d'Agriculture Durable dans les alpages des Hautes-Alpes (la Fédération des Alpages de l'Isère reste beaucoup plus réticente à cette collaboration). Il est très clair que ce mouvement participatif et financier des parcs nationaux a été « renforcé » par le retour du loup[1], pour lequel l'octroi de crédits européens a favorisé la prise en compte des actifs agricoles.

Photo 11. Héliportage (18 juillet 2005) des composantes d'une cabane pastorale depuis le parking du Gioberney, 1 642 m (Valgaudemar, parc national des Écrins) : les différents éléments héliportés sont assemblés sur place, notamment par des agents du PNE. La cabane, financée par un programme LIFE[2], a permis au berger de surveiller la partie haute de l'alpage du Vaccivier-Gioberney (1 448 ha, 910 brebis).

1. Depuis 1992, des loups en provenance des Apennins sont réapparus en Tinée-Vésubie (parc national du Mercantour) et se sont ensuite diffusés dans l'ensemble du massif alpin, concernant directement les alpages des trois parcs nationaux. Cette problématique épineuse et complexe ne donnera pas lieu à une analyse plus poussée ; on pourra se reporter aux travaux de F. Benhamou, A. Émery, G. Lebaudy, I. Mauz ou C. Mounet.
2. *LIFE* : *L'Instrument Financier pour l'Environnement*, outil financier de la Commission européenne destiné à promouvoir, sur une durée déterminée, des actions de protection de la nature et de l'environnement (accompagnement du retour du loup par exemple).

Pour autant, certaines pratiques agricoles (ouverture de pistes pastorales pour la circulation des salles de traite mobile, seules garantes du maintien de l'élevage bovin laitier ; pratiques ovines extensives peu « contrôlées » avec incidences de surpâturage) constituent toujours une gêne aux yeux de certains biologistes.

Au-delà de la finalité environnementale et biologique de l'agriculture, comme pour la chasse, c'est l'image des cœurs qui est interrogée : doit-on laisser des animaux domestiques et des hommes en armes dans ces derniers ? C'est la question parfois posée par les visiteurs des parcs.

B. Les parcs nationaux alpins français, des espaces produits par le développement touristique

Si actuellement le label d'espace protégé est attractif, historiquement le tourisme a engendré la protection, et non l'inverse. « Découverts » par des alpinistes qui poussent, via le *Club Alpin Français* (1874), la *Société des Touristes du Dauphiné* (1875) ou le *Touring Club de France* (1890) à leur équipement, ces massifs alpins vont attirer une clientèle aisée et sensibilisée aux problématiques de protection, encore très peu répandues dans les vallées. Les alpinistes – ne serait-ce que Samivel pour la Vanoise et le Mercantour, ou L. Devies pour les Écrins, dont il proposa même le nom – poussent à la création des parcs nationaux, alors que ce n'est pas le cas des compagnies des guides locaux. Le rôle du tourisme dans le processus de patrimonialisation est d'ailleurs largement démontré. Il est une invitation à la découverte des lieux, prise en compte de leur fragilité, et simultanément vu comme une menace poussant à la protection. Et ce d'autant plus que les parcs alpins sont synchrones des stations de sports d'hiver, contre lesquelles ils constituent une protection par prévention (pour éviter leur aménagement) ou par réaction (en compensation des espaces équipés pour le ski). Leurs limites sont tracées en fonction des stations existantes et en projet, dans les contextes sociopolitiques de l'époque. L'objectif est alors de préserver des espaces à la « découpe », en négatif du tourisme hivernal, tout en proposant une alternative pour le développement de cette activité durant l'été.

C. Les parcs nationaux alpins français, territoires à enjeux et foyers de conflits environnementaux

Si les parcs nationaux font figure d'édens pour la faune (leur mission première était bien sa protection, comme celle de la flore ou des paysages), ils le sont certainement moins d'un point de vue des relations sociales. Mais cette agitation ne débute pas et ne se limite pas à la protection. Territoires de réticence face à l'État, ces terres de « résistance » ont été le théâtre de conflits, expressions de reconnaissance de la présence de l'autre (différents groupes sociaux entre eux ou contre l'institution parc national...) (Oraison, 1970). L'adage « *j'affronte donc j'existe* » se révèle particulièrement usité (Torre et Caron, 2002). Le rejet d'intervention de l'« étranger » (y compris des touristes qui font vivre la plupart des habitants) et surtout de l'immixtion de l'outil de protection dans les pratiques spatiales, conduit à des réactions parfois violentes. Il repose sur une forme d'irrédentisme, ce que nous avons nommé la « *culture du refus* » (Laslaz, 2004), comportement caractéristique des hautes vallées alpines, et de manière générale des marges d'un territoire, qui consiste à rendre l'État responsable de tous les maux (fauteur de troubles écologistes, soutien financier insuffisant, transposition des territoires en « bien commun » de la Nation...), ainsi que les décideurs aux échelles supra-locales (Europe, région). Ce refus n'est pas qu'opposition systématique et caricaturale, et demeure instrumentalisé selon des objectifs recherchés ; comme toute culture, complexe, ce rejet peut se doubler d'exploitation, notamment touristique.

Les conflits qui ont agité les parcs nationaux sont soit très localisés (contestations fréquentes dans certains villages ou vallées, comme l'Ubaye ou le Valgaudemar), soit généralisés à l'ensemble de l'espace protégé : c'est le cas des sports d'hiver en Vanoise. L'« affaire de la Vanoise » est ainsi considérée comme le « *premier conflit environnemental* » en France par Charlier (1999).

D'un point de vue temporel, ces événements sont parfois brefs, ou à l'inverse tendent à s'éterniser : le fait que le parc national du Mercantour ait été créé contre l'avis des conseils généraux et de la plupart des communes concernées, en catimini, en plein mois d'août 1979, n'a pas favorisé son acceptation locale (Laurent, 1984 ; Viallon, 2001), fortement mise à mal dès 1992 par son assimilation au statut de « parc du loup ». Il existe ainsi une forme de rémanence (« *bruit de fond* ») conflictuelle sur laquelle résonnent des accrochages plus ponctuels.

Enfin, leur gravité est variable, des menaces de mort proférées contre les chargés de mission à la création du parc national du Mercantour ou contre des gardes moniteurs du Valgaudemar, en passant par la dégradation de biens immobiliers et de la signalétique des parcs nationaux, les discussions autour de projets de barrages hydroélectriques (Haute-Romanche, 1977-1983 ; Vallon du Clou, Tarentaise, 1977-1986) ou de déclassements de zones centrales pour des constructions ou liaisons interstations (zone optionnelle du Vallon de Mollières – Vésubie – avec le projet de station Azur 2000, 1979-1981 ;

liaison Bonneval-sur-Arc/Val d'Isère, 1983-1994) ou les relations avec certains groupes sociaux, comme les alpinistes. En parallèle se tisse un dialogue parfois productif, malgré la suspicion.

La protection de l'environnement passe désormais par le prisme de l'acceptation sociale (ce qui n'était pas évident dans la France gaullienne, centralisée et directive des années 1960) et la prise en compte des macro-échelles, ce que certains ont dénommé la renaissance du local. Toutefois, la centralisation n'est pas spécifiquement française : dans le cas du parc national suisse, le siège est à Berne, à 300 km de l'Engadine, et, sur les neuf membres de la Commission Fédérale du parc national, seuls deux sont des élus locaux. Cette « *bonne appropriation du cœur par les acteurs locaux* », affirmée par *les principes fondateurs des parcs nationaux* (p. 4), longtemps tue, se transforme désormais en exigence : elle est actée et recherchée. Dans la *Lettre de la Charte du Mercantour* (février 2008, n° 1), l'éditorial du président du Conseil d'Administration, G. Franco, intitulé « *Une nouvelle loi… un nouveau parc* », se conclut par « *Le Parc, c'est vous!* ». Il fait allusion à la nécessité pour les 28 communes – sollicitées pour intégrer l'aire de « *libre* »[1] adhésion – de répondre présentes d'ici 2011, date d'application de la charte. Une nouvelle virginité que veulent se donner les parcs nationaux au travers de la rédaction de la charte. La démarche est inverse par rapport à celle qui prévalait à l'origine, où les scientifiques (souvent aussi militants de la protection de l'environnement) déterminaient les priorités et le choix des espèces « emblématiques » (notamment celles qui ont le statut de gibier) nécessitant une intervention : c'est le cas du bouquetin (seuls 15 spécimens environ côté français à la création du Parc savoyard) ou de l'aigle royal. C'est la « *scientisation de la politique* » (Habermas, 1973), où les enjeux écologiques justifient la création d'espaces protégés (socialement difficilement acceptables) et certaines décisions de gestion qui ont suivi (en s'appuyant notamment sur les avis des Conseils Scientifiques).

II. … Vers la recherche progressive de consensus, via les compromis

La recherche de consensus ne s'inscrit pas uniquement dans une dimension chronologique. Certes, elle est fortement engagée dès la fin des années 1980, mais n'empêche pas la résurgence de conflits à différents sujets (par exemple le retour des grands prédateurs, dont la gestion reposait à l'origine sur le parc

1. Adjectif qui n'apparaît nullement dans le texte de loi de 2006 et que rajoutent les Établissements Publics conscients des difficultés qu'ils vont avoir à convaincre les communes, en montrant que le choix leur revient. Certains conseils municipaux (comme Pralognan-la-Vanoise, en 2006) ont déjà voté contre le principe même d'une charte (sans en connaître le contenu) qui viserait à les faire adhérer à une aire à laquelle ils ont été intégrés contre leur gré lors de la création du Parc.

national du Mercantour...). Surtout, elle soulève de manière récurrente la compatibilité des missions des parcs nationaux et des usages spatiaux souhaités. Cette dernière repose sur le compromis territorial, arrangement souvent imparfait, dans lequel se pratiquent des concessions mutuelles (accord, composition, transaction, terrain d'entente). La finalité est d'atteindre une forme de consensus social, soit l'accord entre plusieurs personnes, l'apaisement visant à taire les antagonismes, le consentement du plus grand nombre, souvent résultat des conflits et des concertations, une « *adhésion tacite ou informelle* », selon F. Haegel (*in* Lévy et Lussault, coord., 2003, p. 305).

A. L'aphonie constitutive et la saturation protectionniste

Cependant, cet apaisement social progressif autour des questions d'environnement demeure nuancé par la récurrence des réactions de type NIMBY, et ne doit pas tromper sur les considérations entretenues par rapport aux politiques de protection. L'absence de réaction, d'expression de mécontentement, ne se veut aucunement le reflet d'une acceptation sociale aboutie (Jeudy, coord., 1996). Bien au contraire, cette dernière a reculé entre le temps des espérances synchrones de la création et des premières années des parcs nationaux, et la période des déceptions et des frustrations, quand les effets escomptés des espaces protégés peinaient à se faire sentir. Le silence est une forme d'expression de la désapprobation au pire, de la fatalité au mieux. Certains discours et certains flous délibérément entretenus conduisent à une tromperie sur la mission des structures créées : les Réserves de Biosphère ou le réseau de sites Natura 2000 (Laurens, 1998) présentés comme des outils de recherche (Lecomte, 2001) se sont avérés par la suite des mesures de protection d'une richesse biologique nouvellement identifiée. L'empilement de différentes mesures de protection autour des cœurs de parcs nationaux, comme quelques-unes des 156 réserves naturelles nationales, confine aussi à une saturation réglementaire (Terrasson, 1994). De ce point de vue, nous nous opposons à Lecomte (*id.*), car il s'agit bien de convergence des outils de protection vers des finalités protectrices (quand celles-ci ne sont pas estompées par des processus de labellisation touristique, type « patrimoine mondial de l'Humanité »), et ce même à des intensités (spatiales, temporelles, législatives) diverses, qui se traduisent localement par des « overdoses » de protection.

B. Les parcs nationaux alpins français, des espaces aménagés résultant d'un compromis territorial

Les délinéaments des parcs nationaux alpins français (traits représentant sur les cartes les contours de la zone centrale ; balises tricolores sur le terrain) sont le résultat des discussions préparatoires à la mise en place des parcs nationaux et, depuis, de controverses. La logique du dedans et du dehors n'empêche d'ailleurs pas certaines formes de porosité à travers ces limites. Les acteurs des conflits utilisent l'effacement ou le réaffichage des balises et des limites comme mode d'affirmation de leur appropriation territoriale : La Chapelle-en-Valjouffrey (1974) ou Saint-Christophe-en-Oisans (1995). Ce sont plus les confins, que véritablement les frontières, qui sont ici les lieux de chocs. Ils sont considérés comme co-appartenant aux deux espaces en interface et donc à au moins deux usages différents. Y. Luginbühl (1990) a appelé la « *stratégie des Horace* » le fait de diviser le territoire pour attribuer aux sous-ensembles des affectations différentes, afin de réduire les risques potentiels de contestation. La segmentation spatiale (processus de séparation et son résultat). Elle représente le mode d'acceptabilité sociale pour faire admettre la préservation, avec des contreparties et des compensations. C'est la règle caractéristique de la politique d'équipement et de protection en France, notamment pour la création et l'extension de stations de sports d'hiver en contrepartie d'une portion protégée d'espace communal.

Néanmoins, les zones centrales de parcs nationaux ont toujours été placées sous le « *spectre de la menace* », constituée par le développement des stations de sports d'hiver sur leurs pourtours et par les intrusions répétées que cela impliquait (ski hors-piste). La zone périphérique du Parc de la Vanoise abrite, notamment en Tarentaise, le plus grand domaine skiable européen (17 millions de journées touristiques par an dans l'espace Vanoise, dont 90 % en Tarentaise). La volonté d'extension à la marge, sur une partie des confins des cœurs, est particulièrement représentative de cette pression (dans les années 1980 autour de la seule zone centrale du parc national de la Vanoise, les revendications viennent de Courchevel, Tignes, Val d'Isère ou Aussois...).

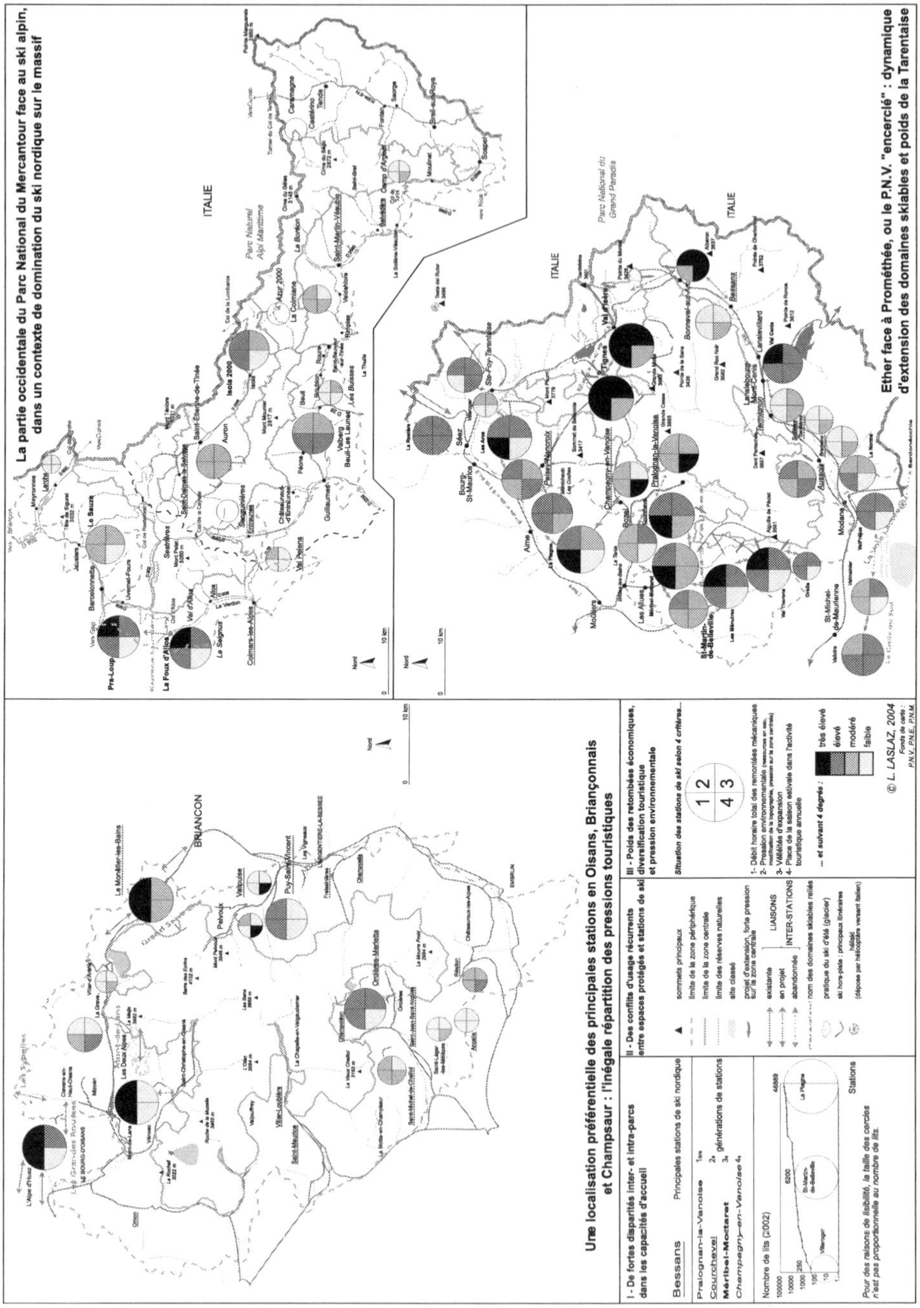

Carte 18. Une approche de la pression des stations de sports d'hiver sur les cœurs de parcs nationaux

C. Prêcher la sur-fréquentation dans le désert

L'appréciation comptable de la fréquentation touristique (Daudé, 1992), pour des espaces non fermés, libres d'accès toute l'année en montagne, n'est pas sérieusement « quantifiable » et s'apparente plus à des ordres de grandeur. Les chiffres moyens issus des trois dernières enquêtes effectuées dans les trois parcs (1996, 2001 et 2006) présentent le nombre d'individus pénétrant en zone centrale, quels qu'en soient les moyens. Ces données englobent ainsi la circulation automobile (Bernier, 2003), particulièrement présente en Vanoise (Col routier de l'Iseran, 50000 véhicules) et dans le Mercantour (Col de la Bonnette, 50000 véhicules ; Col de la Cayolle, 40000 véhicules). Quant au parc national des Écrins, le point le plus fréquenté est le Col des Ruillans (point d'arrivée du téléphérique des Vallons de la Meije), fonctionnel également l'été ! Les estimations donnent 820000 visiteurs pédestres en Vanoise, 750000 dans les Écrins, 500000 à 700000 dans le Mercantour.

Derrière ces chiffres bruts, et malgré une baisse constante de fréquentation (nuitées de refuges depuis le milieu des années 1980), les acteurs poursuivent l'emploi du terme de « surfréquentation ». Elle est pourtant limitée dans le temps (forte, il est vrai, entre mi-juillet et mi-août) et dans l'espace (la majeure partie de l'espace protégé restant « déserte »). Cette construction sociale vise à affirmer le caractère prédateur sur un milieu de la fréquentation touristique « libre », bien souvent destinée à la limiter (éco-péages à l'entrée de certains sites, comme les parkings payants du Lac d'Allos – Mercantour – ou du Pont d'Espagne – parc national des Pyrénées) ou à la prohiber. Par ailleurs, ces discours s'avèrent hypocrites : pestant contre la fréquentation touristique et ses effets induits (nuisances, problèmes de déplacements, comportements de certains touristes), de nombreux acteurs prônent dans le même temps des aménagements favorisant les « retombées économiques » : développement de stations, « vente » d'image de leur territoire. Les espaces protégés eux-mêmes tentent d'agir contre la « surfréquentation », tout en vantant « l'attractivité » du label parc national et les effets économiques induits (en contrepoids de ceux de « l'or blanc »).

Une politique de concentration des flux sur les sites jugés les plus attractifs et les plus « incontournables » reste de surcroît la règle. Cette tendance, combinée à la rétractation spatiale et temporelle de la fréquentation, transforme les espaces protégés en un chapelet de lieux emblématiques articulés par des réseaux touristiques (sentiers et axes routiers), discordant de l'espace « naturel ». Privilégier la concentration des visiteurs en certains « *points [ou abcès] de fixation*[1] » (plutôt des lignes d'ailleurs) à leur diffusion, par les refus de nouveaux sentiers, de construction de nouveaux refuges, la disparition de la signalétique et du balisage des itinéraires peu fréquentés est donc un choix, pour limiter au maximum l'intrusion dans certains secteurs, notamment hors des sentiers, afin d'éviter tout dérangement. Mais avec de nombreuses contradictions : les « dégâts » sur ces principaux itinéraires sont dénoncés, ainsi que la saturation des parkings qui leur sont associés, pour lesquels de nouveaux équipements sont sollicités ! Et les Établissements Publics ne se privent pas non plus de regretter la concentration des randonneurs dans certains refuges très réputés, incitant les autres à proposer une offre touristique nouvelle pour ne pas être marginalisés ! Ces incohérences traduisent maladroitement le malaise constant des parcs nationaux vis-à-vis de la « découverte », pourtant une de leurs missions premières, et la volonté de contrôle sur ce qui est induit par l'existence de l'espace protégé, sans être véritablement souhaité. Les *principes fondamentaux applicables à l'ensemble des parcs nationaux* (p. 4) réaffirment, par exemple, que la « *fréquentation est maîtrisée* ».

L'effort physique nécessaire à la découverte des parcs de montagne renforce encore les concentrations sur les principaux itinéraires, surtout à proximité des parkings : l'essentiel de la clientèle est aujourd'hui constitué de « promeneurs » (ceux qui ne s'éloignent pas de plus d'un quart d'heure de leur véhicule), elle est vieillissante, fidélisée et peine à se renouveler. Elle présente aussi un caractère très régional (Lyonnais et Savoyards en Vanoise, Grenoblois et Marseillais dans les Écrins, Niçois dans le Mercantour), nuance au discours convenu sur le rayonnement des Établissements Publics.

En somme, les gestionnaires et les politiques cultivent le paradoxe entre la « *peur du vide* » (crainte du recul du pastoralisme et déprise, signifiant absence de contrôle sur les milieux et modification du contenu de ces derniers) et la « *hantise de la foule* », vue comme une masse prédatrice et dépréciatrice des valeurs « naturelles » (Urbain, 1991). La rhétorique de la « paix » dans les cœurs de parcs nationaux français est prégnante, réaffirmée récemment dans les travaux de définition de leurs « caractères » et largement commune avec d'autres parcs européens (Europarc, 2001).

1. *Honey pots* au États-Unis (*pots de miel* littéralement), assimilant les touristes à des mouches s'agglutinant sur les mêmes sites…

D. La construction récente d'un « ensauvagement » factice : la production d'un paysage « iconifié »

Le « retour » à des états (qui n'ont jamais existé) participe d'une construction idéalisée de l'espace « sauvage » (Laslaz, 2008). C'est le cas des opérations de « renaturalisation », formes de recherche d'un état antérieur supposé meilleur, non pas en se débarrassant de toute trace d'occupation humaine, mais en supprimant ses séquelles les plus « ingrates ». Les Parcs alpins évoquent des « *points noirs paysagers* » et ont participé de 1992 à 2007 à une vingtaine d'opérations de démontage des « *installations obsolètes* » en zone centrale (souvent pilotées par des associations comme *Mountain Wilderness*). Ruines de bâtiments agricoles ou touristiques, friches militaires ou récréatives, socles et pylônes EDF, infrastructures pourtant jugées non « réversibles » ont été concernés. « *Restaurer les écosystèmes dégradés* » fait désormais force de loi (article L331-9 du Code de l'Environnement).

L'objectif de l'insertion paysagère et du marquage paysager par des lieux emblématiques est devenu la règle. La réversibilité (équipement non définitif et non irrémédiable, dont l'impact sur le milieu n'est que provisoire), qui s'appuie en général sur des matériaux prélevés *in situ* (pierres, bois...), est le nouveau cheval de bataille des espaces protégés, qui justifient un équipement par le fait que l'on puisse le démonter totalement, tout en préconisant le « durable ». Cette théorie de la réversibilité écologique n'a de sens qu'inscrite dans un contexte socio-économique ; elle est plus guidée par des décisions politiques, des stratégies de communication et une finalité touristique (produire à la fois une image d'immuable, de perfection paysagère) que par des considérations écologiques. Le parking de 700 à 1 000 véhicules, aménagé en 1995 sur le Pré de Mme Carle (Pelvoux, parc national des Écrins), pour un coût de 4 millions d'euros, ne sera pas démonté du jour au lendemain, quoique « réversible ». De surcroît, ces mêmes gestionnaires qui promeuvent des aménagements réversibles critiquent les « parasols » à la montagne, pourtant saisonniers.

Les réintroductions sont aussi vues comme un moyen d'accroître la naturalité (par une intervention humaine). Les parcs nationaux sont les piliers de ces opérations à l'échelle de l'arc alpin, pour plusieurs raisons. La protection de la faune est symbolique de leur réussite. Ils assurent un meilleur contrôle sur cette faune, par la surveillance et la police contre le braconnage. Ainsi, les gypaètes barbus, disparus en 1930, protégés en 1981 et réintroduits dans le cadre d'un programme européen LIFE dans un réseau d'espaces protégés alpins, se nourrissent des cadavres d'ongulés (fruit de l'augmentation numérique de ces espèces). Enfin, les qualifications des personnels des espaces protégés, qui mettent en place les dispositifs de suivi (par GPS) des ongulés sauvages ou des rapaces, sont reconnues. Mieux, certains symboles de cette naturalité sont associés aux espaces protégés, soit par choix (la protection du chardon bleu dans le parc national des Écrins), soit par défaut (le loup, rarement mis en avant par l'Établissement Public parc national du Mercantour).

E. Derrière la « nature », un outil de maîtrise des territoires ?

À la scientisation de la politique et de la décision descendante de protection succède aussi la recherche permanente du consensus, affiché et rédigé sous la forme de « chartes ». On peut voir dans ces actions la réussite du rassemblement des acteurs autour d'une table ; on peut aussi y lire l'incompatibilité fonctionnelle des différents usages spatiaux. Les chartes sont certes nécessaires au regard de l'apparition de nouvelles pratiques ou de leur fort développement (plongée à Port-Cros, escalade et alpinisme dans les Parcs alpins) depuis les décrets de création, mais peuvent aussi être interprétées comme des outils d'acceptation sociale : reconnaissance par l'institution parc national, engagement de « bons » comportements par les pratiquants. Le consensus est recherché autour de pratiques critiquées d'un point de vue environnemental (artificialisation ponctuelle de l'espace, perturbations sonores ou visuelles). Dans le parc national des Écrins, ce ne sont pas moins de sept chartes, signées avec les collectivités locales et chambres consulaires (*Charte d'environnement et de développement durable avec les communes*, 1996 ; *Conventions de partenariat avec les chambres d'agriculture des deux départements*, 1998 ; *avec l'ONF*, 1999 ; *avec les communes par secteur*, 1999-2000) ou avec des pratiquants sportifs et professionnels (*Convention Escalade*, 1992 ; *Vol libre*, 1999 ; *accompagnateurs en montagne*, 2000) qui sont en vigueur. La tendance, largement recommandée par le Conseil de l'Europe, se diffuse dans le parc national de la Vanoise (*Charte de gestion environnementale des refuges*, 2005 ; *Convention-cadre de partenariat avec la Chambre d'Agriculture de la Savoie*, 2007-2009) et dans le parc national du Mercantour (*Convention d'agrément avec les accompagnateurs en montagne*, dès 1989).

D'une certaine manière, les parcs nationaux, par leur dispositif de protection rigoureux, constituent une forme de veille environnementale et d'œil de l'État sur les hautes vallées alpines. Elle implique la surveillance et la gestion des sites, ceux qui en possèdent l'usufruit pouvant être accusés de dérives. Une « *extériorité* » au site qui se comprend plus localement comme une « *censure* » et une défiance, qu'un véritable accompagnement dans la gestion du site. Au travers des espaces protégés, se pose plus généralement la question des modalités générales de développement des territoires alpins.

Quant au consensus social construit depuis quelques années, notamment par la justification économique de la protection, il faut prendre toutes les précautions d'usages, au-delà d'une évolution évidente des pratiques et des mœurs, sur ses finalités. La France comme pays du consensualisme, se révèle surtout celui du recours à la subvention (observable pour la protection du chardon bleu, la restauration des chalets d'alpage ou des toits de lauzes) comme mode d'apaisement des contestations sociales.

Conclusion : De la catharsis des parcs nationaux alpins français aux logiques réticulaires, vers des perspectives de fusion ?

La dimension internationale (par les jumelages) et européenne (par les continuités transfrontalières) des parcs nationaux alpins français constitue un défi pour les années à venir. Les liens entretenus entre le parc national de la Vanoise et son pendant italien du Grand Paradis (suivi des grands ongulés sauvages), contigus sur 14 km, ont précocement engagé ce processus. Le 11 juillet 1996, une convention de partenariat est entérinée entre le parc national des Écrins, les parcs des Hohe Tauern (Autriche) et du Triglav (Slovénie) : elle marque une nette volonté d'ancrage montagnard. Une formation commune des personnels, le suivi du gypaète barbu et la réalisation d'une exposition itinérante sur le territoire de chaque parc font partie des actions déjà menées.

Depuis une quinzaine d'années, le parc national du Mercantour entretient un projet de fusion avec le *Parco naturale delle Alpi Marittime* (reprenant le *Parco naturale dell'Argentera* fondé en 1980, agrandi et rebaptisé le 1/01/1995 sur 27 832 ha et appartenant à la catégorie Ib de l'UICN) et porte un projet de classement « patrimoine mondial de l'UNESCO » et/ou « réserve de biosphère » transfrontaliers. « Parcs jumeaux » sur 35 km, partenaires depuis 1987, ils ont multiplié les initiatives conjointes depuis lors : réintroduction et suivi faunistiques, opérations de communication et publications bilingues et transfrontalières. Depuis 2002, le programme européen Interreg III A *Alcotra* s'est traduit par un plan d'action commun pour un tourisme durable, la promotion et l'aménagement des sentiers et d'une signalétique transfrontaliers, le suivi de la ressource en eau.

Par contre, le Parc de l'arrière-pays niçois, bien que jumelé depuis 1984 avec le parc national de Banff (Rocheuses canadiennes), ne présente que peu de réalisations communes, si ce n'est la mise en place de circuits d'interprétation (tables illustrées le long de parcours), assez précurseurs pour l'époque en France. Mais il est globalement reconnu comme un jumelage de circonstance et de peu d'effets territoriaux : son « *caractère [est] purement symbolique.*

Compte tenu sans doute de la distance, il n'a occasionné ni échanges ni actions communes » (Merveilleux du Vignaux, 2003, p. 184). Le projet de jumelage avec le Parc tchadien de Zakouma n'a, lui, jamais abouti.

Avec les parcs transfrontaliers, il y a néanmoins volonté de se renforcer, même si les projets affichés ne se concrétisent pas toujours. La situation est d'autant plus curieuse que, dans le même temps, le projet de parc international du Mont-Blanc est en panne, faute de structure adaptée. Il est donc *a priori* plus facile de fusionner deux parcs existants que de se donner les moyens législatifs et fonctionnels d'une structure trinationale.

Ces problématiques posent également la question d'un « modèle » unitaire de parc national alpin, qui verrait une convergence des modes de fonctionnement avec la Suisse, l'Italie, l'Autriche, l'Allemagne ou la Slovénie. Mose I. (coord., 2007) présente d'ailleurs le parc des Hohe Tauern comme un « modèle » d'aire protégée alpine. Si tout n'est pas transposable, on peut identifier ici la volonté de se servir des réussites dans le domaine du suivi écologique, de l'articulation de l'espace protégé avec les collectivités locales ou de la maîtrise des flux touristiques.

Les échanges d'expérience s'effectuent en tout cas déjà depuis 1996 au sein du *Réseau alpin des espaces protégés* (regroupant, entre autres, 14 parcs nationaux), instrument de la Convention Alpine (7/11/1991), qui incite dans son article 12 à la mise en place d'un réseau national et transfrontalier d'espaces protégés. Une mise en réseau qui tente de s'établir à l'échelle des neuf parcs nationaux français au sein de l'Établissement *Parcs nationaux de France*, créé par la loi de 2006. Dans une certaine mesure, par leur antériorité relative et la complexité de la gestion de certaines activités en leur sein ou sur leur pourtour (pastoralisme, tourisme), les parcs nationaux alpins ont servi de modèle pour les autres parcs français, y compris à travers la transposition dans les pratiques – puis dans la loi de 2006 – de certaines actions inspirées par les parcs naturels régionaux (recours au système de la charte dès 1992 dans le parc national des Écrins). En retour, les parcs créés en 2007 ayant inscrit la définition de leur caractère et leur charte en symbiose avec leur élaboration permettent aujourd'hui aux parcs alpins d'avoir un « patron » sur lequel se calquer.

Bibliographie

- Ariano S., 2008 : « Entre patrimoine naturel et développement industriel : la demande sociale de qualité dans le delta du Pô (Italie) », *in* Da Lage A. (coord.), 2008 : *L'après-développement durable : espaces, nature, culture et qualité*, éditions Ellipses, 11 p.
- Barraque B. et Theys J., (coord.), 1998 : *Les politiques d'environnement : évaluation de la première génération : 1971-1995*, éditions Recherches, 391 p.
- Beck C., Luginbuhl Y. et Muxart T., (coord.), 2006 : *Temps et espaces des crises de l'environnement*, Paris, Éditions Quae, Collection Indisciplines, 410 p.
- Bernier X., 2003 : « Transports, parcs nationaux et parcs naturels régionaux : les interactions entre les objectifs de l'accessibilité, de la protection et de l'aménagement », *Revue de Géographie Alpine*, vol. 91, n° 2, p. 27-39.
- Charlier B., 1999 : *La défense de l'environnement : entre espace et territoire : géographie des conflits environnementaux déclenchés en France depuis 1974*, Thèse de Doctorat, université de Pau et des Pays de l'Adour, 753 p.
- Daude G., 1992 : « Culture, nature et tourisme à travers l'exemple du parc national des Écrins », *R.G.L.*, vol. 67, n° 1, p. 31-48.
- Depraz S., 2005 : « Le concept d'"akzeptanz" et son utilité en géographie sociale. Exemple de l'acceptation locale des parcs nationaux allemands », *Espace Géographique*, n° 1, p. 1-16.
- *Europarc Federation*, 2001 : *Loving them to Death? Sustainable Tourism in Europe's Nature and National Parks*, Europarc Federation, 2nd édition.
- Finger-Stich A.S. et Ghimire K.B., 1997 : *Travail, culture et nature : le développement local dans le contexte des parcs nationaux et naturels régionaux de France*, L'Harmattan, 234 p.
- Giran J.-P., 2003 : *Les parcs nationaux : une référence pour la France, une chance pour ses territoires*, Rapport parlementaire au Premier ministre, 90 p.
- Guerrini M.-Cl., 1995 : « Le parc national des Cévennes. Compromis entre conservation et développement? », *Strates*, n° 8 (« La question de l'environnement : recherches parallèles en Espagne et en France »).
- Habermas J., 1973 : *Raison et légitimité : problèmes de légitimation dans le capitalisme avancé*, Payot, coll. « Critique de la politique », 214 p.
- Jeudy H.-P., (coord.), 1996 : *Tout négocier; masques et vertiges des compromis*, Autrement, coll. « Mutations », n° 163, 237 p.
- Lahaye N., 2006 : « Lorsque conservation et tourisme se confrontent. Le cas du parc national des Pyrénées et ses conflits d'usages », in C. et S. Gagnon, (coord.), 2006 : *L'écotourisme entre l'arbre et l'écorce. De la conservation au développement viable des territoires*, Presses de l'université du Québec, p. 171-210.
- Larrere C. et R., 1997 : *Du bon usage de la nature; pour une philosophie de l'environnement*, Aubier, coll. « Alto », 355 p.
- Laslaz L., 2004 : *Vanoise : 40 ans de parc national; bilan et perspectives*, L'Harmattan, coll. « Géographies en liberté », 434 p.
- Laslaz L., 2005 a : « La réforme des parcs nationaux entre rapport et débats ; Interrogations sur l'évolution des emblèmes de la protection de l'environnement en France », *Revue de Géographie Alpine*, Tome 93, n° 2, p. 111-115.

- Laslaz L., 2005 b : *Les zones centrales des parcs nationaux alpins français (Vanoise, Écrins, Mercantour) : des conflits au consensus social? Contribution critique à l'analyse des processus territoriaux d'admission des espaces protégés et des rapports entre sociétés et politiques d'aménagement en milieux montagnards*, Thèse de Doctorat en Géographie, université de Savoie, 644 p. (en résumé : *Position de thèse, in Ruralia*, 2006, n° 16-17, p. 310-319).
- Laslaz L., 2007 a : « Autour de la nouvelle loi sur les parcs nationaux français ; enjeux et conflits », *Géoconfluences*, 33 p., consultable en ligne sur http://geoconfluences.ens-lsh.fr/doc/territ/FranceMut/FranceMutScient6.htm.
- Laslaz L., 2007 b : « Quels projets de campagne dans les parcs nationaux alpins français (Vanoise, Écrins, Mercantour) ? », *in* G. Pierre, Y. Le Caro et P. Madeline, *Agriculteurs et territoires : pratiques et projets*, P.U. Rennes, 30 p.
- Laslaz L., 2008 : « Sauvagerie artificielle et naturalité construite en zone centrale des parcs nationaux alpins français », in Heritier S., (coord.), *Nature et patrimoine au service de la gestion durable des territoires*, PU Saint-Étienne, 15 p.
- Laurens L., 1995 : « Les Parcs naturels, du concept à la pratique d'une agriculture environnementale », *Ann. Géo.*, n° 584, pp 339-359.
- Laurens L., 1998 : « Le réseau Natura 2000 ou la difficulté d'élaborer une politique de gestion de la nature en France », *in* Croix N., (coord.), *Environnement et nature dans les campagnes : nouvelles politiques, nouvelles pratiques ?*, P.U.R., coll. « Espaces et territoires », p. 205-228.
- Laurens L., (coord.), 1997 : « Les Parcs Naturels de France, un concept de développement territorialisé et environnementale à l'épreuve du temps », *Bulletin de la Société Languedocienne de Géographie*, n° 3/4, 212 p.
- Laurent A., 1984 : *Le parc national du Mercantour sur les Alpes de Haute-Provence : revendications, controverses et oppositions*, thèse de Troisième Cycle en Urbanisme, université de droit, d'économie et des sciences d'Aix-Marseille, Institut d'Aménagement Régional, 715 p.
- Lecomte J., 2001 : « Conservation de la nature : des concepts à l'action », *Courrier de l'Environnement*, n° 3, p. 59-73.
- Levy J. et Lussault M., (coord.), 2003 : *Dictionnaire de la géographie et de l'espace des sociétés*, Belin, 1034 p.
- Luginbuhl Y, 1990 : « Plus stratégique que le territoire, tu meurs... », *Strates*, n° 5 « Conjuguer stratégies et territoires ? ».
- Martel E.-A., 1913 : « Les parcs nationaux de France », *La Montagne*, n° 8.
- Mauz I., 2003 : *Histoire et mémoires du Parc National de la Vanoise ; 1921-1971 : la construction, RGA*, coll. « Ascendances », 199 p.
- Mauz I., 2005 : *Histoire et mémoires du Parc National de la Vanoise ; trois générations racontent, RGA*, coll. « Ascendances », 178 p.
- Merveilleux du Vignaux P., 2003 : *L'aventure des parcs nationaux ; la création des parcs nationaux français, fragments d'histoire*, ATEN, 224 p.
- Mose I., (coord.), 2007 : *Protected areas and regional development in Europe. Towards a new model for the 21*st *century*, Ashgate Publishing Limited, 249 p.
- Oraison M., 1970 : *Les conflits de l'existence : s'affronter et s'entendre*, Le Centurion, coll. « Sciences humaines », 127 p.
- *Parcs nationaux de France*, 2007 : « Principes fondamentaux applicables à l'ensemble des parcs nationaux », 7 p.
- Richez G., 1992 : *Parcs nationaux et tourisme en Europe*, L'Harmattan, coll. « Tourismes et sociétés », 421 p.
- Selmi A., 2006 : *Administrer la nature. Le parc national de la Vanoise*, Paris, Éditions de la Maison des sciences de l'homme/Éditions Quae, Collection « Natures sociales », 487 p.

- Terrasson F., 1994 : *La civilisation anti-nature*, éditions du Rocher, coll. « Conscience de la Terre », 302 p.
- Torre A. et Caron A., 2002 : « Conflits d'usage et de voisinage dans les espaces ruraux », *Sciences de la Société*, n° 57, p. 95-113.
- Urbain J.-D., 1991 : *L'idiot du voyage. Histoire de touristes*, Plon, 271 p.
- Viallon A., 2001 : *Protection et développement dans trois parcs nationaux de l'arc alpin. Le cas de Berchtesgaden (Allemagne), Hohe Tauern (Autriche) et Mercantour (France)*, université d'Aix-Marseille I, Thèse de Géographie, 638 p.
- Viard J., 1990 : *Le tiers espace : essai sur la nature*, Méridiens Klincksieck, coll. « Analyse institutionnelle », 153 p.
- Zuanon J.-P., Gerbaux F. et Tron L., 1994 : *1913-1974 : du parc national de la Bérarde, à celui du Pelvoux et enfin des Écrins ; histoire du Premier parc national français*, PNE/ONF, 63 p.

Autres références

- Les textes de loi et les décrets relatifs aux parcs nationaux.
- Les *Atlas du parc national de la Vanoise* (1998), du *parc national des Écrins* (2000), et du *parc national du Mercantour* (2002), édités par le ministère de l'Écologie et du Développement durable.
- Les rapports d'activités et les programmes d'aménagement des différents parcs nationaux.

Dossier n° 11

Gestion du territoire « parc », tourisme et communautés locales : Canada, États-Unis et Australie

Stéphane Héritier

Au XIXe siècle, les pays de la sphère culturelle américano-britannique établirent les premières aires protégées. Elles correspondaient à un double objectif : répondre aux besoins d'un tourisme naissant et protéger les ressources de certains territoires ouverts à la colonisation de certaines formes d'activité humaine. Ce faisant, ils fondèrent une partie de leur approche sur l'idée fausse que ces régions constituaient, peu ou prou, des régions de nature considérée *originelle* – désignée dans le domaine linguistique anglo-saxon sous le terme de *wilderness* –, imaginées comme dénuées de toute présence humaine préalable. Le géographe canadien Harris C. (2001) montre à propos de la Colombie-Britannique que ce concept « *devint d'autant plus important [...] qu'il occulta totalement l'idée d'une autre approche de la terre et de ses ressources en particulier par les Indiens* ». Pour l'historien américain T. Dunlap (1999) cette idée d'une terre « vide », d'une « nature sauvage » – sous-entendue sans présence humaine notable – a formé une « *réalité politique, autant qu'une illusion* » pour les territoires de la colonisation britannique qui furent appelés à devenir le Canada, l'Australie et les États-Unis ; des pays dans lesquels les populations autochtones furent mises à l'écart (au mieux) des dynamiques de création des États modernes et où elles furent assujetties par les dirigeants des nouveaux pays (Beaulieu A., 2006). En plus de ce legs de l'histoire, les similitudes entre les trois pays sont nombreuses : leurs dimensions sont assez voisines (8,7 millions de km^2 pour les États-Unis, 9,3 pour l'Australie et 9,9 pour le Canada). Tous trois connaissent également un peuplement et des densités très déséquilibrées ainsi qu'une présence modeste, en termes numériques, des populations autochtones (environ 1 % de la population aux États-Unis, 2 % de la population australienne et 3,5 % au Canada en 2006).

Ces trois États développèrent pendant le XIXe siècle, à l'instar d'autres pays nés de la colonisation britannique, tels que la Nouvelle-Zélande notamment, des idées de la nature où l'esthétique romantique fut associée à des conceptions philosophiques fortement imprégnées de religiosité, largement débattues dans la littérature académique nord-américaine (Nash, 1982 ; Oelsclaeger, 1991). À l'héritage britannique s'ajoute l'influence de la philosophie américaine, notamment en ce qui concerne la diffusion du transcendantalisme de R.W. Emerson et de H.D. Thoreau. Les réflexions concernant l'environnement (*au sens actuel*) et sa conservation, ainsi que les travaux des naturalistes américains, furent largement repris, en Australie comme en Nouvelle-Zélande (Dunlap, 1999), jusqu'à la diffusion du modèle du parc national après la création du parc de l'État de Californie en 1864 et surtout du parc national Yellowstone en 1872.

Dans les trois pays étudiés, les parcs nationaux (cf. carte en début d'ouvrage) jouent un rôle déterminant dans l'imaginaire national et dans l'économie touristique. Les communautés locales – autochtones et non-autochtones, localisées à l'intérieur ou à la périphérie des aires protégées – sont désormais intégrées à divers degrés dans la politique de protection, la participation aux processus de planification et de gestion, voire à un véritable partenariat (Mitchell, *coord.*, 2002). Ces communautés locales correspondent à des *groupes humains, sédentaires ou nomades, qui partagent et utilisent un territoire de différentes manières* (utilisation des ressources locales, production culturelle, développement de technologies ou de pratiques spécifiques) *en fonction de pratiques quotidiennes ou régulières, caractérisées par une influence mutuelle directe dans leur vie quotidienne* (adapté à partir de Borrini-Feyerabend, *coord.*, 2004).

L'objectif de ce chapitre consiste à saisir quelle place ces populations occupent à l'intérieur et autour des parcs, suite à l'émergence des revendications de participation locale et suite à la reconnaissance internationale des droits ancestraux autochtones (1981 : conférence des ONG sur les droits autochtones et la terre ; 1988 : projet de Déclaration universelle des droits des peuples autochtones, approuvée en 2007). Dans les trois pays de l'étude, les populations locales (autochtones ou non) s'inscrivent aujourd'hui dans des logiques d'intégration qui tranchent avec la phase d'exclusion dont elles avaient fait l'objet jusqu'aux années 1960. Le tourisme, en conférant une visibilité et une fonction aux populations locales, constitue un élément essentiel de cette intégration tout en accélérant la réintégration de ces dernières dans le champ social.

Ainsi, après la période de prise de possession des territoires qui accompagne les premières phases de protection, les populations locales vont progressivement tenter de recouvrer, pendant les quatre dernières décennies du XXe siècle, certains droits et titres sur les territoires protégés. En dépit d'évolutions réelles, le poids des héritages limite encore les possibilités de cogestion.

I. La conservation : prise de possession et recomposition des territoires

Les systèmes de protection dans les trois pays regroupent plusieurs milliers d'aires protégées (*i.e.* 3543 aires protégées en Australie : parcs terrestres, marins et estuariens, réserves, etc. ; selon Common et Norton, 1992) ; l'Australie compte plusieurs centaines de parcs nationaux dépendant des États mais seulement une vingtaine d'aires protégées sont gérées directement par le pouvoir fédéral, dont six sont désignées comme parcs nationaux. En revanche, le nombre de parcs gérés par les agences fédérales atteint 57 parcs aux États-Unis et 43 parcs au Canada[1] en 2008.

A. *Protéger la « nature », protéger les ressources... et en créer de nouvelles*

Trois dates fondent l'histoire des parcs nationaux dans ces pays : 1872 (*Yellowstone*, États-Unis), 1879 (*Royal National Park*, Australie) et 1885 (*Banff*, Canada). Elles marquent la mise en réserve de régions entières, placées sous la tutelle publique permettant de considérer ces pays comme des précurseurs en matière de protection (tableau 12) ; au moment de leur création, ces parcs n'avaient pas pour fonction de protéger l'environnement ou la biodiversité au sens où les scientifiques, les États ou les ONG conversationnistes l'envisagent aujourd'hui.

La paternité d'un phénomène, à la fois philosophique et social, tel que la conservation de la « nature », demeure difficile à établir, mais les auteurs utilisés dans ce travail s'accordent généralement sur l'importance de l'ouvrage fondateur du philologue et diplomate américain J. P. Marsh (cf. introduction). Ce dernier contribua à accélérer la prise de conscience d'une action nécessaire des pouvoirs publics en faveur de la protection de la « nature », tant en Amérique du Nord qu'en Australie (Hall et Page, 2002). L'analyse de Marsh illustrait également l'anthropocentrisme très marqué du moment, caractérisé par la certitude d'une action radicale de l'homme sur les milieux géographiques.

---

1. Précisons que pour les États-Unis et le Canada, l'appellation parc national (quelle que soit la catégorie de l'UICN dans laquelle est classée l'aire protégée) ne se limite pas aux seuls parcs fédéraux. En 2001, les parcs provinciaux du Québec changèrent d'appellation et devinrent les parcs Nationaux du Québec (au nombre de 23 au 1er janvier 2008).

L'établissement et la délimitation des parcs nationaux ont été longtemps fondés sur des conceptions qui accordaient une importance considérable aux dimensions esthétiques mais aussi aux dimensions utilitaristes de la « nature » – surtout pendant les premières décennies. Sellars (1997) rappelle que F. Hayden – un géologue ayant dirigé une expédition dans la région de la rivière Yellowstone avec T. Moran[1] – milita pour placer un vaste territoire sous l'autorité fédérale principalement parce qu'il contenait des manifestations thermales et des paysages spectaculaires. Au XXe siècle, les arguments paysagers furent également essentiels à la création de nombreux parcs terrestres, littoraux et marins[2], renforcés également par un discours de protection plus radical soutenu par les organisations internationales de conservation.

Pendant les premières décennies (post-1872), il ne s'agissait pas exactement de protéger le *wilderness*. Les objectifs premiers consistaient avant tout à offrir aux compagnies ferroviaires, comme à la population de ces pays, la possibilité de disposer d'un vaste espace de ressources et d'activités, notamment touristiques (Banff au Canada, Yellowstone et Glacier aux États-Unis par exemple) et récréatives. Les premiers parcs créés en Australie étaient ainsi destinés à aménager des lieux récréatifs pour les populations urbaines : le *Royal National Park*, établi en 1879, était conçu comme le « poumon vert » de Sydney (Nouvelle Galles du Sud), située à 29 km au nord du parc. Avant sa création, l'espace du parc avait été très transformé par les aménagements, l'exploitation forestière et par l'introduction d'animaux (lapins, cerfs et renards) pour la chasse (*New South Wales*, 2000 ; Hall et Page, 2002 ; http://www.nationalparks.nsw.gov.au, 2007). Le parc national Kosciusko (Alpes australiennes, Nouvelle Galles du Sud) fut également créé en 1967 à partir d'un espace déjà utilisé pour les activités récréatives (stations de ski, chasse) et l'exploitation forestière (Collectif, 1992), bien loin d'être une nature « sauvage ». La protection servit ainsi à protéger les ressources disponibles et à en réglementer l'usage qu'en faisaient les populations occupant ces régions.

---

1. Thomas Moran (1837-1926) constitue le personnage le plus important dans la mesure où ce peintre diffusera des toiles peintes pendant – et après l'expédition – qui serviront à construire une représentation des paysages du parc national Yellowstone aux États-Unis.
2. La création du Parc marin de la Grande Barrière de Corail (fédéral), par le *Great Barrier Reef Marine Park Act 1975*, fut une étape importante en Australie, même s'il n'est pas un parc « national » au sens de l'UICN.

Tableau 12. Principales dates de la conservation de la « nature » en Amérique du Nord et en Australie (N.B. : Les repères internationaux sont disponibles dans le tableau de synthèse en annexe).

États-Unis	Canada	Australie
1832 – Joseph Catlin en appelle à la création de *Nation's Park/* Création d'*Arkansas Hot Springs Reserve.* Développement du transcendantalisme (Emerson, Thoreau : « *in wildness lies the preservation of the world* ») **1872 – Parc National (PN) Yellowstone** (USA), premier parc *national*. Début de l'« *économie de la conservation* »/ John Muir engage une campagne en faveur de la « *nature preservation* ». 1900 – Débuts du « culte » du *Wilderness* (grande nature sauvage) 1916 – Création du *National Park Service.* 1934 – Création du parc national des Everglades 1964 – *Wilderness Act* (E-U) 1973 – *Endangered Species Act.* 1980 – Création de parcs nationaux et provision de Réserves naturelles en Alaska *(Alaska National Interest Lands Conservation Act – ANILCA)* 1987 – *Water Quality Act*	Affirmation d'une représentation romantique de la nature **1885 – Banff Hot Springs Reservation**, puis **Rocky Mountain Park**, il deviendra le **PN Banff** (N.B. : la date de 1885 est officiellement considérée comme la date de création du parc par le ministère du Patrimoine du Canada). 1911 – Loi relative aux réserves forestières et aux parcs (**Forest Reserve and Park Act**) 1930 – Loi sur les parcs nationaux (**National Park Act**) Depuis les années 1960-1970, la nature est étroitement associée à la politique patrimoniale du pays 1970-1980 – Principales tensions environnementales autour de la préservation de l'environnement. 1988 – Nouvelle loi sur les parcs nationaux canadiens (**National Park Act**) 2000 – **Canada's National Park Act** 19 décembre 2001 – la Loi 44 sur les Parcs (votée par l'Assemblée nationale du Québec) porte sur le changement de désignation des parcs provinciaux du Québec qui deviennent les parcs nationaux du Québec.	Une « *New Britannia* » Conception utilitariste et esthétique des paysages australiens Diffusion de l'ouvrage et des positions de J.-P. Marsh 1866 – mise en réserve de *Fish River Caves District* (Blue Mountains) **1879 – The National Park** (en New South Wales) ; renommé **Royal National Park** en 1955. 1891 – *National Park Act* (S.A.) 1934 – *Greater Blue Mountains national Park Scheme Development of Snowy-Indi Proposal* (NSW) 1967 – Création du *NSW National Parks and Wildlife Service* [le *Wilderness* devient un enjeu politique majeur : Little Desert, Great Barrier Reef, Fraser Island and Lake Pedder]. 1975 – *National and Wildlife Conservation Act.* Création du *National Parks and Wildlife Service* (Commonwealth) 1982 – *National Conservation Strategy* 1987 – *NSW Wilderness Act* 1999 – *Environment Protection and Biodiversity Conservation Act* (remplace la loi fédérale de 1975)

Réalisé à partir de Nash, 1982 ; Sellars, 1997 ; Hall et Page, 2002 ; Sites Internet du National Park Service, du ministère du Patrimoine canadien et de la SEPAQ (Société d'exploitation des Parcs du Québec), 2008.

B. Une présence anthropique inégale au bénéfice du contrôle par la puissance publique

Pour dire les choses simplement, le mouvement observé dans ces trois États est à la fois colonial et impérial. Colonial parce que les premiers parcs nationaux sont souvent établis dans des régions correspondant à une forme de maîtrise ou de contrôle territorial, et impérial parce que la prise de possession des terres s'accompagne d'une sujétion des indigènes (en son sens étymologique, *de cette terre*). Un peu partout, le règlement des questions autochtones par les administrations coloniales (la fédération australienne est créée en 1901) s'opère en trois temps : premièrement, une phase de confrontation marquée par une inégale violence selon les pays (les États-Unis étant particulièrement actifs en la matière avec une succession de guerres indiennes pendant les années 1865-1890) ; deuxièmement une période de dépossession territoriale avec, en corollaire, leur isolement dans des réserves ; troisièmement, une tentative d'éradication des cultures autochtones par des politiques actives d'assimilation (Delanoë et Rostkowsi, 1996 ; Trocmé et Rovet, 1997 ; Beaulieu, 2006).

Au Canada, A. Beaulieu (2006) observe que les traités signés entre 1850 et 1876 (notamment sous l'autorité de la partie britannique et anglo-canadienne après la création de la confédération en 1867) « *ont pris la forme d'outils de la dépossession,* [et qu'ils constituent] *des contrats pour transférer le titre à la Couronne, dans le cadre d'un système légal conçu par le colonisateur* ». Il ajoute que « *les traités sont devenus des moyens pour créer des réserves où s'appliquera la politique de tutelle du gouvernement canadien* » (Beaulieu, 2006)... Notons l'exception de la Colombie-Britannique où, à l'instar de l'Australie appliquant la doctrine de la *terra nullius*, aucun traité n'a été signé, car son existence aurait signifié la reconnaissance de droits antérieurs à la colonisation (Pratt, 2004).

Tableau 13. Tableau comparatif des principales étapes de l'histoire autochtone.

	États-Unis	Canada	Australie
	Déclaré indépendant en 1776 contre la volonté de la couronne Britannique	Indépendance négociée (Acte de l'Amérique du Nord Britannique) en 1867	Indépendance négociée en 1901
Modalités de cession des terres et situation des autochtones	Traités et ententes 1924 – Loi de citoyenneté des Indiens 1950-1960 – *Termination Policy* (cf. texte partie 2)	Traités (notamment « traités numérotés » dans l'Ouest et le Nord (1867-1923)) Colombie-Britannique : pas de traités (*Terra nullius*) 1876 – Loi sur les Indiens Années 1960 – politique d'assimilation	Absence de traités et doctrine de la *Terra nullius* 1948 – Reconnaissance des Aborigènes en tant que citoyens Années 1960 – politique d'assimilation 1967 – Référendum accordant au fédéral le pouvoir de légiférer de manière souveraine sur les questions aborigènes.
Principaux cas de contestation	1973 – Occupation de *Wounded Knee* de 1954 à 1976 – Droits des Blackfeet sur le *Glacier National Park* 1980 – U. S. v. *Sioux Nation of Indians* (indemnisation $100 millions dans l'affaire des Black Hills)	1967-1973 – Affaire Calder 1984 – Affaire Guérin 1990 – Affaire Sparrow 1997 – Delgamuukw 1999 – Marshall	1971 – Affaire Milirrpum 1992 – Affaire Mabo (Fin de la doctrine de la *Terra nullius)* 1996 – Affaire Wik
Principales évolutions constitutionnelles ou législatives traduisant une restauration de la place des autochtones dans la société nationale	1944 – Fondation du *National Congress of American Indian* (NCAI) 1968 – Fondation de l'*American Indian Movement* 1957 – *Civil Rights Act* 1971 – *Alaska Native Settlement Act* 1975 – *Indian Self-Determination and Educational Act* 1983 – *Declaration of Indian Policy*	1976 – Lois sur la Baie James et le Nord du Québec 1982 – Loi constitutionnelle *(Constitution Act)* reconnaît trois catégories : Indiens, Métis, Inuit. 1993 – Entente concernant la création du Nunavut 1991-1996 – Commission Royale pour les Peuples Aborigènes (rapport rendu en 1996) 2000 – *Nisga'a Settlement*	1973 – Commission des droits fonciers aborigènes *(Aboriginal Land Rights Commission)* 1976 – *Aboriginal Land Rights Act* (NT) : reconnaissance des droits territoriaux des aborigènes par l'*Heritage Protection Legislation* 1993 – *Native Title Act, Amended* 1998 (Reconnaissance de droits spécifiques : droits coutumiers sur les terres, compensations économiques, etc.)

Réalisé d'après : Dupuis, 1997 ; Altman, 1988 ; Wearing et Huyskens, 2001 ; Harris, 2002 ; Dilsaver et Wycoff, 2005 ; Pratt, 2004.

Symbole ultime de la dépossession, les territoires délimités par les pouvoirs fédéraux aux États-Unis et au Canada et par les États australiens furent en quelque sorte *virginalisés* (Harris, 2002) ; la création des parcs nationaux entérinait le transfert de la propriété des terres aux États, leur permettant juridiquement de déplacer des peuples (souvent nomades) qui occupaient ou utilisaient les régions choisies pour devenir des parcs nationaux. L'exemple le plus connu est sans doute celui de Yellowstone, où les autochtones utilisant les territoires de la région de la rivière Yellowstone furent expulsés après la création du parc, comme d'autres nations autochtones (Lakota, Crow, Bannock, Nez Percé, Flathead et Blackfeet) qui utilisaient régulièrement cet espace. Des affrontements firent plusieurs centaines de morts en 1877 (Kemf, 1993 ; Colchester, 2003) et l'armée fut chargée de l'administration du parc dès 1886, solution qui fut ultérieurement appliquée à Yosemite, Sequoia et General Grant afin, notamment, de faire cesser le braconnage (Sellars, 1997). D'une manière générale, le Canada (à l'exception de la Colombie-Britannique) et les États-Unis se rejoignent par la pratique des traités ou des ententes signés avec les peuples autochtones (tableau 13). Ces textes garantissaient aux populations locales autochtones, en théorie, le maintien de certains droits d'accès aux ressources, notamment cynégétiques et halieutiques. Ces accords furent progressivement réinterprétés en défaveur des Amérindiens pendant le premier tiers du XXe siècle comme le montre l'exemple éclairant du *Glacier National Park* aux États-Unis (Spence, 1996 ; Dilsaver et Wycoff, 2005).

C. La protection par l'exclusion

Dans certains cas, la création du parc est plus récente mais ce dernier condense en un lieu une histoire complexe, marquée par des tensions héritées. C'est le cas du parc national Culgoa (établi en 1996), en Nouvelle Galles du Sud. Il a été créé sur le territoire de plusieurs peuples aborigènes (Morowari, Gandugari, Nandugari, Brinundu, Baragari et Gangugari), progressivement repoussés de leurs territoires sacrés par l'installation de fermiers dès le milieu du XIXe siècle. Des massacres perpétrés par les colons européens puis des épidémies décimèrent une partie de la population aborigène. Les descendants résident aujourd'hui aux limites extérieures du parc dont ils considèrent certaines terres comme des lieux sacrés ou des sépultures (New South Wales, 2001).

Le déplacement ou l'éviction progressive des populations autochtones se sont accompagnés de l'installation de résidents d'origine européenne (dans un premier temps). Ainsi, la vallée de la Bow, qui faisait partie des territoires autochtones depuis plusieurs centaines d'années (notamment des nations Siksika et Stoney) a été soustraite à leur usage au profit de l'installation de cités minières (Canmore ou Exshaw à la périphérie du parc national Banff) ou de villages qui sont devenus de véritables petites villes, telles que Banff (plus de 8500 résidents permanents aujourd'hui), ou de centres d'accueils pour les visiteurs saisonniers dans les parcs de l'ouest canadien, tels que Prince Albert ou Riding Mountain (Héritier, 2006).

Dans les parcs créés après les années 1960 au Canada, des populations résidentes furent expropriées, comme ce fut le cas lors de la création des parcs nationaux Forillon (Québec) et Kouchibouguac (Nouveau Brunswick) (Fortin et Gagnon, 1999). Les travaux de terrain, comme les différentes études (histoire, géographie, sociologie, droit), mettent en évidence un traitement différencié des populations locales. Alors que les réglementations fédérales excluaient les usages traditionnels autochtones – jusqu'à leur présence, à l'exception du divertissant *Indian Day* – dans le parc national Banff (Bradford, 2005), le même État fédéral permettait l'implantation de collectivités locales aux fonctions résidentielles et touristiques. À l'inverse, à l'occasion de la création des parcs nationaux états-uniens en Alaska (en 1980), le gouvernement autorisa des usages traditionnels et coutumiers des résidents ruraux et des autochtones (Héritier et Moumaneix, 2007).

Des années 1870 aux années 1960, la mise en réserve des terres au titre des parcs nationaux s'inscrivit dans une logique conduisant à la prise de possession territoriale. L'exclusion (partielle ou totale) des populations autochtones fut fondée sur le refus de prise en compte d'une quelconque souveraineté sur les terres et les ressources, mais elle permit également la création de communautés allochtones. En s'installant et en développant des activités diverses (agriculture, exploitation minière ou forestière, accueil touristique) elles s'approprièrent un territoire en développant un légitime sentiment de propriété. Cette situation eut pour effet de créer la base de tensions autour des parcs nationaux, qui s'affirmèrent à partir des années 1960-1970 dans les trois pays.

II. Tensions et enjeux territoriaux liés au renouveau autochtone et à l'existence de communautés locales dynamiques

Après plusieurs décennies de politique d'assimilation (assimilation au Canada et en Australie ; fin du soutien fédéral – *termination policy* – et intégration urbaine aux États-Unis) qui avaient globalement opéré une mise à l'écart des populations autochtones, ces dernières ont progressivement recouvré une place effective dans la plupart des négociations territoriales. Les enjeux spatiaux se sont affirmés autour de la question des « droits ancestraux », des droits aborigènes ou des titres de propriété détenus (ou non) par les États.

Ces revendications, particulièrement actives entre les années 1960 et les années 1990 jouent, aujourd'hui encore, un rôle déterminant dans l'identification des tensions exercées autour des parcs nationaux, et des aires protégées en général, et ce d'autant plus que la mise à l'écart pendant plusieurs décennies a contribué à l'installation de populations locales qui estiment pouvoir revendiquer des droits liés à une acquisition foncière ou immobilière tout à fait légale et parfois très ancienne.

A. Reconnaissance et renouveau autochtone

Les revendications amérindiennes aux États-Unis (notamment les revendications politiques violentes dans le cadre des revendications de l'AIM – *American Indian Movement*) ou au Canada et les revendications aborigènes en Australie eurent pour effet de restaurer la place des autochtones en tant que groupes disposant d'une identité spécifique au sein des sociétés états-uniennes, canadiennes et australiennes. Les actions en cour de justice et les évolutions constitutionnelles permirent des avancées considérables en matière de reconnaissance des droits des autochtones sur d'immenses territoires (Berg, *coord.*, 1993 ; Palmer, 2006).

Aborder la question des populations locales « autochtones et non autochtones » et des rapports avec les parcs nationaux nécessite une précision concernant la place relative des individus et des groupes au sein du champ social. Si les populations locales non autochtones disposent des conditions d'accès communes à tout citoyen dans ces trois démocraties (toutes choses égales par ailleurs), les populations « autochtones » sont dans une situation différente car elles revendiquent des droits et des souverainetés (Pratt, 2004) perdus sur une partie – quand ce n'est pas la totalité – des territoires concernés. Et ce d'autant plus qu'elles ont souvent été concernées, à l'échelle des États, par des dynamiques de marginalisation ou d'exclusion sociale (Dickason, 1996 ; Wearing et Huyskens, 2001). Aux États-Unis, Keller et Turek (1998) identifient quatre phases dans l'évolution des relations entre les parcs et les autochtones : l'appropriation unilatérale des terres par le pouvoir fédéral jusqu'à l'établissement du *National Park Service* (NPS) en 1916, une phase pendant laquelle les populations amérindiennes sont négligées par les parcs. Il s'ensuivit une phase de résistance et de défense des intérêts tribaux jusqu'au milieu des années 1960 et enfin une phase de reconnaissance, finalisée par le *Native American Relationship Management Policy* (en 1987), engageant le NPS à promouvoir la présence amérindienne (aspects culturels, professionnels) dans les parcs.

Dans les trois pays, les évolutions de la législation sont le résultat des revendications exprimées à partir des années 1960 (tableau 13). Les années 1970 finalisent et attestent juridiquement de la reconnaissance des droits « ancestraux » autochtones, qui leur avaient été progressivement retirés au cours du XXe siècle par différentes tentatives d'assimilation – qui constituèrent autant d'échecs dans chacun des trois pays. Pratt (2004) rappelle le rôle déterminant, au Canada, des décisions de justice dans l'affaire Calder (en 1973) puis celui de la « Proclamation Royale de reconnaissance des Peuples Indigènes » (RCAP, 1996) précisant que *les droits et titres aborigènes préexistaient à l'occupation non indigène.* Elle ajoute qu'en Australie, il fallut attendre le jugement de l'affaire Mabo (en 1992) pour que « *la loi reconnaisse, aux Peuples Insulaires du Détroit de Torres et aux Aborigènes possédant des droits sur les terres avant 1788 (début de la colonisation britannique), des droits qui peuvent, dans certaines circonstances, survivre à une occupation non-indigène* », marquant la fin officielle de la doctrine de la *terra nullius* (Pratt, 2004 : 50).

B. La prise en compte du rôle des populations locales

La place des populations locales dans les parcs nationaux et à leurs marges est devenue l'un des enjeux majeurs en matière de conservation dans les pays en développement, notamment en Afrique où la participation de ces communautés, dont les territoires sont situés dans l'environnement des parcs et réserves, est devenue un élément déterminant dans les débats ou dans la gestion des parcs (Beltrán, 2000 ; cf. contributions de Rodary et de Guyot dans cet ouvrage).

L'Amérique du Nord et l'Australie participent également de ce processus d'intégration des populations locales résidant à proximité ou à l'intérieur des aires protégées (Fortin et Gagnon, 1999), mais ces évolutions sont en grande partie liées à des changements politiques – et sociaux – en profondeur observés dans ces pays. Au Canada, le premier ministre P.E. Trudeau proposa en 1969 d'abolir les limites existant entre les Canadiens autochtones et le reste de la population canadienne (Morrison, 1997). La constitution canadienne reconnaît, depuis 1982, les droits ancestraux autochtones (article 35) et les protège (Dupuis, 1997), ce qui a conduit à une multiplication des revendications à l'intérieur des parcs. Morisson (1997) rapporte que la Nation Siksika (Blackfoot) avait déposé une demande concernant une portion du territoire du parc national Banff revendiquant des usages ancestraux dont ils considèrent avoir été privés illégalement par le gouvernement[1]. Le 21 juin 2005, le partenariat entre Parcs Canada et les Siksika s'est traduit par l'inauguration d'un centre d'interprétation autochtone ouvert temporairement aux visiteurs du parc (près de 50000 visiteurs enregistrés d'après le journal de Banff, *Crag and Canyon* du 13/02/2007) (cf. cahier couleur).

Cette reconnaissance est même devenue un élément fondamental de la politique des Parcs canadiens : « *L'établissement de relations solides et empreintes de confiance avec les collectivités autochtones continue d'être essentiel à la réussite de Parcs Canada dans l'exécution de son mandat. (...)* [Elle insiste sur] *la collaboration et* [le] *leadership actif des collectivités autochtones*[2]. » Une position officielle reprise par Rona Ambrose, la ministre de l'Environnement canadien : « *Parcs Canada (...) travaille avec les collectivités autochtones pour s'assurer et bénéficier de leur participation dans la préservation et la mise en valeur du patrimoine naturel et culturel du Canada*[3] ». Dont acte ! En Australie, la création de certains parcs et l'activité touristique ont favorisé la réapparition des Aborigènes dans le paysage politique. Dans le cas d'Uluru, une portion de la *Petermann/South West Aboriginal Reserve* fut extraite en 1958 pour constituer le *Ayers Rock-Mount Olga National Park*, géré par le *Northern Territory Reserves Board* (pour le statut des terres, lire Vacher, 2000). En 1977, accompagnant le développement du tourisme, Uluru devint le premier parc (superficie de 132566 ha), créé sous le *Commonwealth National Parks and Wildlife Conservation Act 1975* et sous l'autorité du *National Parks and Wildlife Service* (fédéral) (McNeely, 2005 ; Gouvernement Australien[4]).

Les années 1980 sont le moment d'un changement de politique en matière de participation des Aborigènes en lien avec les parcs nationaux. Mulongoy et Chape (2004) rappellent qu'en 1981, la création du parc national Gurig fut le résultat d'un accord entre le gouvernement du Territoire du Nord et des Aborigènes afin de résoudre un contentieux foncier de manière assez particulière : ils consentaient à la création du parc en échange de la restauration de leurs titres et de leurs droits d'usage sur le territoire du parc. Celui-ci fut doté

---

1. En la matière, lors d'une mission de terrain (juin 2005), j'ai pu assister à une scène particulièrement intéressante aux archives de la ville de Banff associées au Musée *White* : des Anciens (*Elders*) amérindiens, accompagnant un groupe de jeunes enfants et d'adolescents, utilisaient les archives photographiques pour leur présenter une longue généalogie familiale et leur indiquer le contexte de la prise de vue (information parfois transmise par les parents des Anciens). Scène improbable voici une quinzaine d'années, elle traduit une forme de réappropriation mémorielle de la part des peuples amérindiens.
2. http://www.tbs-sct.gc.ca/est-pre/20052006/PAR-PAR/PAR-PARr5602_f.asp (11 novembre 2007).
3. http://www.tbs-sct.gc.ca/dpr-rmr/0506/PAR-PAR/par-par01_f.asp (11 novembre 2007).
4. http://www.environment.gov.au/parks/uluru/ history.html (mars 2008).

d'un comité d'organisation comprenant les représentants du gouvernement et des populations locales traditionnelles ; il était chargé de préparer le plan de gestion du parc, de faire respecter les règles aux propriétaires traditionnels, de déterminer les droits d'accès des autres parties prenantes, et d'assurer la protection des sites sacrés des aborigènes. À propos de ce parc, Colchester (2003) observe dans ce cas, comme dans celui de Kakadu, que la désignation d'un parc national a conditionné la reconnaissance des droits d'usages des Aborigènes sur les territoires des parcs.

Au total, l'évolution des législations nationales et surtout le retour des populations autochtones dans le champ politique leur ont donné les moyens légaux de faire-valoir des droits d'usage (et parfois de propriété) sur des territoires entiers. Cette situation traduit une évolution qui illustre un processus de reconquête post-coloniale qui s'opère par des voies légales ou constitutionnelles. Mais celui-ci conduit à un paradigme étrange, articulant très étroitement droits/revendications autochtones et conservation, qui pourrait évoluer soit vers une plus forte reconnaissance des communautés locales, soit vers une plus nette mise à distance de ces dernières par rapport à chaque société.

III. Formes, difficultés et limites d'une gestion commune

Aux enjeux spatiaux permettant de fixer la place acceptable pour les différentes populations locales (encadré), s'ajoutent des conflits d'usages et de gestion qui alimentent parfois des fortes tensions dans les parcs. La réintégration socio-politique des peuples autochtones est en phase avec une demande de participation active des communautés locales dans la prise de décision et dans la mise en place des politiques publiques.

Les formes de participation à la gestion des aires protégées en Amérique du Nord et en Australie

L'établissement de *nouvelles* relations entre les populations locales (indigènes ou non) et les administrations en charge des parcs nationaux a conduit à l'apparition d'un nombre croissant de termes permettant de les désigner. Trois formes principales sont identifiables. Elles correspondent à des niveaux d'implication distincts de la part des communautés locales en fonction de leur insertion dans le processus de participation et surtout de leur capacité de décision.

a. Pour Halpenny *et al.* (2004), l'expression de gestion *coopérative* est née de l'idée qu'une gestion et une planification des aires protégées étaient possibles afin d'améliorer les relations entre les populations locales, principalement autochtones, et les principaux gestionnaires (dont les administrations des parcs et les agences fédérales).

L'expression est souvent utilisée lorsque les communautés locales (autochtones ou non) prennent part au processus initial de discussion avec les gestionnaires des parcs (Gertsch, 2004).

b. La gestion *collaborative* est définie comme « *les ententes institutionnelles par lesquelles les gouvernements et les autochtones (et parfois d'autres groupes d'intérêts) élaborent des ententes formelles spécifiant leurs droits, leurs pouvoirs et leurs obligations respectifs en terme de gestion et d'attribution des ressources dans certains secteurs* » (*Royal Commission on Aboriginal People* (Canada), 1996, cité dans Weitzner et Manseau, 2001 : 253). Plus largement, elle correspond à une prise de participation effective dans la gestion du parc, fondée sur un accord préalable fixant les limites de la participation. Elle peut également intégrer des populations non autochtones au processus, telles que des municipalités (Banff ou Jasper au Canada), des propriétaires privés (États-Unis, notamment en Alaska) ou des communautés (dans les trois pays).

c. La gestion *associée* ou *conjointe* (*joint management*) souvent désignée sous le terme de *cogestion* (*co-management*) correspond à la mise en place, pour reprendre la définition valide en Australie, d'un « *partenariat légal et d'une structure de gestion qui prenne en compte les droits, les intérêts et les obligations des propriétaires aborigènes du parc, au même niveau que ceux des agences gouvernementales de conservation, agissant au nom de l'intérêt collectif* » (Bauman et Smyth, 2007 : 6). Elle suppose un partage ou plus exactement une égalité effective de responsabilité, de décision et d'intervention sur le territoire du parc, dans le cadre des lois fédérales en vigueur.

Ces trois formes de gestion illustrent la variété des options et des pistes de réflexion empruntées par les acteurs intéressés à la gestion des territoires protégés par une réglementation sur les parcs nationaux. Toutes trois correspondent à des niveaux d'implications différents. Elles ont en commun la participation des populations locales. Lorsqu'il est nécessaire d'évoquer dans ce texte ces trois formes sans distinction, nous employons l'expression *gestion participative*.

La gestion participative correspond ainsi à un signe des temps, vis-à-vis des peuples aborigènes, autant qu'à un état de la démocratie dans les pays concernés (Gertsch, 2004). Elle correspond à l'élaboration de nouveaux modes de gouvernement (gouvernance – *governance* et gérance – *stewardship*) des aires protégées en permettant – ou en acceptant – une meilleure intégration socio-économique des populations. La multiplication des acteurs engagés dans la gestion vient alors, *de facto*, accroître les tensions autour de ces espaces nécessitant des arbitrages complexes.

A. Une lente intégration politique et socio-économique des populations locales

Les différentes formes de gestion participative sont variables selon les trois États. Le problème est exacerbé avec les populations autochtones, car les modalités de gestion participative sont déterminées par la question de leur souveraineté territoriale. Au Canada, les parcs les plus avancés dans ce processus de collaboration, entre les populations locales autochtones notamment et *Parcs Canada*, sont au nombre de quatre : Gwaii Haanas (à la fois Réserve de parc national terrestre et marin, et Site du Patrimoine culturel Haida sur les Îles de la Reine Charlotte, en Colombie Britannique), ainsi que les parcs nationaux Kluane (Yukon), Tuktut Nogait (Territoires du Nord-Ouest) et Wapusk (Manitoba). Jones (1998), directeur technique du programme des pêcheries Haidas, se montrait confiant dans la mise en place consensuelle d'une cogestion de l'aire protégée marine et terrestre. En 2001, Weitzner et Manseau notaient que les Haidas de Gwaii Haanas revendiquaient une cogestion du parc terrestre et marin, parce qu'ils ne reconnaissaient pas à l'État fédéral la propriété foncière du parc. Cette situation explique que, dans bien des cas, la cogestion soit la forme la moins pratiquée (cf. encadré), dans la mesure où les États ne se départent que rarement de leurs prérogatives foncières ou décisionnelles. Dans le cas de Wapusk, une étude récente analyse les difficultés d'élaboration d'une véritable pratique de cogestion en raison de nombreux blocages (difficultés d'intégration des savoirs traditionnels, primauté de la décision fédérale sur toute autre) liés en grande partie au fait que *Parcs Canada*, en tant qu'institution, reflète les blocages d'une partie de la société canadienne (Martin, 2007).

Seale (1995) écrivait, une décennie plus tôt, que la situation du *parc national Wood Buffalo* – à la différence du parc national Auyuittuq (Île de Baffin, Territoires du Nord-Ouest à l'époque, aujourd'hui au Nunavut) – était particulièrement difficile : « *le manque de confiance entre les communautés locales et l'administration des Parcs demeure un sérieux problème pour le parc* [et il] *a des implications dommageables sur les efforts réalisés par le Service Canadien des Parcs pour établir de nouveaux parcs nationaux dans cette région des Territoires du Nord-Ouest* » (Seale, 1995). Aux États-Unis dans le parc national Zion (photo couleur), certains usages traditionnels tels que « *la récolte, la possession et la consommation des fruits, des baies et des noix sauvages [ou domestiques] sont limitées à la quantité consommée dans la journée* » et sont autorisés selon un accord (précisément un *Memorandum of Understanding*) entre les tribus et le parc (NPS, 2006). Dans les parcs fédéraux d'Amérique du Nord, la « réintégration » s'opère très progressivement et très lentement en autorisant un certain nombre de prélèvements sur l'écosystème, dans la mesure où ils correspondaient à des pratiques ancestrales ou à une propriété antérieure à la création du parc.

Les parcs australiens sont à des stades très différents selon la reconnaissance des droits des peuples indigènes mais aussi du support qu'ils apporteront à la perpétuation du parc national (Bauman et Smyth, 2007). La plupart des accords de rétrocession des terres sont conditionnés au maintien du parc (cas du *Garig Gunak Barlu National Park*, Territoires du Nord) ou à la signature d'un bail (de 99 ans comme c'est le cas des parcs Booderee et Uluru-Kata Tjuta) auprès du gouvernement australien contre le règlement d'une somme pour la « location » des terres au titre du parc national : à Uluru-Kata Tjuta, les Anangu, désormais propriétaires légaux de leurs terres ancestrales, bénéficient d'une rente annuelle composée de 150 000 dollars australiens (Aus$) et de 25 % des droits d'entrée (Droit de 25 Aus$ en 2007 pour environ 400 000 visiteurs par an[1]).

Les gouvernements du Queensland (dans les années 1990) et de l'Australie de l'Ouest (depuis 2003) ont établi des ententes avec les Aborigènes sur le modèle d'Uluru, attestant des évolutions dans la reconnaissance autochtone tandis que la Tasmanie et l'État de Victoria n'ont signé, pour le moment, aucune entente de gestion conjointe pour leurs parcs nationaux (Bauman et Smyth, 2007).

B. Intégration et inclusion par l'écotourisme

Le tourisme est, au moins depuis les années 1960, une activité majeure dans les parcs nationaux (Butler et Boyd, 2002 ; Vacher, *à paraître*). Depuis la signature en 2002 de la « *Charte de Cairn sur le partenariat pour l'écotourisme* », l'Australie s'est doté d'un texte de cadrage faisant la promotion des relations entre les institutions publiques, le secteur privé, le secteur associatif et les communautés locales (Buckley, 2004).

Associant diverses ressources des territoires, l'éco-tourisme peut être définit l'écotourisme comme une forme de tourisme « *contribuant activement à la protection du patrimoine naturel et culturel et qui inclut les communautés locales et indigènes dans son développement afin de contribuer à leur bien-être* » (Gagnon et Gagnon, 2006, p. 3). Ce processus actif de participation des populations locales à la prise de décision fait appel à la notion de *gérance*. Elle est définie comme l'ensemble des *efforts engagés pour créer, nourrir et assurer aux propriétaires et aux utilisateurs des ressources, gérer et protéger les terres, ainsi que le patrimoine culturel et naturel* (Brown et Mitchell, 2006). *Parcs Canada* utilise la notion de « *gérance environnementale* » (*Parcs Canada*, 2004), à savoir l'établissement d'une responsabilité de tous les acteurs et les utilisateurs de l'environnement dans la gestion et la protection des ressources (eaux, déchets, etc.), considérées comme un patrimoine collectif.

1. Remerciements à L. Vacher pour cette information.

Plus généralement, dans les jeux de pouvoir pour le contrôle de l'espace, les revendications culturelles et politiques sont très liées au contexte touristique. Les communautés aborigènes savent qu'il est aujourd'hui politiquement incorrect de remettre en question leurs droits religieux. Elles tirent d'autant plus avantage de cette situation, que certaines formes de tourisme (écotourisme, tourisme solidaire) revendiquent le respect des peuples « indigènes ». Pour le touriste, cette attitude passe par l'observation d'un certain nombre de règles : le visiteur averti n'escalade plus Uluru par égard pour les populations aborigènes – les prospectus distribués aux visiteurs et un panneau indiquant « *No climbing, Please* » recommandent de ne pas faire l'ascension (Poncet, 2002) (cf. photo cahier couleur). Le cheminement dans un espace « sacré » et le respect des tabous participe à la valorisation du lieu aux yeux de certains touristes[1] ; en retour, il contribue à reconnaître et à valider la légitimité des revendications territoriales aborigènes[2]. La participation active des populations locales conduit aussi à entretenir des difficultés concernant la manière d'assurer la protection des biens naturels et culturels. Elle fait apparaître des enjeux plus vastes liés à la gestion des parcs nationaux ou à l'accès aux visiteurs. Digance (2003) évoque un épisode qui montre les tensions induites par la confrontation d'intérêts économiques et culturels : en mai 2001, une personne de la communauté Anangu mourut. En signe de respect, l'administration du parc national Uluru-Kata Tjuta décida initialement d'interdire l'accès au monolithe principal pendant vingt jours, mais les pressions des opérateurs touristiques conduisirent à la réouverture du site au bout de douze jours.

La réintégration politique des autochtones leur a permis de disposer d'une reconnaissance équivalente, voire parfois supérieure, aux autres communautés locales. Ils sont devenus des interlocuteurs à part entière des instances publiques, fédérales, étatiques ou provinciales et participent de plus en plus – encore insuffisamment au goût d'un certain nombre – à l'élaboration de la gestion, à la promotion des parcs. L'écotourisme constitue une solution empruntée par les acteurs locaux pour arbitrer ou régler les tensions qui peuvent survenir (Fortin et Gagnon, 1999).

---

1. L'étude de Hannah Hueneke sur *Uluru* (2008) montre que la différence des pratiques tient à des modalités d'accès et à la réceptivité au discours des Anangu : les Japonais (83 % font l'escalade) et les Anglais (42 %) montent plus systématiquement sur le monolithe que les Australiens (39 %) qui eux-mêmes montent plus que les Américains (23 %) ou les Allemands (20 %).
2. Ces lignes doivent beaucoup à Luc Vacher, que je tiens à remercier pour ces informations.

Conclusion : Une véritable gestion participative encore en devenir

Les quatre dernières décennies ont été marquées par le retour progressif sur la plupart des continents des communautés locales dans le champ politique. Longtemps exclues des parcs nationaux, les populations locales, en particulier indigènes (Aborigènes, Amérindiens, Métis, Inuit), ont retrouvé un statut à part entière dans les trois pays à la suite d'actions judiciaires et parfois d'avancées constitutionnelles (Palmer, 2006). La reconnaissance internationale des droits des peuples autochtones par l'ONU a été également déterminante.

La mobilité touristique a joué, de surcroît, un rôle non négligeable : justification de la dépossession dans un premier temps (Spence, 1996), le tourisme est devenu progressivement un enjeu de participation des communautés locales. Actuellement, l'activité touristique demeure globalement contrôlée par des communautés locales[1] non autochtones, installées (souvent) à la suite de la création des parcs : les centres d'accueil (Héritier, 2006), les hébergements, les commerces sont détenus, dans leur immense majorité, par les membres des communautés locales non autochtones (à l'inverse dans le parc national Uluru, les Aborigènes sont particulièrement actifs dans le secteur des services offerts aux visiteurs), une situation qui n'est pas sans conduire à des demandes de plus en plus nombreuses d'inclusion économique de la part de ces communautés. L'écotourisme leur offre alors une opportunité de développer des activités leur permettant d'intégrer le champ socio-économique et de devenir de véritables acteurs décisionnels selon des degrés divers.

L'enjeu principal se situe précisément dans la capacité des communautés locales à participer au processus d'élaboration des décisions publiques qui se formalisent le plus souvent par les politiques et les plans de gestion des parcs. Les municipalités, les populations, les acteurs économiques locaux et les nations autochtones vivant le long de l'embouchure du Saguenay (Fortin et Gagnon, 1999), ainsi que les Aborigènes du parc national Kakadu (Ryan, 1998), l'ont bien compris. Par le processus d'établissement des parcs terrestres ou marins, ils participent activement au développement de leurs territoires respectifs. Cette remarque posée, reste la question du bilan de la participation des communautés locales à la gestion des parcs. La situation demeure délicate pour deux raisons : la première est liée à la question de la souveraineté des territoires concernés. À quelques exceptions près, les gouvernements (fédéraux, d'États ou de Provinces) ne sont pas prêts à laisser les clés de la souveraineté territoriale aux communautés locales autochtones. Les

1. Ce qui n'exclut pas la présence d'opérateurs touristiques extérieurs au territoire ni la présence de grandes sociétés prestataires de services hôteliers.

plans de gestion des parcs américains montrent des concessions modestes de la part du gouvernement fédéral, à part dans le cas particulier des parcs de l'Alaska ; l'Australie est caractérisée par des situations très inégales où la cogestion coexiste avec une très faible prise en compte des attentes ou des revendications des communautés locales ; le Canada fait preuve d'une volonté de gestion participative imposée par les évolutions constitutionnelles et par la demande sociale.

La seconde est déterminée par la part d'autorité dont les États acceptent de se départir : les parcs canadiens doivent être gérés « *conformément à la loi des parcs nationaux* », qui considère que *Parcs Canada* dispose de l'autorité ultime, rendant illusoire la cogestion souvent énoncée à tort dans les plans directeurs et qui supposerait un partage réel de la capacité de décision. En Australie, là où la cogestion est effectivement mise en place par des conseils paritaires entre les communautés locales et les représentants des pouvoirs publics en charge des parcs, l'État se garantit toutefois un droit de regard foncier en exigeant de louer les terres pour une longue période.

Coopération et collaboration constituent ainsi les formes les plus répandues, actuellement, de gestion participative dans les parcs nationaux nord-américains et australiens (nous n'avons pas abordé dans ce texte la question des *Indigenous Protected Areas*). Il semble que les États ne soient pas prêts à concéder un partage de souveraineté ou, au minimum de leur pouvoir décisionnel concernant les parcs, une situation qui peut apparaître quelque peu paradoxale au regard des discours concernant la responsabilité environnementale collective incluse dans la notion de *gérance* et la demande très forte d'une participation plus importante de toutes les parties prenantes (*stakeholders*) en réponse à l'appel à une meilleure gouvernance…

Bibliographie

- Altman J.-C., 1988 : *Aborigines, Tourism, and Development: The Northern Territory Experience*, Darwin, Australian National University North Australia Research Unit, 345 p.
- Bauman T. et Smyth D., 2007 : *Indigenous Partnerships in Protected Area Management in Australia: Three Case Studies*, Canberra, Australian Institute of Aboriginal and Torres Strait Islander Studies, 152 p.
- Beaulieu A., 2006 : « Les traités avec les autochtones du Canada », in Gros C. et Strigler M.-Cl. (coord.), 2006, *Être indien dans les Amériques*, Paris, Éditions de l'Institut des Amériques, 314 p.
- Beltrán, J. (coord.), 2000 : *Indigenous and Traditional Peoples and Protected Areas: Principles, Guidelines and Case Studies*. IUCN, Gland, Switzerland and Cambridge, UK and WWF International, Gland, Switzerland, xi + 133 p.

- Berg L., Fenge T. et Dearden Ph., 1993 : "The Role of Aboriginal People in National Park Designation, Planning and Management in Canada", p. 225-255 in Dearden Ph. et Rollins R. (coord.), *Parks and Protected Areas in Canada, Planning and Management*, Toronto, Oxford University Press, 336 p.
- Borrini-Feyerabend G., Kothari A. et Oviedo G., 2004 : *Indigenous and Local Communities and Protected Areas: Towards Equity and Enhanced Conservation*, IUCN, Gland, Switzerland and Cambridge, UK, xviii + 111 p.
- Bradford T., 2005 : "A usefull Institution: William Twin, 'Indianness', and Banff National Park, c. 1860-1940", *Native Studies Review*, vol. 16, n° 2, p. 77-98.
- Brown J. et Mitchell N., 2006 : "Partnership and Protected Landscapes: New Conservation Strategies that Engage Communities" in Harmon D., *People, Places and Parks: Proceedings of the 2005 George Wright Forum Society Conference on Parks, Protected Areas, and Cultural Sites*, Hancock, Michigan: The George Wright Society.
- Buckley R., 2004 : "Partnership in Ecotourism: Australian Political Framework", *International Journal of Tourism Research*, n° 6, p. 75-83.
- Butler R.W. et Boyd St.W. (coord.), 2002 : *Tourism and National Parks, Issues and Implications*, Chichester, John Wiley and Sons, Ltd., 342 p.
- Collectif, 1992, « Les Alpes australiennes/The Australian Alps », *Revue de Géographie Alpine*, tome LXXX 1992, n° 2-3, 553 p.
- Common M.S. et Norton T.W., 1992 : "Biodiversity: Its Conservation in Australia", *Ambio* vol. 21 n° 3, May 1992, p. 61-78.
- Colchester M., 2003 : *Nature sauvage, nature sauvée? Peuples autochtones, aires protégées et conservation de la biodiversité*, Montevideo, Mouvement mondial pour les forêts tropicales, 151 p.
- Delanoë N. et Rostkowsi J., 1996 : *Les Indiens dans l'histoire américaine*, Paris, Armand Colin, 190 p.
- Dickason O.P., 1996 : *Les premières nations du Canada, depuis les temps les plus lointains jusqu'à nos jours*, Sillery (Québec), Les éditions du Septentrion, 508 p.
- Digance, J., 2003 : "Pilgrimage at Contested Sites", *Annals of Tourism Research*, vol. 30, n° 1, p. 143-159.
- Dilsaver L.M. et Wycoff W., 2005 : "The Political Geography of National Parks", *Pacific Historical Review*, vol. 74, n° 2, p. 237–266.
- Dunlap Th.R., 1999 : *Nature and the English Diaspora, Environment and History in the United States, Canada, Australia, and New Zealand*, New York, Cambridge University Press, 350 p.
- Dupuis R., 1997, *Tribus, Peuples et Nations. Les nouveaux enjeux des revendications autochtones au Canada*, Québec, Boréal, 170 p.
- Fortin M.-J. et Gagnon C., 1999 : "An assessment of Social Impacts of National Parks on Communities in Quebec". *Environmental Conservation*, vol. 26, n° 3, p. 200-211.
- Gagnon C. et Gagnon S. (coord.), 2006 : *L'écotourisme entre l'arbre et l'écorce. De la conservation au développement viable des territoires*. Québec, Presses de l'université du Québec, 414 p.
- Gertsch Fr., Dodds Gr., Manseau M. et Amagoalik J., 2004 : « Recent Experiences in Cooperative Management and Planning for Canada Northernmost National Parks: Quttinirpaaq National Park on Ellesmere Island », in Munro N.P. (coord.), *Making Ecosystem Based Management Work: Connecting Managers and Researchers, Proceedings of the Fifth International Conference (Victoria) on Science and Management of Protected Areas*, 11-16 May 2003, Wolfville, Nova Scotia, Canada: SAMPAA (accessible en ligne).
- Hall C.M. et Page S.J., 2002 : *The Geography of Tourism and Recreation, Environment, Space and Place*, London, Routledge, 399 p. [2e édition]
- Halpenny El., (coord.), 2004 : "Cooperative Management in National Parks", in Munro N.P. *(coord.)*, *op. cit.*

- Harris C., 2001 : « À la recherche de la *Wilderness* en Colombie Britannique (Canada) », *Hommes et Terres du Nord*, 2001/3, p. 159-165.
- Harris C., 2002 : *Making Native Space. Colonialism, Resistance, and Reserves in British Columbia*, Vancouver, UBC Press, 415 p.
- Héritier S., 2002 : *Environnement et Patrimoine, Tourisme et Aménagement dans les parcs nationaux des montagnes de l'Ouest canadien (Banff, Jasper, Yoho, Kootenay, Revelstoke, Glacier, Lacs Waterton)*, Doctorat de Géographie, université de Savoie, 398 p.
- Héritier S., 2006 : « Espaces urbanisés et parcs nationaux : le défi de la gestion des espaces urbanisés dans les parcs nationaux de l'Ouest du Canada », *Norois*, n° 199 (2), p. 61-76.
- Héritier S. et Moumaneix C., 2007 : « Protection et gestion dans les parcs nationaux canadiens et états-uniens. Quelques enjeux actuels », *Cahiers de Géographie du Québec*, Vol. 51, n° 143, septembre 2007, p. 155-176.
- Hueneke H., 2008 : *Uluru : To Climb or not to Climb? : "The Sacred Deed Done at Australia's Mighty Heart"*, Degree of Bachelor of Arts/Science with Honours in the School of Resources, Environment and Society, Australian National University, 96 p.
- Jones R., 1998 : "Accounting for First Nation Interests in Marine Protected Areas", p. 317-324, in Munro N.W.P. et Willison J.H.M. (Eds), *Linking Protected Areas with Working Landscapes Conserving Biodiversity*, Proceedings of the Third International Conference on Science and Management of Protected Areas, 12-16 may 1997, Wolfville, Canada, SAMPAA, 1 018 p.
- Kemf El. (coord.), 1993 : *Indigenous People and Protected Areas. The Law of Mother Earth*, London, Earthscan Publications Ltd., 480 p.
- Keller R. et Turek M., 1998 : *American Indians and National Parks*, University of Arizona Press, Tucson, 319 p.
- Marsh G.P., 1965 : *Man and Nature. Or, Physical Geography as Modified by Human Action*, Cambridge, Massachusetts, The Belknap Press of Harvard University Press, éditions David Lowenthal, 1re édition 1864, 472 p.
- Martin T., 2006 : "Co-management of a National Park : The Wapusk National Park's Experience, *Études Canadiennes/Canadian Studies*, 2006/61, p. 139-148.
- McNeely J.A. (coord.), 2005 : *Friends for Life : New Partners in Support of Protected Areas*. IUCN, Gland, Switzerland and Cambridge, UK, ix + 232 p.
- Mitchell N., (coord.), 2002 : "Local Community Leadership : Building Partnerships for Conservation in North America", in *Parks*, vol. 12, n° 2, p. 55-66.
- Morrison J., 1997 : "Protected Areas, Conservationists and Aboriginal Interests in Canada", in *Social Change and Conservation*, éditions K. B. Ghimire et M. P. Pimbert, Londres, Earthscan, 342 p.
- Mulongoy K.J. et Chape S.P. (coord.), 2004 : *Protected Areas and Biodiversity : An Overview of Key Issues*, CBD Secretariat, Montreal, Canada and UNEP-WCMC, Cambridge, UK, 52 p.
- Nash R., 1982 : *Wilderness and the American Mind*, New Heaven et London, Yale University Press, (3e édition, 1967), 425 p.
- *New South Wales*, 2000 : *Royal National Park, Heathcote National Park and Garawarra State Recreation Area Plan of Management*, Sydney, NSW National Parks and Wildlife Service, February 2000, 72 p.
- *New South Wales*, 2001 : *Culgoa National Park, Draft Plan of management*, Sydney, NSW National Parks and Wildlife Service, December 2001, 39 p.
- *NPS*, 2006 : *Zion National Park, 36 CFR 1.7 (b), Compendium, May 1, 2006*, Intermountain Region, National Park Service, U.S. Department of the Interior, 13 p.
- Oelschlaeger M., 1991 : *The Idea of Wilderness, From Prehistory to the Age of Ecology*, New Haven and London, Yale University Press, 477 p.

- Palmer L., 2006 : "'Nature', Place and the Recognition of Indigenous Polities", *Australian Geographer*, vol. 37, n° 1, p. 34-43.
- *Parcs Canada*, 2004 : *Parc national Banff du Canada.* Plan directeur, Ottawa, ministère des travaux publics et des services du Gouvernement du Canada, 111 p.
- Pratt A., 2004 : "Treaties *vs.* Terra Nullius : 'Reconciliation,' Treaty-Making and Indigenous Sovereignty in Australia and Canada", *Indigenous Law Journal*, vol. 3, Fall 2004, p. 43-60.
- Poncet P., 2002 : *L'Australie du tourisme ou la société de conservation*, Thèse de doctorat en Géographie, université Paris 7 – Denis Diderot, 377 p.
- RCAP [Royal Commission on Aboriginal People], 1996 : vol. 1 : *Looking Forward Looking Back*, vol. 2 : *Restructuring the Relationship*, Ottawa, Minister of Supply and Services Canada (disponible en ligne).
- Ryan C., 1998 : "Kakadu National Park (Australia). A site of Natural and Heritage Significance", p. 121-138, in Shackley M., *Visitor Management. Case Studies from World Heritage Sites*, Oxford, Butterworth-Heinemann, 252 p.
- Sanguin A.-L., 1991 : « Montagnes sur le Pacifique : le nouveau parc national de *Gwaii Haanas* (Îles de la Reine Charlotte, Colombie Britannique) », *Études Canadiennes/Canadian Studies*, n° 31, p. 21-30.
- Seale R.G., 1995, "Aboriginal Societies, Tourism, and Conservation : The Case of Canada's Northwest Territories", p. 234-242 in McNeely J.A. (coord.) *Expanding partnerships in Conservation*, Washington, D.C., Island Press, IUCN – The World Conservation Union, 302 p.
- Sellars R.W., 1997 : *Preserving Nature in the National Parks, a History*, New Heaven et London, Yale University Press, 380 p.
- Spence M.D., 1996 : "Crown of the continent, Backbone of the World. The American Wilderness Ideals and Blackfeet Exclusion from Glacier National Park", *Environmental Conservation*, 1, n° 3, July 1996, p. 29-49.
- Trocmé H. et Rovet J., 1997 : *Naissance de l'Amérique moderne, XVI*e*-XIX*e *siècle*, Paris, Hachette, coll. « carré histoire », 255 p.
- Wearing S. et Huyskens M., 2001 : "Moving on from Joint Management Policy Regimes in Australian National Parks", *Current Issues in Tourism*, vol. 4, n° 2-4, p. 182-209.
- Weitzner V. et Manseau M., 2001 : "Taking the Pulse of Collaborative Management in Canada's National Parks and National Park Reserves : Voices from the Field", p. 253-259, in Harmon D. (coord.) *Crossing Boundaries in Park Management : Proceedings of the 11th Conference on Research and Resource Management in Parks and on Public Lands* (Hancock, Michigan : The George Wright Society, 2001), 426 p.
- Vacher L., 2000 : « Le Bush, espace du mythe australien ou comment l'Australie rêve son territoire », *Mappemonde*, 2000, 60/4, p. 18-23.
- Vacher L., *à paraître*, « La construction de l'espace touristique de la grande Barrière de Corail : entre protection de l'environnement et modifications de l'accessibilité au récif », dans Dehoorne O. et Joseph P. (coord.), *Tourisme et environnements littoraux dans l'espace intertropical*, université des Antilles et de la Guyane.

Sitographie

- History in the Royal National park http://www.nationalparks.nsw.gov.au/parks.nsf/parkcontent/n0030?opendocumentetparkkey=n0030ettype=xk, 28-12-2007.
- http://www.banffcragandcanyon.com (30 décembre 2007)
- Gouvernement australien, http://www.environment.gov.au/parks/uluru/history.html (15/04/2008)
- Gouvernement australien, http://www.environment.gov.au/parks/uluru/visitor-information/index.html (16/04/2008)

Perspectives

Les parcs nationaux : de la gestion à l'évolution de la recherche

Stéphane Héritier
Lionel Laslaz

Cet ouvrage consacré aux parcs nationaux dans le monde a permis de dresser un tableau assez vaste des modalités de gestion de ce type d'aires protégées. Sans prétendre à l'exhaustivité, il offre l'opportunité de confronter les exemples nationaux avec des synthèses régionales, afin de prendre le pouls d'un phénomène dont l'importance a été renforcée par les attentes de « développement durable ». Les textes ont insisté sur la dimension sociopolitique des mesures de protection, longtemps occultée par la toute-puissante, consensuelle et monothétique biodiversité. Ces quelques pages de perspectives n'ont pas pour objectif de clore des analyses et des débats désormais largement investis par les sciences sociales et la société dans son ensemble. Elles visent plutôt, au-delà des éléments de synthèse, à lancer quelques pistes de recherche.

I. La gestion : un puissant révélateur des dilemmes contemporains de protection

Les études recueillies dans cet ouvrage montrent d'abord que les évolutions sont significatives. En terme de protection, c'est la prise en compte croissante des populations occupant les parcs, ou celles situées à leurs marges. C'est aussi la volonté – réelle ou intéressée – d'une plus grande participation de ces sociétés locales à la mise en réserve et à l'animation des territoires protégés dans le cadre du tourisme et de la modernisation des activités agro-sylvopastorales. Cette conception, plus intégratrice des populations que par le passé, implique des modalités de gestion renouvelées pour les parcs nationaux. Ces mutations s'observent dans trois domaines :

1. la gestion de la diversité des écosystèmes (plus large que la simple biodiversité) se caractérise par une attention aux opérations de protection d'espèces spécifiques, à leur régénération, à des interventions en faveur de la restauration partielle ou totale des écosystèmes ;
2. la gestion de la fréquentation s'opère de manière complexe selon les conditions de la régulation effectuée par les pouvoirs publics et la demande de « nature » qui sert souvent à financer les aires protégées. Mais le tourisme mondialisé appelle en retour à repenser des modes de préservation des écosystèmes, retissant le lien *écoumènal* pour reprendre le mot d'A. Berque ;
3. la gestion du patrimoine est devenue une manière commode de proposer aux visiteurs (et de donner aux gestionnaires) une vision plus complexe de la réalité des parcs associant, par l'intermédiaire de l'héritage commun, les sociétés à leurs territoires. La conséquence logique consiste à entériner la fin de la phase d'exclusion quasi-systématique des populations – voire de leur souvenir – qui prévalait dans de nombreux pays, tendance déjà souhaitée par le Congrès mondial sur les Parcs de 1982. Elle conduit aussi à diminuer une certaine forme de supériorité intellectuelle des scientifiques chargés du suivi biologique sur les usages locaux, qui s'appuie sur l'argument d'une nécessaire « éducation à l'environnement » des populations. Les parcs apparaissent également comme des symptômes des sociétés qui les produisent, comme le suggère E. Rodary dans son texte : « *Si les parcs se présentent comme des objets destinés à pallier les déficiences écologiques du monde moderne, ils ne sont évidemment pas extérieurs à ce monde et en suivent au contraire les dynamiques profondes* ». L'inscription sociale des dynamiques spatiales et temporelles des parcs nationaux interpelle dès lors leurs objectifs.

II. Quelle finalité des parcs nationaux ? Nombre, taille, limites : sens et vacuité des indicateurs de mesure

Considérer la finalité des parcs dans le nombre ou dans la superficie totale protégée résumerait les enjeux de préservation à une approche comptable, sans véritablement interroger leur fonctionnement. L'augmentation soutenue du nombre des parcs nationaux et des autres formes d'aires protégées, sorte de fuite en avant, de course aux standards mondiaux et aux attentes internationales, atteste sans doute de l'importance accordée à l'environnement par les États et par les sociétés. Mais cette croissance doit-elle se poursuivre et s'étendre à un monde basé sur une opposition entre les espaces protégés et l'écoumène, ce dernier représentant un monde « fini » ?

La superficie couverte par les parcs nationaux s'avère d'ores et déjà très étendue. Quelle proportion de la surface terrestre faut-il protéger pour la sauvegarde de la biodiversité et plus largement de la *géodiversité* (au sens de C. Grenier) ? À l'échelle de la planète, répondre à cette question pose deux problèmes : l'inventaire des espèces n'est pas achevé et de nouvelles formes de vie sont découvertes chaque année ; idéalement, la protection devrait prendre en considération les dynamiques complexes des écosystèmes, mais les contingences administratives et politiques l'emportent fréquemment. À propos des aires protégées en général, Roe et Hollands (2004) s'interrogent : « *How much is enough?* » Combien d'aires protégées sont en effet nécessaires et, au-delà, arrive-t-on aux limites de ce mode de protection des écosystèmes ? Les auteurs soulignent la nécessité de privilégier la qualité à la quantité, cette dernière occultant la gestion. Ils postulent que le dépassement des objectifs internationaux annoncés lors du Congrès de Caracas (1992), fixant à 10 % du globe les surfaces protégées en 2003 (12 % atteints à cette date), cache une faible efficacité du système et que la confrontation des résultats s'avère nécessaire avant de poursuivre les créations. S. Déry (2008, p. 81) a souligné cet élan pour cinq États d'Asie du Sud-Est (Thaïlande, Vietnam, Laos, Cambodge, Birmanie). Dans ces pays, le nombre d'aires protégées est passé de 17 à 347 de 1965 à 2005 pour 18 millions d'hectares (9 % de la superficie terrestre de ces États) ; elles ont été utilisées comme support d'affirmation nationale, tout en tirant partie des aides internationales.

Quant aux critères d'efficacité qui seraient basés sur la dimension des espaces protégés, ils appartiennent plus à un jeu de rapports de force qu'à une véritable recherche de « bon » fonctionnement. Les parcs nationaux entretiennent toujours le paradoxe de la vastitude, l'image d'« *espace infini* » (J. Muir) ou de « *grands espaces* » (Samivel) alors qu'ils sont bornés, annoncés par des balises et marquages, parfois clôturés. A. Fournier (2004) insiste sur les orientations prises lors du congrès mondial sur les parcs à Durban, privilégiant des petites aires plus efficaces qu'une grande et des « *écosystèmes résilients aux perturbations* », les parcs nationaux étant désormais vus comme des éléments parmi d'autres d'un ensemble fonctionnel intégré (« *matrice* »). Les classifications atteignent aussi certaines limites. Près de 42 % (en 2003) des aires protégées du globe n'appartiennent à aucune des 6 catégories déterminées par l'UICN. Ne faut-il pas voir là une remise en cause de cette volonté de « tri » ?

D'une manière générale, et en dépit des critiques qui leur sont portées, les parcs et autres aires protégées révèlent des intérêts aussi divers que complémentaires : *scientifiques*, parce qu'ils permettent de sortir des laboratoires et offrent des échelles variées d'observation et d'analyse des dynamiques des milieux. Les difficultés de financement rencontrées dans certains pays, tels que l'actuelle Russie, sont partiellement compensées par l'expertise scientifique très soutenue dans d'autres (Canada ou États alpins). Ensuite, un intérêt collectif *patrimonial* ou plus largement *culturel*, implicite dans l'expression parc *national*. L'intérêt *économique* constitue le troisième aspect le plus souvent présenté, notamment depuis que certains espaces protégés sont devenus des outils du développement local. Il est parfois associé à la question de la « marchandisation » composite de l'espace protégé. Celle-ci répond, selon les cas, à des impératifs structurels, notamment lorsqu'est appliqué le principe de l'utilisateur-payeur ; ce fut le cas aux États-Unis, au Canada ou en Australie où les gouvernements, parallèlement à une politique de réduction drastique des dépenses publiques, ont conditionné la fréquentation des parcs au paiement d'un droit d'entrée. Ces droits prélevés sur les touristes occupent une part importante dans le budget des administrations des parcs. Dans d'autres cas, les impératifs conjoncturels impliquent une recherche temporaire ou durable de financements, comme dans certains *zapovedniks* et parcs nationaux en Russie.

Ressurgit alors une question récurrente : les parcs sont-ils efficaces ou inopérants ? Les deux réponses peuvent être argumentées de manière légitime : la défense de l'efficacité du parc comme outil de protection met en avant les succès observés en matière de maintien de la biodiversité ou par des opérations de réintroduction d'espèces disparues (telles que le loup, provenant du parc national canadien Banff dans le parc de Yellowstone). Mais les parcs révèlent aussi un échec relatif car ils continuent d'être conçus et gérés autour des questions de limites (territoriales et d'usages). Les travaux de la fin des années 1990 (*Parks*, 1999) sur l'évaluation de l'efficacité des espaces protégés ont proposé une grille programmatique tenant compte du contexte, sollicitant la planification et le suivi du processus, questionnant les résultats (Hockings, 1998 et 2000).

Le rejet ou la critique de toute forme de présence humaine (même touristique) pose la question de la finalité de la protection : pour quoi et pour qui protège-t-on, si la présence humaine n'est pas souhaitée ? Depuis le milieu des années 1970, la conception de parcs nationaux assurant une protection de repli, par isolement du monde humanisé, a progressivement été abandonnée par les gestionnaires des parcs nationaux d'Amérique du Nord. En 1982, le congrès mondial sur les parcs de Caracas insistait sur des limites non plus linéaires, mais zonales et sur le fait que les populations concernées pussent plus largement bénéficier de la présence des parcs. J. Fall (2002) rappelle que les conceptions des gestionnaires évoluent progressivement et que les limites « *gagnent en porosité* », soient « *intégrées dans l'usage que les hommes ont du territoire* » pour être considérées comme des « *filtres* », supposés ne pas forcément laisser les hommes à l'extérieur. Maintenir ces parcs intangibles et fermés, essayer d'atténuer les effets de discontinuité (contamination « vertueuse » de la protection hors de celles-ci), expansion en réseau, parcs sans limite ou au contraire basés sur des frontières « naturelles », c'est-à-dire des unités écologiques, autant de pistes de réflexion qu'ont explorées les gestionnaires.

Pour C. Grenier (1999), le concept de « parc naturel » est désormais « *périmé* » à l'heure de la mondialisation, par perte de « naturalité » (puisqu'il s'agit d'une production humaine et à la fois parce qu'elle s'appuie sur la délimitation de l'espace). La globalisation n'empêche cependant pas le maintien de limites et de discontinuités territoriales, qu'elles soient politiques, économiques, ou conservationnistes (et le texte de L. Médina-Nicolas l'illustre pleinement). La mondialisation tend même à renforcer les assises territoriales nationales ; la remise en cause du modèle « parc naturel » est ainsi plus d'ordre éthique et fonctionnel.

III. Au-delà des limites, pertinence et fonctionnalité des parcs transfrontaliers, corridors et autres réseaux de protection

Au demeurant, les lenteurs et les réticences observées autour des parcs transfrontaliers (ou internationaux) révèlent que les questions de souveraineté demeurent plus importantes pour les États que toute autre considération. Ainsi, des parcs internationaux les plus anciens, tels que Le Parc International de la Paix Warterton-Glacier (Héritier, 2004) aux parcs de la Fraternité ou de l'Amitié (L. Médina-Nicolas dans cet ouvrage) traduisent toute la retenue des États à établir de véritables gestions conjointes sur des espaces partagés. La fusion de ces parcs en une seule entité protégée constituerait à n'en point douter un atout précieux, mais les conditions internationales qui prévalent actuellement ne semblent pas permettre de diffuser de telles réalisations dans un avenir proche. C'est le sens de la réunion sous le titre de *Great Limpopo Transfrontier Park* entre les parcs nationaux Kruger (915 503 ha, Afrique du Sud), Limpopo (120 000 ha, Mozambique) et Gonarezhou (505 300 ha, Zimbabwe), raccordés par le *Sengwe Corridor*.

Administrativement et d'un point de vue foncier, les frontières continuent d'exister mais elles ne servent plus de limites mentales à la prise en compte de la conservation d'écosystèmes plus vastes, ni à la mise en place de coopérations – au moins de tentatives – à différentes échelles : localement, la volonté de croissance économique des communautés, autochtones ou non, renforce les revendications impliquant une restauration écologique dans certains parcs aux États-Unis (Moumaneix, 2008). Au niveau supra-régional, parfois transnational, des parcs nationaux sont associés à d'autres espaces protégés pour former de gigantesques corridors écologiques : c'est le cas du *Y2Y – Yellowstone to Yukon* ou du *A2A – Algonquin to Adirondack* (Vásárhelyi et Thomas, 2006), entre les États-Unis et le Canada, ou encore du corridor biologique méso-américain en projet. La coopération entre 100 parcs des pays baltes et nordiques se veut une initiative pionnière de grande ampleur à l'échelle de l'Europe septentrionale. Dans les années 1990, le doublement des aires protégées frontalières conduit au recensement, en 2007, de 227 complexes de parcs transfrontaliers (3 043 aires protégées individuelles sur plus d'une centaine de frontières internationales) soit 4,6 millions de km^2. Toutefois, ce nouvel élan de collaboration n'est pas une finalité en tant que tel, tout dépend de ce que l'on en fait…

La recomposition d'une conservation fondée sur des réseaux d'aires protégées peut constituer une ouverture possible, sinon souhaitable, dans laquelle les parcs internationaux, particulièrement les parcs de la Paix en tant que symboles forts de coopération, pourraient nourrir le débat de leur expérience. Développée à partir des années 1970, entérinée par le 4e Congrès mondial sur les parcs (1997), la tendance à la systématisation des logiques réticulaires correspondait à la volonté d'assurer une continuité biologique menacée par la dispersion du peuplement et des activités humaines (urbanisation, exploitations des matières premières, axes routiers) et de compenser les effets de la fragmentation des écosystèmes. Ces évolutions peuvent être considérées comme une *complexification de l'écoumène,* tant se superposent et s'articulent sans cesse des *réticularités différenciées*, comprises comme les dynamiques des réseaux (de transports, d'acteurs, etc.) qui s'organisent horizontalement selon leurs propres modes de fonctionnement, mais qui sont également en perpétuelle interaction verticale les uns avec les autres.

IV. Les parcs, des enjeux politiques majeurs. Lieux de l'ailleurs et paradigmes du vivre ensemble

Longtemps réservés à une élite (chasse), les parcs nationaux se sont démocratisés (tourisme) avant de tenter de se faire accepter, en s'appuyant sur l'intégration des sociétés locales ou régionales à leur fonctionnement et en activant diverses formes d'intervention dans le développement (*Géocarrefour*, 2007), notamment via les multiples chartes et conventions qui fixent les conditions de la participation. Ils demeurent des lieux *à part* (un *ailleurs*), comportant une part de rêve, tout en étant fortement appropriés et en revêtant à la fois une symbolique et un *sens* particuliers dans les représentations collectives. Au-delà du lieu commun remis en cause par certains auteurs (E. Rodary notamment), il convient de retenir les apports de cette participation à la gestion des parcs nationaux.

Le tourisme apparaît alors comme un moyen de restauration socio-politique des communautés marginalisées (*empowerment*) ou comme une voie de développement des espaces peu peuplés. Il offre la possibilité de cristalliser des valeurs patrimoniales, associées à un développement économique viable (Gagnon et Gagnon, 2006), en reconstruisant une relation autrefois négligée. Cette recomposition doit-elle se contenter de considérer l'« écotourisme », très souvent envisagé par la pratique – voire l'idéologie, souvent discutable et élitiste – comme la seule réponse adaptée ? En partie, dans la mesure où l'étiquette « parc national » constitue un facteur d'attractivité touristique supplémentaire, comme le montre, après d'autres, l'étude des montagnes suédoises (Reinus et Fredman, 2007). Mais en partie seulement car d'autres auteurs observent que « *l'argent* [du tourisme] *ne revient* [pas] *systématiquement aux communautés locales* » (Southworth, *coord.*, 2006) ou insistent sur les effets déstructurants d'un tourisme mondialisé dans certains parcs. Les objectifs, ou les intentions, de développement local ne sont ainsi pas toujours atteints et les sociétés autochtones restent parfois à l'écart des projets dont elles sont supposées bénéficier directement. Le « développement durable » ne passe ainsi pas uniquement par les seuls modes de gestion exogènes, mais bien par la reconstruction de l'ensemble des liens (économiques, sociaux, politiques, etc.) qui composent les territoires protégés et les imbriquent à leur environnement transcalaire.

Dans la plupart des pays, la participation des populations locales est proposée comme un mode de gouvernance, répondant en quelque sorte aux injonctions ou aux critères des organisations internationales, depuis l'inflexion observée à l'occasion du 3e congrès sur les parcs de 1982 (résumée par L. Talbot par la « *protection contre les hommes* » qui devient une « *protection pour les hommes* »). Celle-ci se confirme avec le concept d'« *aire de gestion adaptative* » (*adaptative management areas*), émis lors du 3e Congrès mondial sur la conservation (Bangkok, 2004). Même si les déclarations d'intention souffrent de quelques distorsions, elles ont clairement eu des effets d'entraînement. Les parcs sont toutefois encore ponctuellement utilisés comme des outils d'oppression par les États et comme des modes de contrôle des populations ou des ethnies minoritaires (Chine, mais aussi Afrique ou Amérique latine). Toutefois, le grand siècle qui vient de s'écouler depuis 1872 et la réintégration progressive des communautés autochtones (en Amérique du Nord et en Australie par exemple) ouvrent des perspectives laissant supposer qu'il n'existe aucun déterminisme politique en la matière et des capacités importantes de résilience des sociétés autrefois marginalisées. Au-delà, comme le rappelle Mac Clanahan (2004), les espaces protégés ne peuvent assurer toutes les missions de développement, et leurs « bénéfices » sont indirects – et souvent timides – comme le souligne B. Gruet (2005) au sujet du parc national du Vésuve.

Les enjeux rencontrés à toutes les échelles autour des parcs nationaux et autres espaces protégés dépassent la seule question de la protection et contribuent aussi à déplacer « *la conservation depuis une enclave naturelle vers une arène politique* » (Chartier et Rodary, 2007), comme l'attestent les chapitres de cet ouvrage. S. Depraz et L. Laslaz ont montré pour des cas européens que cette politisation – à travers les formes exacerbées de conflictualité – a joué un rôle primordial dans l'acceptation des parcs et qu'il n'est pas forcément utile de fuir le conflit, mais au contraire nécessaire de s'en renforcer (Holmes, 2007). Utiliser la présence d'un parc pour bâtir un projet collectif n'est pourtant pas toujours une évidence.

De la recherche à son application, des observations et retours d'expérience à leur caractère opérationnel et à l'efficience des politiques de gestion, se bâtira l'action de demain, conçue comme une composante du « vivre ensemble » entre différents acteurs et non comme un bastion contre leurs activités. La mise en réseau des géographes travaillant sur les espaces protégés (et à terme d'autres sciences sociales), actuellement très actifs en termes d'édition (Rodary et Aubertin, 2008 ; Depraz, 2008), permettra de mieux cerner les implications territoriales des politiques de protection, par la confrontation des cas et des situations – dont cet ouvrage se voulait l'ébauche –, par l'investissement également du champ environnemental par les recherches orientées vers les questions culturelles et politiques (Dollfuss, 1998).

Bibliographie sélective

- Adams W., 2004 : *Against extinction : The Past and Future of Conservation*, Earthscan publications, 311 p.
- Chartier D. et Rodary E., 2007 : « Géographie de l'environnement, écologie politique et cosmopolitiques », *Espace Politique*, n° 1, p. 37-46.
- Depraz S., à paraître, 2008 : *Les espaces protégés dans le monde*, Colin, coll. « U Géographie », 280 p.
- Dery S., 2008 : « Les aires protégées, nouvel outil du dynamisme des États sud-est asiatiques? », *Annales de Géographie*, n° 659, p. 72-92.
- Dollfuss O., 1998 : « Deux ou trois choses sur la recherche dans un parc national : le cas du parc national des Écrins », *RGA*, n° 1, p. 11-17.
- Fournier A., 2004 : « Ve Congrès mondial sur les parcs de l'Union Mondiale pour la nature (UICN) », *Nature Sciences Sociétés*, vol. 12, p. 93-96.

- Gagnon C. et Gagnon S., 2006 : *L'écotourisme entre l'arbre et l'écorce. De la conservation au développement viable des territoires*, Presses de l'université du Québec, coll. « Tourisme », 415 p.
- *Géocarrefour*, 2007, *Les parcs nationaux entre conservation durable et développement local* Héritier S. (coord.), vol. 82, n° 4, p. 170-264.
- Grenier C., 1999 : « Les parcs naturels, un concept périmé », communication au *Festival International de la Géographie*, Saint-Dié.
- Gruet B., 2005 : « Si loin, si proche : le Vésuve et ses environs », *Méditerranée*, n° 3-4, p. 53-63.
- Heritier S., 2004 : « *Here, at last, is Peace* – Le Parc International de la Paix Waterton-Glacier et la gestion transfrontalière des espaces protégés (Alberta, Canada, Montana, États-Unis) », *Études canadiennes, Canadian Studies*, n° 57, p. 51-71.
- Hockings M., 1998 : "Evaluating Management of Protected Areas : Integrating Planning and Evaluation, *Environmental Mangement*, vol. 22, n° 3, p. 337-346.
- Hockings M. *(coord.)*, 2000 : "Evaluating Effectiveness : Framework for Assessing Management of Protected Areas Best", *Practice Protected Area Guidelines Series*, n° 6, Cardiff University/ UICN, 132 p.
- Holmes G., 2007 : "Protection, Politics and Protest : Understanding Resistance to Conservation", *Conservation and Society*, vol. 5, n° 2, p. 184-201.
- Mac Clanahan T., 2004 : « The Limits to Beyond Boundaries », *Parks*, vol. 14, n° 2, p. 30-33.
- Moumaneix C., à paraître, 2008 : « Développement durable, parcs nationaux et barrages : quel bilan, quel avenir ? », Da Lage A. (coord.), 2008 : *L'après-développement durable : espaces, nature, culture et qualité*, éditions Ellipses, p. 73-83.
- *Parks*, 1999 : "Management Effectiveness of Protected Areas", vol. 9, n° 2, 64 p.
- Reinus S. W. et Fredman P., 2007 : "Protected Areas as Attractions", *Annals of Tourism Research*, vol. 34, n° 4, p. 839-854.
- Rodary E. et Aubertin C., à paraître, 2008 : *Aires protégées et développement durable*, Éditions de l'IRD.
- Roe D. et Hollands M., 2004 : « Protected areas : how much is enough ? », *Parks*, vol. 14, n° 2, p. 42-44.
- Southworth J., Nagendra H. et Munroe D. K., 2006 : "Introduction to the Special Issue : Are Parks Working ? Exploring Human-Environment Tradeoffs in Protected Areas Conservation", *Applied Geography*, vol. 26, p. 87-95.
- Talbot L., 1982 : "The role of protected areas in the implementation of the World Conservation Strategy", *Proceedings of the Third World Congress on National Parks*, UICN/UNESCO, Bali, Indonesia, Smithsonian Institution Press, Washington DC.
- Vásárhelyi Ch. et Thomas V. G., 2006 : "Evaluating the capacity of Canadian and American legislation to implement terrestrial protected areas networks", *Environmental Science et Policy*, n° 9, p. 46-54.
- Zbicz D. C., 2000 : « Transfrontier Ecosystems and Internationally Adjoining Protected Areas », UICN, 13 p.

Tableau 14. Chronologie des premiers parcs nationaux par pays.

Date	Nom du parc national	Pays	Superficie, caractéristiques, particularité du statut
1er mars 1872	Yellowstone	États-Unis	880 000 ha
1879	Royal	Australie	15 069 ha
1885	*Banff Hot Spring Reservation*	Canada	Deviendra PN des Montagnes Rocheuses en 1887, puis parc national de Banff en 1930
1886	Yoho ; Glacier	Canada	131 300 ha ; 134 930 ha
1890	Yosemite Valley	États-Unis	308 273 ha
1894	Tongariro	Nouvelle-Zélande	76 504 ha
1895	Waterton Lakes	Canada	52 500 ha
1898	Kruger	Afrique du Sud	1 948 528 ha
1901	**Nahuel Huapi**	**Argentine**	**1909 : Iguazu**
24 mai 1909	Abisko, Ängsö, Garphyttan, Gotska Sandön, Hamra, Pieljekaise, Sånfjället, Sarek, Stora Sjöfallet	Suède	197 000 ha 127 800 ha ; 9 parcs créés la même année (450 000 ha)
1911	**Conférence**	**États-Unis**	**Première « National Parks Conference »**
1914	Engadine	Suisse	16 900 ha
1918	Ordesa et Mont Perdu Covadonga	Espagne	15 608 ha 16 925 ha
17 février 1921	Cèdres, Ouassenis...	Algérie	7 200 000 ha ; 10 créés de 1923 à 1931
1921	Djebel Ischkeul	Tunisie	12 600 ha
1922	*Bourn Vincent* devient Killarney N.P.	Irlande	4 300 ha
3 décembre 1922	Grand Paradis	Italie	70 200 ha (ancienne Réserve royale de chasse créé en 1856)
11 janvier 1923	Abruzzes	Italie	62 838 ha
1925	Virunga	Zaïre	780 000 ha
1926	Vincente Pérez Rosales	Chili	226 305 ha
1928	Thingvellir	Islande	5 000 ha
1930	Veluwezoom	Pays-Bas	4 800 ha
1932	Bialowieza	Pologne	10 502 ha
1933	Mont Arayat	Philippines	3 715 ha
1933	Bamingui-Bangoran	Centrafrique	1 070 000 ha
1934	Vitocha	Bulgarie	26 607 ha
16 mars 1934	Setonaikai Unzen-Amakusa	Japon	62 781 ha 28 289 ha + 4 parcs nationaux en déc. 1934
1935	Iztaccihuatl-Popocatepetl	Mexique	25 679 ha
1935	Retezat	Roumanie	54 400 ha
1935	Galapagos	Équateur	693 700 ha
1935	Berbak	Indonésie	162 700 ha
6 août 1936	Hailey (Ramganga, Corbett)	Inde	52 082 ha
1937	Henri Pittier	Venezuela	107 000 ha

Date	Nom du parc national	Pays	Superficie, caractéristiques, particularité du statut
1938	Parnassos Mont Olympe	Grèce	3 513 ha 3 998 ha
1938	Pallas-Ounastunturi	Finlande	51 500 ha
10 janvier 1939	Iguaçu	Brésil	457 782 ha
1939	Taman Negara	Malaisie	434 351 ha
1940	Odzala	Congo	126 600 ha
1942	Toubkal	Maroc	36 000 ha ; procédure pour la création des parcs nationaux
1948	Sierra de la Macarena	Colombie	630 000 ha
1948	Tatransky	Tchécoslovaquie	74 111 ha
5 octobre 1948	**Création de l'UICN** *(Union Internationale pour la Conservation de la Nature)*	**Monde** Fontainebleau	sous l'égide du gouvernement français et de l'UNESCO
1949	Îles de la Madeleine	Sénégal	450 ha
1949	Paklenica Plitvicka jezera	Croatie	3 617 ha 19 172 ha
1951	Serengeti	Tanzanie	1 476 300 ha
1951	Kafue	Zambie	2 240 000 ha
1951	Peak District	Grande-Bretagne	143 800 ha
1952	Montagne d'Ambre	Madagascar	18 200 ha
1954	W du Niger	Niger	220 000 ha
1954	Boucle du Baoulé	Mali	350 000 ha
30 juillet 1955	Volcan Irazù	Costa Rica	2 309 ha
1956	Bahia de Santo Tanas	Guatemala	1 000 ha
1958	Karatepe-Aslantas	Turquie	7 715 ha
1961	**WWF**	**Monde**	**Création du *World Wildlife Fund***
1961	Cutervo	Pérou	2 500 ha
1962	Rondane	Norvège	58 000 ha
1962	Khao Yai Phu Kradung	Thaïlande	216 863 ha 34 812 ha
2 juillet 1962	Cuc Phuong	Vietnam	25 000 ha
1962	**Seattle**	**États-Unis**	**1er Congrès mondial sur les parcs nationaux**
1963	Krkonose	République tchèque	36 300 ha
1963	Vanoise	France	56 000 ha
1965	Isiboro Secure	Bolivie	1 100 000 ha
1967	Chiri Mountain	Corée du Sud	44 045 ha
1968	Benoue	Cameroun	180 000 ha
21 octobre 1971	Hohe Tauern	Autriche	178 600 ha
1971	Peneda-Gerès	Portugal	Seul PN portugais (les autres ont le statut de parc naturel)
1971	Lahemaa	Estonie	176 922 ha

Date	Nom du parc national	Pays	Superficie, caractéristiques, particularité du statut
1971	**Programme MAB** (*Man And Biosphere*)	**Monde**	Lancé dans le cadre de l'**UNESCO** pour constituer un réseau mondial de « **réserves de biosphère** »
1972	**Convention sur le patrimoine mondial**	**Monde**	**UNESCO** : les sites naturels ou culturels d'une « *valeur universelle exceptionnelle* » sont classés « *patrimoine mondial* »
1972	**Yellowstone**	**États-Unis**	**2e Congrès mondial sur les parcs nationaux**
1972	**Conférence de Stockholm**	**Monde**	«*One earth only*», «une Terre seulement», **conférence des Nations unies** débouchant sur un texte en 7 points et 26 principes d'action
1973	**Europarc** *"Federation of Nature and National Parks of Europe"*	**Europe**	360 membres représentant 500 aires protégées dans 38 pays
1973	Royal Chitwan	Nepal	93 200 ha
1973	Hortobagy	Hongrie	52 213 ha
1973	Gauja	Lettonie	92 048 ha
1974	Groenland	Danemark	97 200 000 ha
1974	Aukstaitija	Lituanie	30 300 ha
1974	Jigme Dorji	Bhoutan	390 000 ha
1978	Berchtesgaden	Allemagne	20 800 ha
1980	« ***Stratégie mondiale de la Conservation*** »	**Monde**	**Stratégie adoptée par l'UICN au service du « *développement durable* »**
1981	Triglav	Slovénie	84 800 ha
1982	**Bali**	**Indonésie**	**3e Congrès mondial sur les parcs nationaux**
1983	Ras Mohammed	Égypte	61 500 ha
1983	Losinyy Ostrov Sochynsky	Russie	10 058 ha 189 600 ha
1987	« ***Rapport Brundtland*** »	**Monde**	**Rapport des Nations unies intitulé *Our common future*, reprenant le concept de développement durable**
10-22/02/1992	**Caracas**	**Venezuela**	**4e Congrès mondial sur les parcs nationaux**
1992	**Sommet de la Terre**	**Monde**	**Adoption à Rio de Janeiro de «l'Agenda 21»**
2003	**Durban**	**Afrique du Sud**	**5e Congrès mondial sur les parcs nationaux**

Pays européens — Pays anglo-saxons — Anciennes colonies européennes — autres États ou événements internationaux

© L. Laslaz, 2003. Sources : Jaffeux, 1999 ; Zuanon (coord.), 1994 ; Fayard (coord.), 1999 ; Clamens, 1997 ; Vayssiere (coord.), 1970 ; UN List of National Parks and Protected Areas, 1993.

Index

A

Aborigène(s) ou Autochtones 20, 21,25, 29, 131, 140, 267, 273, 274, 275, 276, 278-280, 282, 283, 284, 293, 295

Acceptabilité 255

Acceptance – Akzeptanz 180,

Acceptation sociale 11, 17, 25, 243, 245, 246, 253, 254, 260

Activités touristiques 13, 26, 56, 57, 58, 59, 116, 197, 220, 278, 284, 295

Addo Elephant (Parc National), Afrique du Sud 27, 230

Afrique 16, 19, 20, 21, 24, 26, 29, 34, 37, 38, 40, 41, 42, 43, 74, 160, 207- 224, 227, 228, 229, 230-238, 277, 293, 295, 298, 300

Afrique du Sud 16, 19, 21, 29, 41, 42, 160, 219, 220, 221, 223, 224, 227-242, 293, 298, 300

Agricole 44, 85, 124, 138, 146, 159, 165, 173, 174, 181, 203, 234, 241, 250, 251, 259

Agriculture 49, 51, 79, 90, 91-97, 114, 170, 177, 194, 213, 216, 236, 250, 251, 260, 275

Aire d'adhésion 244, 246, 247, 248, 253, 254

Aire de conservation 133, 157

Aire protégée 12-16, 21, 34, 43, 77, 96, 123, 132, 133, 144, 152, 156, 161, 162, 189, 191, 194, 195, 221, 227, 234, 235, 262, 269, 281

Alaska 18, 38, 271, 273, 275, 280, 285

Alaska National Interest Lands Conservation Act (1980) 271

Allemagne 20, 167, 168-172, 181, 262, 300

Alpes 20, 99, 100, 102-105, 109, 113-118, 244, 245, 250, 270

Altaï-Saïan 59

Aménagement 13, 15, 20, 25, 41, 44, 58, 85, 134, 149, 172, 180, 181, 229, 245, 249, 251, 257, 259, 261, 270

Amérindiens 22, 128, 274, 276, 278, 284

Amérique centrale 8, 28, 37, 123, 145, 146, 147, 153, 158, 159, 160

Amérique Latine 21, 28, 41, 145, 146, 151, 160, 295

Anangu 282, 283

Antarctique 10, 27, 36, 37

Arctique 59, 27, 60, 127

Arkansas Hot Springs 12, 27, 271

Aspinall, John (1926-2000) 232

Australie 14, 19, 20, 21, 22, 27, 29, 34, 38, 125, 229, 267, 278-285, 292, 298

B

Baïkal 27, 47

Banff (Parc National), Canada 27, 261, 269, 270, 271, 275, 277, 278, 280, 292, 398, XII

Belar, Albin (1864-1939) 100, 103, 110

Biodiversité 13, 14, 18, 24, 33, 34, 42, 43, 44, 69, 70, 77, 80, 123, 125, 126-127, 128, 129, 136, 137, 156, 159, 188, 193, 203, 219, 224, 233, 250, 269, 289, 290, 291, 292

Biosphère 18, 19, 56, 67-69, 147, 151, 152, 154, 155, 161, 170, 186, 190, 195, 196, 201, 254, 261, 300

Blackfeet 273, 274

Bontebok (Parc National), Afrique du Sud 230

Braconnage 63, 148, 188, 199, 202, 216, 219, 259, 274

Brundtland Gro Harlem (1939-) 11, 19, 300

Buthelezi, Mangosuthu (1928-) 232

C

Canada 16, 23, 24, 29, 35, 38, 40, 41, 148, 156, 267, 269-285, 292, 294, 298, III, XII

Caohai (Parc National), Chine 27, 187, 192

Cat Tien (Parc National), Viet Nam 20, 27

Changbaishan (Parc National), Chine 200

Chasse 24, 41, 47, 48, 51, 63, 83, 90, 93, 95, 96, 97, 136, 159, 172, 189, 193, 210, 211, 213, 215, 217, 218, 219, 229, 251, 270, 294, 298

Chili 15, 35, 38, 123, 129-131, 139, 140, 151, 298, VII

Chine 16, 20, 21, 22, 69, 185, 186, 187, 189-193, 195-203, 212, 295, VIII

Cogestion 25, 192, 194, 195, 236, 269, 280, 281, 285

Colonie 20, 24, 40, 41, 62, 128, 207, 210, 212-213, 216, 228, 229, 300

Communautés locales 15, 25, 28, 73, 75, 81, 82, 83, 84, 186, 187, 190, 192, 193, 201, 224, 241, 267, 267, 269, 275, 279-285, 295

Conférence internationale 19, 67, 68, 132, 147, 170, 210, 211, 220, 268, 298, 300

Conservation 9, 11, 12, 16, 17, 19, 22, 23, 24, 29, 33, 40-44, 54, 70, 75, 79, 80-85, 87, 90-95, 100, 102, 103, 107, 110, 124, 125, 130, 131, 132, 133, 134, 135, 140, 141, 147, 148, 151, 155-157, 159-162, 170, 191, 192, 195, 196, 197, 203,

207, 210, 211-215, 217, 218, 219, 220, 222, 223, 224, 227-229, 231-241, 249, 268, 269, 270, 271, 277, 278, 279, 280, 293, 294, 295, 296, 299, 300, IV
Conservationnisme (-iste) 9, 41, 133, 134, 135, 141, 195, 210, 216, 217, 218, 223, 231, 232, 239, 293
Continuum écologique 23
Convention 19, 78, 113, 170, 198, 210, 211, 214, 260, 261, 262, 294, 300
Coopération 10, 56, 66,69, 85, 134, 143-152, 155, 156, 160, 161, 162, 177, 237, 285, 293, 294
Corcovado (Parc National) 123, 124, 131, 135-137, 141, VI
Cordillère 151, 153, 157, 159
Corridor biologique 23, 147, 293, 294,
Costa Rica 28, 123, 128, 130, 133, 135, 136, 143, 146, 149, 153-155, 157-162, 299, VI

D

Daweishan (Parc National), Chine 27, 190
Déforestation 23, 128, 145, 146
Dégradation (environnementale) 11, 18, 22, 55, 161, 168, 252
Développement durable 7, 10, 11, 12, 13, 18, 19, 28, 44, 68, 82, 124, 132, 133, 134, 135, 159, 162, 165, 174, 179, 219, 233, 234, 241, 248, 260, 289, 295, 300
Droits fonciers 82,86, 87, 195, 232, 235, 268, 269, 272-279, 280, 281-283, 284, 292

E

Écologie 22, 41, 60, 91, 124, 128, 130, 170, 171, 174, 175, 179
Économie (liée aux parcs) 9, 58, 114, 124, 131, 132, 133, 137, 176, 177, 216, 219, 221, 223, 229, 268, 271
Écosystème 15, 16, 18, 23, 67, 74, 80, 81, 82, 84, 85, 123, 127, 132, 133, 135, 137, 141, 157, 159, 167, 194, 196, 209, 237, 259, 281, 290, 291, 293, 294
Écotourisme 21, 26, 56, 59, 82, 83, 84, 85, 132, 134, 282, 283, 284, 295
Écoumène 14, 25, 125, 128, 129, 141, 290, 294
Écrins (Parc National), France 105, 106, 244, 246, 247, 249-251, 257, 258, 259, 260, 261, 262, 267, XI
Éducation 17, 26, 58, 61, 62, 63, 66, 68, 80, 81, 94, 132, 160, 243, 273, 290
Eifel (Parc National), Allemagne 171
Enclave 123, 172, 225, 229, 296
Enjeux (territoriaux liés aux parcs) 8, 9, 11, 12, 15, 21, 26, 29, 33, 73, 75, 82, 99, 100, 114, 115, 179, 186, 192, 202, 217, 219, 220, 227, 248, 251, 253, 275, 277, 279, 283, 290, 294, 296
Équateur 123, 127, 129, 137, 138, 151, 298
Espace protégé 11-15, 17, 18, 21, 23, 24, 25, 26, 28, 34, 43, 51, 74, 75, 76, 77, 79, 80, 82, 86, 90, 93, 100, 103, 108, 109, 110, 115, 116, 118, 174, 251, 252, 257, 258, 262, 292
États-Unis 12, 15, 19, 20, 24, 29, 35, 40, 70, 148, 151, 156, 161, 203, 228, 258, 267-278, 280, 281, 292, 293, 294, 298, 299, 300, III, XII-XVI
Europe 8, 11, 12, 13, 20, 21, 23, 28, 37, 37, 38, 40, 41, 42, 77, 80, 102, 113, 128, 129, 130, 147, 152, 158, 165-182, 210, 214, 246, 250, 252, 255, 258-261, 274, 294, 296, 298, 300
Exclusion (des populations locales) 82, 238, 268, 274, 275, 276, 290
Expropriation 82, 195, 233, 240, 275

F

Faune 14, 16, 21, 24, 62, 74, 94, 102, 127, 210, 211, 212, 213, 216, 218, 220, 221, 228, 229, 231, 232, 251, 259
Foresterie 62
Forestier 7, 11, 24, 34, 48, 65, 77, 92, 94, 95, 96, 97, 103, 105, 114, 136, 137, 140, 146, 156, 167, 168, 171, 177, 179, 193, 210-213, 215, 235, 249, 270, 271, 275
Forêts 22, 25, 51, 62, 76, 80, 92, 94, 95, 96, 101, 110, 123, 127, 130, 137, 145, 146, 153, 161, 167, 168, 170, 171, 175, 187, 192, 193, 194, 210-213, 218, 235, 246, 249
France 8, 12, 20, 24, 29, 165, 177, 181, 213, 243, 245, 246, 249, 251, 252, 253, 261, 262, 299
Fréquentation 13, 14, 25, 26, 57, 58, 78, 85, 87, 109, 116, 117, 160, 213, 220, 221, 241, 257, 258, 290, 292
Frontière 10, 19, 69, 99, 101, 103, 104, 105, 106, 115, 118, 143-162, 165, 172, 193, 194, 211, 216, 218, 224, 227-229, 233-241, 255, 293, 294, III
Frontière environnementale 227, 228 233, 238, 240

G

Galápagos 24, 27, 28, 123-131, 133, 135, 137-137, 139, 140, 141, 298
Géodiversité 28, 121, 123, 124, 125-126, 128, 129, 131, 136, 137, 139, 140, 141, 291,
Géopolitique 8, 9, 19, 21, 130, 131, 144, 148, 202, 218, 237
Gérance (environnementale) 280, 282, 285
Gestion collaborative 192, 280
Gestion conjointe ou associée 25, 145, 151, 152, 162, 280, 282
Gestion coopérative 275
Gestion participative 28, 138, 152, 158, 180, 191, 192, 203, 217, 234, 280, 284, 285
Glacier (Parc National), États-Unis d'Amérique 148, 156, 270, 273, 274, 293, 298, III
Gouvernance 10, 25, 28, 87, 157, 158, 159, 179, 185, 186, 191, 193, 196, 203, 280, 285, 295
Guatemala 28, 143, 146, 150, 151, 299

H

Haïda 281
Hema 77, 81, 90, 91, 93, 94
Hoh Xil (parc national), Chine 201, 202
Honduras 28, 144, 149, 151, 152
Honghe (parc national), Chine 198
Hongrie 165-168, 170, 171, 172, 175, 176, 300

I
Île de Pâques 20, 27, 28, 123-124, 126, 129-131, 133, 135, 138, 139, 140, VI
Inclusion (des populations) 282, 284
Intégration 44, 83, 86, 124, 133, 135, 145, 146, 147, 149, 150, 153, 162, 173, 174, 181, 182, 241, 268, 275, 277, 279, 281-283, 294, 295
International Peace Park (IPP) 19, 148, 156, 234, 236, 237, 293, III
Inuit 273, 284
Isolement 52, 127, 128, 135, 140, 272, 292
Israël 74, 78, 80, 95
Italie 20, 22, 24, 102, 112, 261, 262, 298
IUCN (voir UICN)

J
Jasper 27, 280
Jordanie 16, 74, 79-80, 83, 84, 85, 86, 93

K
Kakadu (Parc National), Australie 27, 279, 284
Kalahari Gemsbok (Parc National), Afrique du Sud 27, 230
Kamtchatka 57, 60
Kgalagadi, Afrique du Sud/Botswana, 35, 160, 235, 237
Kruger (Parc National), Afrique du Sud 27, 224, 227, 230, 231, 234, 237, 293, 298
Kruger, Paul (1825-1904) 231
Kulturlandschaft 171

L
La Amistad, Costa-Rica/Panama 27, 28, 143, 147, 149, 151, 153-159, 161
La Fraternidad, Guatemala/Salvador/ Honduras 27, 28, 143, 149, 151, 152, 154
Lac Poyang (Parc National), Chine 27, 196
Lacs Waterton (Parc National), Canada 27, 148, 156, 298, III, XII
Laponie 60
Liangshui (Parc National), Chine 27, 201
Lianhuadong (Parc National), Chine 193
Liban 74, 76, 78, 79, 80, 94
Littoral 13, 16, 24, 29, 74, 81, 84, 107, 123, 166, 167, 170, 195, 210, 238, 239, X
Ljubljana 100, 101, 106, 107, 113, 115
Loi 8, 29, 51, 59, 61, 64, 79, 92, 93, 95, 96, 97, 102, 107, 111, 112, 118, 133, 160, 196, 197, 224, 243, 246, 248, 253, 259, 262, 271, 273, 277, 280, 285
Londres 210, 211, 220

M
MAB-Man and Biosphere (voir aussi Réserve de biosphère) 19, 67, 68, 69-70, 75, 170, 186, 196, 300
Marsh, John Perkins (1801-1882) 12, 269
Mercantour (Parc National), France 11, 27, 244, 247-254, 257, 255, 260, 261, III, XI
Mines 22, 49, 97, 136, 193, 218, 229, 275
Moai 20, 123, 128, 139
Mondialisation 7, 10, 124, 134, 135, 197, 293
Montagne 13, 20, 41, 57, 74, 99, 102, 104, 109, 111, 117, 118, 151, 153, 167, 168, 170, 171, 189, 238, 244, 249, 257, 258, 259, 260, 295, 298, 299, X
Mountain Zebra (Parc National), Afrique du Sud 231
Moyen-Orient 8, 26, 37, 42, 43, 73-87, 90, 91, 93, 95, 97
Müritz (Parc National), Allemagne 171

N
Namib-Naukluft (Parc National), Namibie 27, 35, 208
National Park Act 271
National Park Service (NPS) 271, 276, 281
Natura 2000 173, 254
Niokolo Koba (Parc National), Sénégal 27, 223

O
ONG – Organisation non gouvernementale 33, 56, 61, 64, 78, 79, 80, 90, 91, 92, 134, 135, 141, 156, 158, 159, 177, 192, 214, 217, 224, 227, 234, 238-241, 268, 269

P
Pacifique 38, 123, 127, 128, 157, 158, 159, 162
Panama 28, 130, 149, 151, 153-155, 157-160, 161, 162
Parc de la paix, voir International Peace Park
Parc National suisse 99, 102, 253, 298
Parcs Canada 23, 278, 281, 282, 285, XI
Partenariat 33, 224, 260, 261, 268, 278, 280, 282
Participation 10, 25, 73, 84, 85, 133, 153, 158, 159, 177, 197, 217, 223, 228, 233, 234, 235, 245, 268, 277-280, 282, 283, 284, 285, 289, 294, 295
Patrimoine 14, 25, 76, 80, 85, 99, 103, 108, 110, 111, 112, 113, 117, 124, 131, 135, 138, 141, 170, 193, 271, 278, 281, 282, 290
Patrimoine mondial 76, 80, 85, 99, 113, 135, 138, 153, 155, 161, 196, 220, 254, 261, 300
Patrimonialisation 110, 118, 128, 251
Peace Park, voir International Peace Park
Pêche 63, 64, 91, 92, 96, 138, 140, 179, 187, 193, 281
Pétra-Wadi Rum (Parc National), Jordanie 16, 27, 85, 86, 87, 93
Planification 41, 84, 85, 91, 92, 153, 175, 268, 279, 292
Pologne 165, 166, 167, 169, 170, 171, 172, 298
Préservation 17, 18, 20, 50, 52, 59, 60, 61, 66, 70, 96, 111, 124, 125, 146, 147, 148, 210, 212, 232, 246, 249, 255, 271, 278, 290
Préservationnisme (-iste) 218, 219
Privé 56, 58, 75, 78, 79, 83, 85, 86, 91, 92, 93, 105, 137, 138, 141, 158, 178, 179, 187, 223-224, 229, 249, 258, 278, 280, 282
Proche-Orient (voir Moyen-Orient)
Programme Campfire 217

Q
Qi Ao Hongshulin, Chine 193

R
Ramsar 170, 198
Rapa Nui 15, 27, 123, 124, 126, 128-129, 131, 135, 138, 139, 140, 141, VI
Renaturierung 177
Réserve de biosphère 69, 186, 190, 195, 201, 261
Restauration 81, 90, 131,261, 273, 278, 290, 293, 295
Rio de Janeiro 19, 22, 68, 246, 300
Russie 15, 20, 27, 35, 47-70, 165, 292, 300

S
Salvador 28, 143, 144, 146, 149, 151, 152
Sentiers 13, 110, 116, 159, 257, 258, 261
Shennongjia (Parc National), Chine 27, 189
Sibérie 48, 59, 64, 196
Slovénie 99, 102, 106, 107, 108, 111, 113, 116, 117, 118, 261, 262, 300
St-Lucia (Wetland Park), Afrique du Sud 234, 235, 239

T
Tassili N'Ajjer (Parc National), Algérie 27, 35, 36, 208
Territoire protégé 23, 48, 49, 51, 52, 53, 54, 56, 57, 58, 59, 61, 62, 63, 69, 168, 177, 2695, 280, 289, 295
The Nature Conservancy 156
Tibet 20, 190, 198, 199, 200, 202
Tourisme 11, 13, 21, 26, 28, 34, 41, 55, 57, 59, 73, 74, 75, 77, 79, 82, 83, 84, 85, 86, 87, 90-97, 99, 116, 117, 131, 132, 133-140, 148, 150, 160, 170, 175, 176, 190, 193, 203, 212, 213, 215, 220, 221, 223, 233, 240, 236, 237, 238, 241, 244, 251, 261, 262, 267, 268, 278, 282, 283, 284, 289, 290, 294, 295, VI
Tourisme durable 11, 261
Touriste 57, 58, 60, 94, 131, 134, 137, 139, 159, 160, 190 191, 213, 220, 221, 227, 228, 235, 251, 252, 257, 258, 283, 289, 292, IV
Traités 20, 107, 272, 273, 274
Transfrontalière 10, 28, 29, 69, 143-161, 219, 228, 234, 236, 237, 261, 262, 293, 294
Trifinio 144, 151, 152
Triglav (Parc National), Slovénie 26, 27, 99-118, 261, 300, V
Turquie 74, 78, 80, 97, 299

U
UICN (Union pour la conservation de la nature) 11, 13-17, 19, 23, 33, 34-36, 37, 43, 74, 76, 80, 87, 97, 116, 131, 132, 135, 147, 148, 152, 155, 156, 158, 160, 171, 172, 193, 197, 227, 235, 237, 261, 269, 270, 291, 307, 308
Uluru-Kata Tjuta (Parc National), Australie 27, 278, 282-283, XII
UNESCO 19, 56, 67, 68, 76, 80, 85, 113, 118, 124, 131, 135, 138, 152, 153, 155, 161, 170, 186, 196, 214, 261, 299, 300
URSS (voir Russie)
US Forest Service 131

V
Vanoise 24, 27, 103, 243, 246, 247, 249, 251-258, 260, 261, 299, XI
Vietnam 20, 27, 291, 299
Visiteurs 15,58, 63, 84, 95, 115, 117, 137, 139, 158, 160, 170, 220, 223, 227, 251, 257, 275, 278, 282, 283, 284, 290

W
W (Parc National), Niger 27, 220, 223, IX
Waterton-Glacier (Parc international de la Paix), Canada-États-Unis 27, 156, III
WDPA – World Database on Protected Areas 16, 33, 35-40, 43, 76, 97
Wild Coast, Afrique du Sud 29, 227, 228, 238-239, 240, 241
Wilderness 23, 24, 232, 238, 259, 267, 270, 271
Wilderness Act 271
Wildlife Conservation Society 219
Wolong (Parc National), Chine 27, 185, 186, 190, 191, 200
Wood Buffalo (Parc National), Canada 27, 35, 41, 281
WWF – World Wildlife Fund rebaptisé World Wide Fund for Nature 61, 135, 155, 214, 219, 236, 237, 238, 240, 299

X
Xishuangbanna (Parc National), Chine 27, 186, 195, 200

Y
Yellowstone (Parc National), États-Unis d'Amérique 8, 12, 14, 19, 27, 40, 220, 228, 268, 269, 270, 271, 274, 292, 294, 298, 300, XV
Yosemite (Parc National), États-Unis d'Amérique 27, 274, 298, XVI

Z
Zakaznik 48, 52
Zapovednik 15, 27, 47-70
Zhalong (Parc National), Chine 27, 194
Zion (Parc National), États-Unis d'Amérique 27, 281, XIII
Zonage (systèmes ou principes) 23, 81, 90, 94, 95, 96, 114, 132, 134, 177
Zone centrale 49, 57, 68, 99, 104, 105, 111, 114, 115, 116, 117, 161, 186, 193, 195, 197, 245, 248, 249, 255, 257, 259
Zone périphérique 99, 104, 114, 115, 117, 193, 245, 248, 255
Zululand 229, 232

Table des cartes, figures et photographies

Cartes

1. Carte de localisation des parcs nationaux traités dans cet ouvrage 27
2. Les parcs nationaux – Amérique et Pacifique oriental (en 2006) 38
3. Les parcs nationaux – Eurasie, Afrique et Australasie (en 2006) 39
4. Localisation des parcs nationaux au Moyen-Orient 75
5. Carte de localisation du parc national du Triglav 100
6. Le parc national du Triglav : carte de synthèse. 105
7. La région du Trifinio à la triple frontière Guatemala-Honduras-Salvador et le projet actuel d'Aire Protégée Trinationale. 144
8. Parc binational et réserve binationale de la biosphère *La Amistad*. 154
9. Caractéristiques des parcs nationaux d'Europe centrale 169
10. Les niveaux de sous-encadrement des parcs nationaux chinois à l'échelle régionale 200
11. Variations régionales de la part de personnel spécialisé du personnel total des parcs nationaux chinois 201
12. Les parcs africains 208
13. Superficie des parcs nationaux africains (en pourcentage du territoire) 209
14. Réserves naturelles et réserves africaines au Natal en 1936. 230
15. Les parcs nationaux d'Afrique du Sud en 2007. Parc du Pondoland en voie de constitution 231
16. La Côte Sauvage sud-africaine, un nouveau territoire de conservation 239
17. Localisation des parcs nationaux alpins français 244
18. Une approche de la pression des stations de sports d'hiver sur les cœurs de parcs nationaux alpins français 256

Figures

1. Évolution des surfaces classées en parc national par continent 40
2. Évolution comparée des surfaces classées en parc national et des autres aires protégées 43
3. Le premier plan du parc, dressé du Triglav par Valter Bohinec, in Hafner, *Geografski Vestnik*, 1925 101
4. Répartition des milieux naturels protégés par les parcs nationaux d'Europe centrale 167
5. Évolution de la superficie des parcs nationaux en Afrique (1925-2005). 215

Photos (intérieur)

1. La vallée des lacs du Triglav (Parc national du Triglav, Slovénie) ... 109
2. Le monument de Peski, à 2 000 mètres d'altitude (Parc national du Triglav, Slovénie) ... 112
3. Débardage à l'aide d'un cheval au-dessus du lac de Bohinj (Parc national du Triglav, Slovénie) ... 114
4. Groupe de touristes de croisière à Punta Suarez, île d'Española (Parc national des Galapagos, Équateur) ... 134
5. Osa : « colono » défrichant sa parcelle dans la Réserve Forestière Golfo Dulce (Parc national du Corcovado, Costa Rica) ... 136
6. Tongariki, le plus grand « ahu moai » de l'île de Pâques (Parc national Rapa Nui, Chili) ... 139
7. Panneau indiquant les limites du Parc international *La Amistad* ... 149
8. Équipements pour l'observation des oiseaux au bord de la puszta marécageuse d'Apaj (Parc national du Kiskunság, Hongrie) ... 176
9. Village de déplacés Tujia hors du parc national de Fanjingshan (Guizhou, Chine) ... 188
10. Plaque apposée sur une maison du village de déplacés Tujia (Guizhou, Chine) ... 189
11. Héliportage (18 juillet 2005) des composantes d'une cabane pastorale depuis le parking du Gioberney, (Parc national des Écrins, France) ... 250

Photos (cahier couleur central)

Carte. Année de création du premier parc national par État et quelques parcs « pionniers » dans le monde ... I

Carte. Pourcentage par État de la superficie classée en parc national et quelques parcs « géants » dans le monde ... II

Le Christ (Roya, parc national du Mercantour). © L. Laslaz, juillet 2004 ... III

Frontière américano-canadienne dans le Parc de la Paix Waterton-Glacier (Alberta, Canada – Montana, États-Unis). © C. Moumaneix, 2006 ... III

Infrastructures touristiques de *Pankakes Rocks de Punakaiki* (Paparoa National Park, Nouvelle-Zélande). © F. Mugnier, 2008 ... III

Réserve Shulgan-Tash : Emblèmes représentant les principales caractéristiques de la réserve. © R. Cole, 2002 ... IV

Réserve Shulgan-Tash : Hébergement pour les éco-touristes en construction en 2002. © R. Cole, 2002 ... IV

Réserve (*zapovednik*) Bashkirzky : Musée de la nature et centre d'interprétation de la conservation. © R. Cole, 2002 ... IV

Carte chorographique du duché de Carniole, 1744 (fonds : Service Historique de la Défense, département de l'Armée de terre, Vincennes, N 14 II F 18) ... V

Face nord du Triglav (2 864 m). © C. Gauchon, août 1997 ... V

Alpages de Krstenica au-dessus du lac de Bohinj, vers 1650 m d'altitude. © C. Gauchon, août 1995 ... V

Paysages culturels du parc national Rapa Nui (Île de Pâques, Chili). © C. Grenier ... VI

Playa Madrigal, parc national Corcovado (Costa Rica). © C. Grenier ... VI

Fous à pattes bleues entre tourisme et télévision (Galapago). © C. Grenier ... VI

Versant sud du volcan Parinacota (6 348 m) (Chili-Bolivie). © S. Guyot, juillet 2006 VII

Laguna verde, 4 300 m d'altitude. (Bolivie). © S. Guyot, août 2006. VII

Parc national Baritu. (Province de Salta, Argentine). © S. Guyot, août 2006 VII

Le « champignon » (*mogu*), (parc national de Fanjingshan, Chine).
© G. Giroir, septembre 2005 VIII

Le singe doré du Guizhou (Chine). © G. Giroir, septembre 2005 VIII

Monts Fanjing, parc de Fanjingshan, (Chine). © G. Giroir, septembre 2005 VIII

Infrastructures touristiques, parc national d'Arusha, Tanzanie. © Y. Hausser, 2007 IX

Parc de Hluhluwe-Umfolozi, Afrique du Sud. © E. Rodary, 2008 IX

Présentation de prises faites à des braconniers, parc national du W, Niger. © E. Rodary, 2006 IX

Région de Xolobeni sur le littoral nord de la *Wild Coast*. © E. Deliry-Antheaume, octobre 2007 X

Région de Xolobeni sur le littoral nord de la *Wild Coast*. © E. Deliry-Antheaume, octobre 2007 X

Point de vue à 1 100 m d'altitude au sommet de la montagne de la Table au Cap, vers l'ouest.
© B. Obry-Guyot, 1er décembre 2007 (journée mondiale contre le SIDA). X

Col de l'Iseran (2 764 m.), parc national de la Vanoise © L. Laslaz, juillet 2003. XI

Col de la Muzelle (2 613 m.) et lac de la Muzelle, Oisans, parc national des Écrins.
© L. Laslaz, août 2001. XI

À Castérino, un exemple de « porte » (1 719 m.)
de cœur du parc national du Mercantour. © L. Laslaz, juillet 2004 XI

Sentier d'accès au monolithe d'Uluru dans le parc national Uluru-Kata Tjuta
(Territoires du Nord, Australie). © Y. Lions, octobre 2003. XII

Site d'interprétation dans le parc national
Lacs Waterton du Canada (Alberta). © S. Héritier, 2005 XII

Partage autour des cultures autochtones dans le parc national
Banff du Canada (Alberta). © *Parcs Canada*, 2006 XII

Vue du Grand amphithéâtre de Bryce Canyon National Park (Utah, États-Unis).
© Y. Lions, septembre 2006 XIII

Zion National Park (Utah, États-Unis), sur le plateau du Colorado.
© Y. Lions, septembre 2006 XIII

Monument Valley State Park (Arizona, États-Unis). © B. Feuillet, septembre 2006 XIII

Delicate Arch, Arches national Park (Utah, États-Unis). © B. Feuillet, septembre 2006 XIV

North Window Arch (Arches national Park). © B. Feuillet, septembre 2006 XIV

Grand Canyon National Park (Arizona, États-Unis). © B. Feuillet, septembre 2006 XIV

Jenny Lake. Le Grand Teton National Park (Wyoming, États-Unis). © B. Feuillet, septembre 2006 XV

Yellowstone National Park, Wyoming, États-Unis. © B. Feuillet, septembre 2006 XV

Yosemite National Park (Californie, États-Unis). © B. Feuillet, octobre 2006 XVI

El Capitan (Yosemite National Park, Californie, États-Unis). © B. Feuillet, octobre 2006 XVI

Mariposa Grove of Giant Sequoias, Yosemite National Park. © B. Feuillet, octobre 2006 XVI

Tioga Pass (3 000 mètres d'altitude). © B. Feuillet, octobre 2006 XVI

Table des matières

Préface de Paul Arnould 7

Introduction

Les parcs nationaux dans le monde.Protection, gestion et exigences d'acceptation sociale.. 11

I. Le dynamisme des recherches françaises sur les aires protégées 12

II. Autour de la définition de « parc national » : un objet complexe et hétérogène à l'échelle mondiale 13

III. Diversités et logiques de gestion des parcs nationaux dans le monde 26

Bibliographie sélective 29

Les parcs nationaux dans le monde, un aperçu cartographique 33

Introduction 33

I. Cadrage méthodologique 33

II. Situation actuelle 35

III. Une brève histoire de la diffusion des parcs 40

IV. Les parcs nationaux, dépassés ou connectés? 42

Bibliographie 44

Première partie

Espaces de nature, lieux de découverte : gérer les activités touristiques dans les parcs nationaux

Dossier n° 1. Les territoires naturels protégés en Russie depuis 1990 : une politique visionnaire malgré des difficultés structurelles 47

Introduction : l'héritage soviétique 47

I. Les *zapovedniks* durant la période soviétique 49

II. Le renouveau de la protection depuis 1990 50

III. La diversification des activités des *Zapovedniks* et des parcs nationaux 55

IV. La gestion de la « nature » dans les réserves et les parcs russes 63

Conclusion : *Zapovedniks* et parc nationaux en Russie en 2007 69

Bibliographie 70

Dossier n° 2. Parcs nationaux, tourisme et dynamiques territoriales au Proche-Orient et au Moyen-Orient. Regards croisés sur la gestion et la mise en valeur des espaces « naturels » ... 73

Introduction ... 73

I. Les conditions de la mise en place et la nature des parcs nationaux du Moyen-Orient ... 77

II. Le parc national, une forme marginale et hétérogène d'espace protégé ... 80

III. Les parcs nationaux au Moyen-Orient, des espaces à vocation touristique qui concilient protection de l'environnement et développement local ? ... 82

IV. L'avenir des parcs nationaux au Proche-Orient et au Moyen-Orient ... 86

Bibliographie ... 88

Dossier n° 3. Une montagne emblématique aux multiples enjeux : le parc national du Triglav (Slovénie) ... 99

I. Les limites du TNP : identification d'un espace protégé ... 100

II. L'identification des ressources patrimoniales ... 108

III. Les enjeux de la protection et de la gestion ... 114

Conclusion ... 117

Bibliographie ... 119

Deuxième partie

« Nature » et développement durable : une gestion de la *géodiversité*

Dossier n° 4. La gestion des parcs nationaux dans des régions à forte *géodiversité* : les cas du Corcovado (Costa Rica), des Galápagos (Équateur) et de Rapa Nui (Chili) ... 123

I. La *géodiversité*, une notion de géographie de la conservation ... 125

II. Péninsule d'Osa, archipel des Galápagos et île de Pâques : des régions à forte *géodiversité* ... 126

III. L'ouverture géographique des régions ... 129

IV. La gestion des parcs nationaux ... 131

V. L'ouverture géographique continue, ou l'inéluctable échec de la gestion des parcs nationaux ... 135

Conclusion : Gérer des parcs nationaux ou conserver la géodiversité ? ... 140

Bibliographie ... 141

Dossier n° 5. L'*Amitié* et la *Fraternité* par-delà les frontières. Coopérations binationale et trinationale entre parcs nationaux des États d'Amérique centrale

I. Les parcs internationaux : un environnement très politique ... 145

II. Complexité des modes de gestion et jeux d'acteurs : de la coopération internationale à la gestion participative locale ... 152

Conclusion ... 162

Bibliographie ... 162

Dossier n° 6. Les parcs nationaux d'Europe centrale au risque du développement durable ... 165

I. La variété des contextes nationaux des parcs ... 166

II. Une forte reprise de la politique de création des parcs ... 173

III. Une reformulation des tensions territoriales ... 178

Conclusion ... 181

Bibliographie ... 182

Dossier n° 7. Le mode de gouvernance des parcs nationaux en Chine ... 185

Introduction ... 185

I. Gérer des parcs nationaux peuplés : défis, pratiques et enjeux ... 186

II. Les faiblesses juridique, institutionnelle et administrative des parcs nationaux chinois ... 192

III. Des structures d'encadrement humain inadéquates ... 197

Conclusion ... 202

Bibliographie ... 204

Troisième partie

Des territoires appropriés : les modalités de gestion politique des populations locales

Dossier n° 8. Les parcs nationaux africains, une crise durable ... 207

Introduction ... 207

I. Quelques données spatiales ... 208

II. La mise en place des parcs nationaux ... 210

III. L'âge d'or des parcs africains : l'affermissement territorial ... 214

IV. L'approche communautaire : dépassement ou extension des parcs? ... 217

V. Le retour aux barrières : prégnance territoriale des parcs ... 218

VI. Des ires économiques ... 220

VII. Des parcs contractuels? ... 223

Conclusion : les parcs, espaces de disjonction ... 224

Bibliographie ... 225

Dossier n° 9. Les parcs nationaux sud-africains, entre frontières raciales et « frontière environnementale ». Les nouveaux enjeux de la conservation de la nature sur la *Wild Coast* ... *227*

I. Les frontières raciales de « la mise en réserve » ... 228

II. Une conservation « au-delà des frontières » ... 234

III. Une conservation en quête de nouvelles frontières. « La *Wild Coast*, une nouvelle frontière environnementale à conquérir? » ... 238

Conclusion ... 241

Bibliographie ... 242

Dossier n° 10. Les parcs nationaux alpins français ou les rattrapages de l'acceptation perdue 243

Introduction : Les modalités incertaines d'une « sudation environnementale » 243

I. Un contexte conflictuel longtemps prédominant... 248

II. ... Vers la recherche progressive de consensus, via les compromis 253

Conclusion : De la catharsis des parcs nationaux alpins français aux logiques réticulaires, vers des perspectives de fusion ? 261

Bibliographie 263

Dossier n° 11. Gestion du territoire « parc », tourisme et communautés locales : Canada, États-Unis et Australie 267

I. La conservation : prise de possession et recomposition des territoires 269

II. Tensions et enjeux territoriaux liés au renouveau autochtone et à l'existence de communautés locales dynamiques 275

III. Formes, difficultés et limites d'une gestion commune 279

Conclusion : Une véritable gestion participative encore en devenir 284

Bibliographie 285

Perspectives. Les parcs nationaux : de la gestion à l'évolution de la recherche 289

I. La gestion : un puissant révélateur des dilemmes contemporains de protection 289

II. Quelle finalité des parcs nationaux ? Nombre, taille, limites : sens et vacuité des indicateurs de mesure 290

III. Au-delà des limites, pertinence et fonctionnalité des parcs transfrontaliers, corridors et autres réseaux de protection 293

IV. Les parcs, des enjeux politiques majeurs. Lieux de l'ailleurs et paradigmes du vivre ensemble 294

Bibliographie sélective 296

Annexe. Tableau 14. Chronologie des premiers parcs nationaux par pays 298

Index 301

Table des cartes, figures et photographies 305

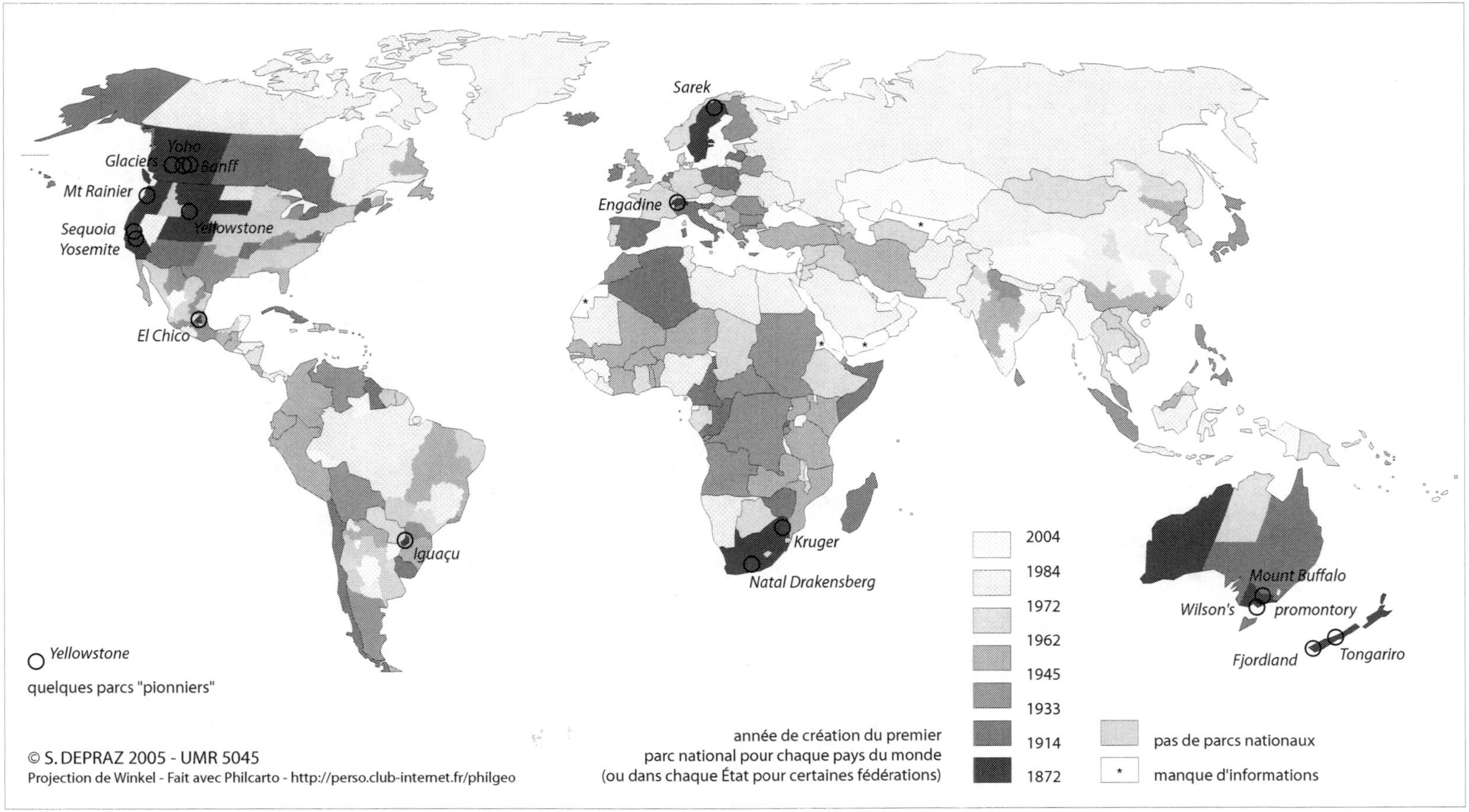

Année de création du premier parc national par État et quelques parcs « pionniers » dans le monde.

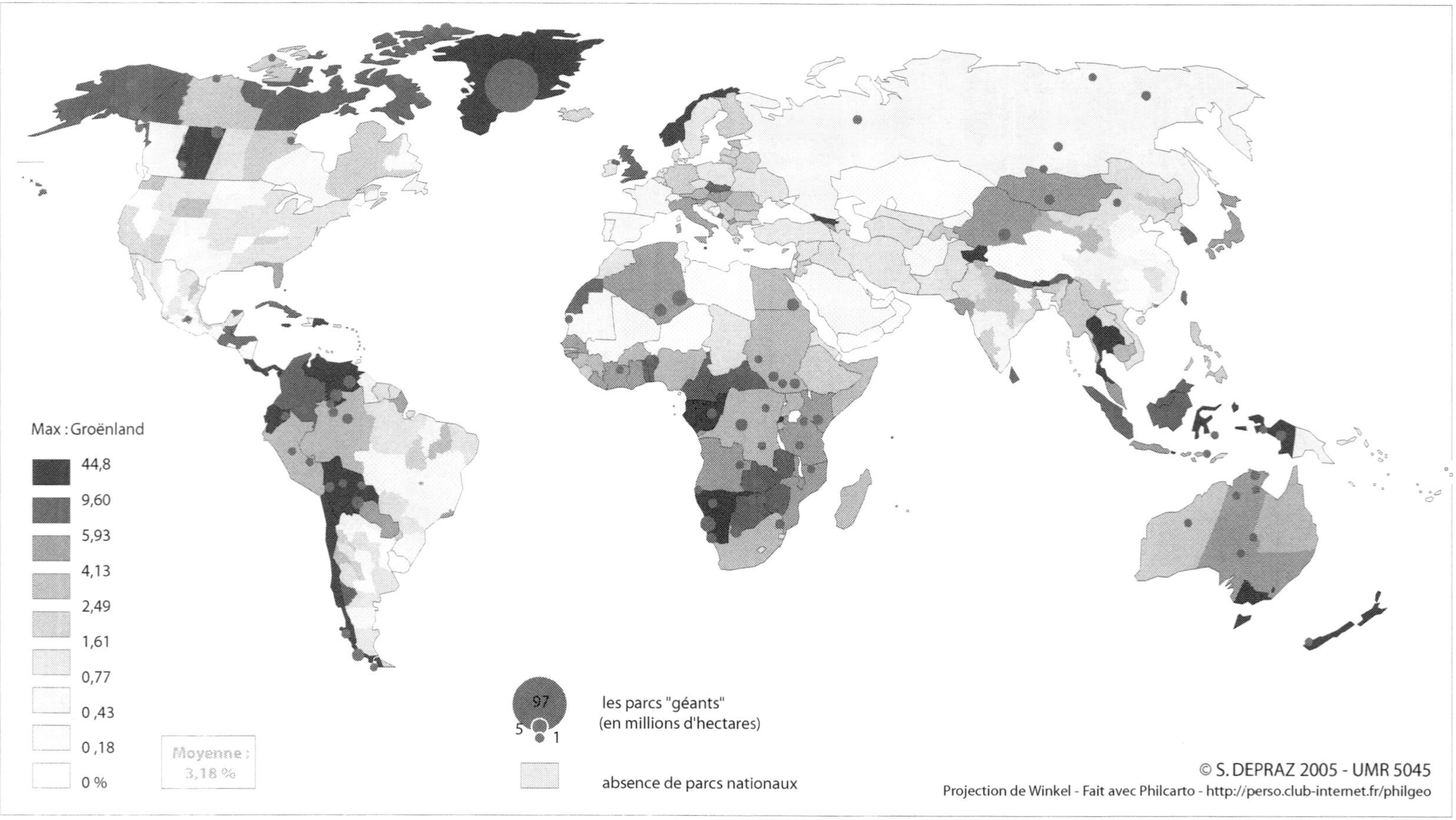

Pourcentage par État de la superficie classée en Parc national et quelques parcs « géants » dans le monde

◆ **Le *Christ*, plus célèbre pétroglyphe de la Vallée des Merveilles (Roya, parc national du Mercantour).** Sur 3 700 roches, 100 000 gravures font l'objet d'un programme de surveillance, de sauvegarde et de gestion depuis les années 1980.

◆ **Frontière américano-canadienne dans le Parc de la Paix Waterton-Glacier (Alberta, Canada – Montana, États-Unis).** La création de ce *Parc de la Paix* en 1932, le premier dans l'histoire des parcs nationaux, n'a pas aboli la frontière entre les deux États, pourtant alliés politiques et partenaires économiques. Elle est figurée par des monuments commémorant les principales ententes entre les deux pays et, de manière plus surprenante, par une bande de forêt de 6 mètres (20 pieds) régulièrement nettoyée depuis les années 1930.

◆ **Infrastructures touristiques du célèbre site des falaises déchiquetées (calcaire karstifié) de *Pankakes Rocks de Punakaiki* (*Paparoa National Park*, Nouvelle-Zélande).** Ce parc, fondé en 1987, occupe 30 560 ha sur le littoral Ouest de l'île du Sud, et fut marqué en 1995 par le *désastre de la crique Cave*, où une plate-forme d'observation s'effondra, tuant 14 personnes.

◆ **Réserve Shulgan-Tash : Emblèmes représentant les principales caractéristiques de la réserve**. Ils font référence au programme de protection des abeilles, aux grottes qui font la notoriété de la réserve et à une plante essentielle dans la culture Bashkir. Ce type d'emblèmes contribue à accentuer les activités écologiques et éducatives dans de nombreux parcs et réserves russes.

◆ **Réserve Shulgan-Tash : Hébergement pour les éco-touristes en construction en 2002.** Le panneau montre les secteurs inondés dans la vallée de la rivière Belaya corrélativement à la construction du barrage Yumaguzinsky.

◆ **Réserve (*zapovednik*) Bashkirzky : Musée de la nature et centre d'interprétation de la conservation, situé dans un bâtiment du village de la réserve**. Depuis quelques années, les initiatives d'éducation à l'écologie ont favorisé la transformation des anciennes collections du musée en ressources éducatives.

◆ « Carte chorographique du duché de Carniole », par Johan Disma Florjančič, 1744.

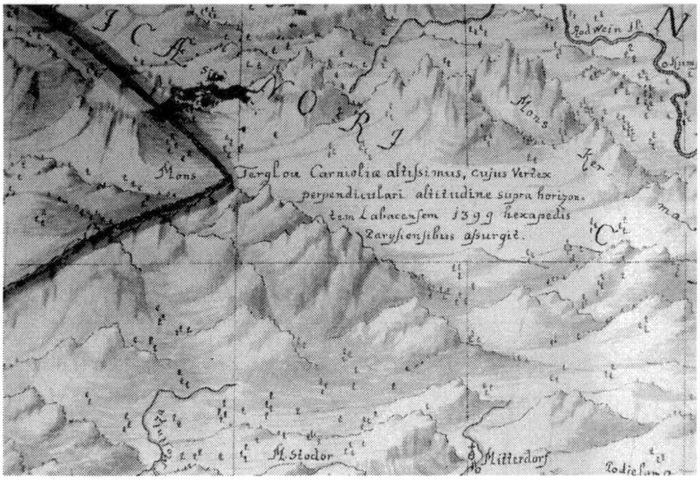

◆ **Face nord du Triglav (2 864 m), dominant la vallée de Vrata, vue depuis le sommet de Škrlatica.** Sous le sommet, à gauche, le glacier du Triglav. Sur l'épaulement à gauche, on repère le refuge de Triglavski Dom na Kredarici.

◆ **Alpages de Krstenica au-dessus du lac de Bohinj, vers 1650 m d'altitude dans la zone centrale du Parc.** Paysages pastoraux de montagne proposés à l'UNESCO pour une inscription sur la liste du Patrimoine mondial de l'Humanité au titre des paysages culturels.

◆ **Paysages culturels du parc national Rapa Nui (Île de Pâques, Chili).**
Déforestation rapanui, reboisement en eucalyptus de l'État chilien.

◆ **Playa Madrigal, parc national Corcovado (Costa Rica).**
Dernière forêt ombrophile du littoral pacifique de l'Amérique centrale.

◆ **Une nature consommée comme image : fous à pattes bleues entre tourisme et télévision.**
Canal Bolivar, parc national des Galápagos (Équateur).

♦ **Versant sud du volcan Parinacota (6 348 m).**
Haut-lieu des Andes centrales, il est localisé dans le parc transfrontalier « en constitution » Lauca (Chili) - Sajama (Bolivie). Les touristes se rendent au parc Lauca à partir de la ville d'Arica, dernière ville du nord du Chili, pour une excursion à la journée. Certains tours prévoient une visite des deux côtés du parc, intégrée dans un circuit transfrontalier plus vaste.

❑ ***Laguna verde*, 4 300 m d'altitude, au pied du versant nord-est du volcan Licancabur (5 915 m).**
Un des *hotspots* paysagers visités par les touristes réalisant des circuits entre Argentine, Chili, Bolivie et Pérou. Il fait partie de la Réserve nationale de faune Eduardo Avaroa, parc frontalier entre Chili et Argentine. De plus en plus de coopérations pour la gestion des flux touristiques ou la protection d'espèces animales (chat des Andes, vigogne, flamand rose...) laissent entrevoir la constitution d'un parc transfrontalier entre Chili, Bolivie et Argentine qui réunirait les réserves de ces trois pays.

♦ **Parc national Baritu, Argentine (Province de Salta)** géré par l'APN (*Administración de Parques Nacionales*).
Un corridor transfrontalier de biodiversité Argentine-Bolivie intègre la zone de Baritú dans un axe « Yungas » (« jungle » : forêt subtropicale humide), accompagné de coopérations au niveau local. Cette « mise en réserve » se double d'un projet de revitalisation des « *étages écologiques complémentaires andins* » avec certains villages de montagne. Ces projets ne se font pas sans conflits entre les différents niveaux politiques de gestion (local, provincial, national).

◆ **Noyé dans une mer de nuages, le « champignon » (*mogu*) symbolise le parc national de Fanjingshan.** Classé réserve de biosphère MAB par l'Unesco en 1987, ce parc (567 km², province du Guizhou, sud-ouest de la Chine) au climat subtropical représente aussi un haut-lieu du bouddhisme en Chine.

◆ **Le singe doré du Guizhou (*Rhinopithecus roxellanae brelichi*).** « *Animal-trésor* » emblématique du parc de Fanjingshan, ici en captivité dans un centre de reproduction. Plus rare que le panda géant avec seulement 800 individus, il est inscrit à l'Annexe I de la CITES.

◆ **Monts Fanjing, parc de Fanjingshan, province du Guizhou.** Cette montagne sacrée est parfois victime d'incendies involontaires des pèlerins ; d'où le panneau : « *Interdiction de brûler en plein air des rouleaux de papier à prière parfumés* » (caractères en rouge).

◆ **Infrastructures touristiques, parc national d'Arusha, Tanzanie.** En Afrique anglophone à forte industrie touristique, les infrastructures près ou dans les parcs sont souvent importantes et élitistes, mais généralement bien intégrées au paysage.

◆ **Parc de Hluhluwe-Umfolozi, Afrique du Sud.** Créé en 1895, c'est une des plus anciennes aires protégées au monde. Connu pour sa gestion des rhinocéros blancs, il représente l'archétype de la commercialisation de la conservation, proposant un tourisme de luxe et des ventes de rhinocéros dans toute l'Afrique australe.

◆ **Présentation de prises faites à des braconniers, parc national du W, Niger.** Élément permanent de légitimation des parcs africains, le braconnage continue de justifier d'importants efforts policiers, mais les résultats sont limités alors que les mesures alternatives sont encore très marginales.

Région de Xolobeni sur le littoral nord de la *Wild Coast* (océan Indien à l'est) : cordon dunaire côtier avec forêt subtropicale humide sempervirente. Dunes convoitées par des intérêts miniers australiens car elles recèlent des minéraux lourds. Elles sont aussi au cœur d'un projet de parc national (*biodiversity hotspot*).

Région de Xolobeni sur le littoral nord de la *Wild Coast* (partie intérieure orientée vers l'ouest). Zone des prairies (élevage), des cultures et des villages habités par des Pondos. L'intégralité de ce paysage est menacée par l'extraction minière (voir photo ci-dessus).

Point de vue à 1 100 m d'altitude au sommet de la montagne de la Table au Cap, vers l'ouest. Le parc national du Cap de Bonne Espérance est un haut-lieu touristique et paysager facilement accessible depuis la ville. Il est un des rares parcs nationaux du pays à être largement visité par toutes les « catégories » de population du pays, comme ici où un groupe d'Africains du township de Khayelitsha scrute l'horizon.

◆ **Col de l'Iseran (2 764 m.), col routier situé dans une Réserve naturelle déclassée, en limite du cœur du parc national de la Vanoise, traversé par la D 902 qui y conduit.** La circulation dans les parcs tente de concilier découverte et éducation à l'environnement, fréquentation touristique (sites routiers souvent les plus parcourus) et exigences de protection de sites d'altitude accessibles en voiture qu'une partie de l'année (domaine skiable de Val d'Isère)

◆ **Col de la Muzelle (2 613 m.) et lac de la Muzelle, Oisans, parc national des Écrins.** Le domaine skiable des Deux Alpes (2e plan) souligne le rôle primordial des stations de ski dans le tracé des limites, la configuration d'ensemble et les politiques de gestion adoptées par les parcs nationaux alpins français.

◆ **À Castérino (commune de Tende, parc national du Mercantour), un exemple de « porte » (1 719 m.) de cœur du parc national « des Alpes d'Azur ».** Panneaux relatifs à la réglementation et aux circuits de randonnée possibles. Porte comportant un sens interdit qui s'adresse bien sûr aux véhicules à moteur, le secteur étant particulièrement prisé par les amateurs italiens de 4x4.

◆ **Sentier d'accès au monolithe d'Uluru dans le parc national Uluru-Kata Tjuta (Territoires du Nord, Australie).** Lieu sacré des Aborigènes Anangu, le parc est cogéré par les Aborigènes et l'État fédéral. Ils participent activement au développement touristique en tant qu'opérateur (compagnies de voyagistes, hébergement...) tout en tentant de transmettre les valeurs spirituelles qu'ils attachent à ce site. L'accès au monolithe est limité par une barrière de protection. Les visiteurs (250 000 personnes environ/an) sont incités à ne pas y grimper par un dépliant distribué au centre culturel et un panneau « *No climbing, Please* ». Une requête inégalement prise en compte par les visiteurs...

❑ **Site d'interprétation dans le parc national Lacs Waterton du Canada (Alberta).** Il informe le visiteur de l'occupation des populations autochtones dans une région aujourd'hui protégée. Sur ce panneau, la lecture d'un paragraphe laisse pour le moins perplexe « *Il y a longtemps que les premiers habitants de cette vallée ont disparu, victimes des temps qui changent. [...] Peu de choses nous séparent de ces êtres : le vent et le passage invisible du temps* »... Depuis 2004, les communautés locales Blood et Siikani sont invitées à participer à l'élaboration de la stratégie de gestion des activités humaines par la direction du parc et bénéficient d'avantages spécifiques, tels que la gratuité d'accès au parc (payant pour les autres visiteurs).

❑ **Partage autour des cultures autochtones dans le parc national Banff du Canada (Alberta).** Depuis 1999, le développement d'une politique de tourisme patrimonial a incité les communautés autochtones, notamment *Siksika*, à réintégrer les activités d'interprétation dans le parc. Centre d'accueil formé d'un tipi, dressé près du bâtiment administratif du parc. Des interprètes proposent des activités (information, visites, démonstrations de danses traditionnelles). Suite à une action en justice, la nation *Siksika* a négocié avec *Parcs Canada* l'autorisation d'accès à un secteur particulier du parc pour des usages cérémoniels et des commémorations.

◆ **Vue du *Grand amphithéâtre* de Bryce Canyon National Park (Utah, États-Unis).** Créé en 1924 et occupant 14 405 ha, le site a accédé au statut de Parc grâce à sa géologie (formes d'érosion peu communes). Les *Hoodoos*, piliers de grès hauts de plusieurs dizaines de mètres, formés par séparation progressive de la falaise, constituent une sorte d'immense forêt minérale. Parcouru par une route touristique qui dessert les principaux points de vue, le parc est aujourd'hui l'un des plus visités des États-Unis.

◆ **Zion National Park (sud de l'Utah, États-Unis), sur le plateau du Colorado,** créé en 1909 (59 308 ha). Ces canyons ont été des lieux ancestraux d'habitat des tribus indiennes ; aujourd'hui, ces falaises de grès rose et blanc sont des hauts lieux de l'escalade. Le site a été « découvert » et nommé par les Mormons au milieu du XIXe siècle, comme d'autres sites de la région.

❑ **Monument Valley State Park, État de l'Arizona**. La communauté native des Navajos gère, fait payer l'entrée 5 dollars et encadre les visites. Seule une boucle définie et balisée est ouverte à tous. Pour une découverte plus « sauvage », ils organisent des visites en 4x4 et/ou à cheval (payantes), seul moyen de sortir de la piste « classique ».
Pour des raisons de respect de la culture traditionnelle, l'escalade des *Mesa* est interdite.
Photo de gauche : **vue depuis l'entrée du parc, devant le Visitor's Center.**
Photo de droite : ***John Ford's Point***, juste devant le parking bordé par un stand proposant aux touristes le *native art* (bijoux traditionnels) ; une mise en scène et une commercialisation de la « nature » en faisant payer *la photo sur le cheval.*

♦ **Delicate Arch (l'une des 2 000 arches naturelles de grès ocre du parc), Arches National Park (31 000 ha, Utah, États-Unis).** Symbole du parc et de l'Utah (plaques d'immatriculation et timbres à son effigie), la flamme des JO de 2002 est passée dessous. C'est aussi le spot du parc pour tous les photographes au moment du coucher de soleil. Le parking en bas du sentier qui y monte est souvent saturé.

□ **North Window Arch (Arches national Park).** Située dans un secteur du parc où la concentration d'arches est très forte. Quelques scènes d'un des films de la saga *Indiana Jones* y ont été tournées, ce qui a grandement contribué à la notoriété... et à la fréquentation (750 000 visiteurs en 2003) de ce « jeune » parc créé en 1971 et agrandi en 1998. Comme tous les parcs nationaux états-uniens, l'entrée est matérialisée par un péage payant à plein tarif pour les voitures (environ 20 $), et moitié prix pour les vélos.

◆ **Grand Canyon National Park (Arizona, États-Unis) protège depuis 1919 le canyon du Colorado sur 493 441 ha.** La *South Rim* (rive sud) du Grand Canyon sur laquelle se situe le *Yavapai Point* est très aménagée (sentier bétonné, goudronné et accessible à tous). C'est sur celle rive sud que le *Skywalk*, une passerelle de verre au-dessus du vide, est inaugurée en 2008, afin d'offrir des « sensations » aux touristes en toute sécurité.

♦ *Jenny Lake.*
Le Grand Teton National Park (Wyoming, États-Unis)
a été créé en 1929
et occupe 124 140 ha.
Situé au sud du Parc de Yellowstone,
le parc national du Grand Teton
en est la principale porte d'entrée.
Beaucoup de visiteurs
n'y accordent que quelques
brefs arrêts sur le trajet
qui les mène de la station de ski
de *Jackson Hole*,
au sud, à Yellowstone.

❑ ***Yellowstone National Park*, Wyoming, États-Unis**. Les touristes paient l'entrée du parc puis attendent autour du site du geyser l'éruption (gratuite !) de *Old Faithful*, le *Vieux Fidèle*, connu pour sa régularité, toutes les heures ou heures et demi. C'est le point central du parc national de Yellowstone, le secteur le moins « sauvage » aussi.

♦ **Yosemite Valley Yosemite National Park (Californie, États-Unis),** créé en 1890, occupe 308 273 ha. Pour pallier la fréquentation de la vallée, un système de circulation avec navettes et portions interdites aux voitures a été mis en place, mais l'accès aux hôtels et campings est autorisé aux automobilistes. La complexité du fonctionnement et la fréquentation massive provoquent un engorgement rapide sur le site.

♦ ***El Capitan* (ci-contre), l'un des *Big Wall* les plus connus, lieu mythique de l'escalade avec ses voies granitiques réputées pour leur difficulté (voie du *Nose*).** La vallée de Yosemite est fréquentée à la fois par des touristes de séjour et des grimpeurs, avec ségrégation de l'hébergement (hôtels pour les premiers, campings pour les seconds).

□ **Tioga Pass (9 945 *feets*, 3 000 mètres d'altitude), le plus haut col routier vers la Californie, au *Yosemite National Park* : péage d'entrée au sein du parc national.** Seule liaison directe entre San Francisco et le parc de Yosemite et le parc national de *Death Valley*. Selon les conditions météo, les touristes doivent effectuer un détour de presque une journée de voiture pour continuer leur circuit si cette porte est fermée. Sur la cabine, on peut lire « *Pets and Firearms must be declared* » (*Animaux de compagnie et armes à feu doivent être déclarés*).

□ ***Mariposa Grove of Giant Sequoias, Yosemite National Park.*** Certains spécimens de séquoias (surtout les plus anciens comme le *Grizzly Giant*) sont identifiés par des noms qui les élèvent au rang de véritables monuments naturels à « visiter » en tant que tels.

Made in United States
Orlando, FL
04 November 2026

90201388R00181